城市水资源发展循环经济的空间优化机制及环境风险分析

荆 平◎著

天津出版传媒集团

天津科学技术出版社

内容简介

本书以城市水资源为研究对象，以污水回用为重点，进行城市水资源的生命周期分析，确定水资源循环利用的发展模式。在城市水资源循环利用的基础上，构建水资源在城市不同区域流入、流出的投入产出矩阵，建立城市水资源循环利用的空间多目标优化模型，进行环境约束下的经济最优空间分析。采用 GIS 的空间分析方法，对污水回用量的空间分布、水价的空间分布及循环经济发展水平的空间评价进行研究，实现研究区域的数字化可视分析。采用合理的管理调控措施，提高水资源的利用效率，缓解城市水资源的供需矛盾，为制定环境经济政策目标及经济调控手段提供理论依据。本书可为水资源管理决策部门提供理论和方法参考，也可供环境管理学、环境经济学等专业的本科生和研究生学习参考。

图书在版编目（ＣＩＰ）数据

城市水资源发展循环经济的空间优化机制及环境风险分析 / 荆平著 . -- 天津 : 天津科学技术出版社，2022.3

ISBN 978-7-5576-9762-4

Ⅰ . ①城… Ⅱ . ①荆… Ⅲ . ①城市用水—水循环—水资源管理—研究 Ⅳ . ① TU991.31

中国版本图书馆 CIP 数据核字 (2021) 第 251166 号

城市水资源发展循环经济的空间优化机制及环境风险分析
CHENGSHI SHUIZIYUAN FAZHAN XUNHUAN JINGJI DE KONGJIAN YOUHUA JIZHI JI HUANJING FENGXIAN FENXI

责任编辑：韩　瑞
责任印制：兰　毅

出　　版：天津出版传媒集团
　　　　　天津科学技术出版社
地　　址：天津市西康路 35 号
邮　　编：300051
电　　话：（022）23332390
网　　址：www.tjkjcbs.com.cn
发　　行：新华书店经销
印　　刷：天津印艺通制版印刷股份有限公司

开本 787×1092　1/16　印张 14.25　字数 350 000
2022 年 3 月第 1 版第 1 次印刷
定价：88.00 元

前　言

随着城市人口的快速增长，城市用水规模不断扩大，水环境污染不断加剧，水资源对城市发展的瓶颈效应也越来越明显。面对城市用水的紧张状态，就需要不断探索城市水资源的循环经济利用模式，对城市空间区域的新鲜水资源及污水回用进行经济可行性分析，既要满足功能要求和用水水质需求，又要考虑城市产业发展趋势，以确保在经济上合理可行，实现城市水资源的健康循环利用，促进自然环境和人类社会环境的可持续发展。

书中内容为国家社科一般规划项目的主要研究成果，主要创新点为：①循环经济系统的动力学模拟分析，采用系统动力学方法，实现了各种情景下城市水资源的动态演变趋势分析，明确污水回用的经济效益及污水回用量，便于管理人员针对性地制定调控措施；②构建水量水价不确定的多目标优化模型并进行求解，采用粒子群优化算法，通过对水量水价不确定模型进行优化分析，实现了各种情景下水量水价的优化分析；③研究中采用 GIS 的空间分析方法，对污水回用量的空间分布、水价的空间分布及循环经济发展水平的空间评价进行研究，实现研究区域的数字化可视分析。由于污水回用对地下水带来潜在的污染风险，书中内容采用天津市自然基金的研究成果，对硝态氮污染风险的影响因素及环境风险进行分析。

本书分为 11 章。第 1 章为绪论，主要介绍研究目的、意义及核心研究内容；第 2 章为城市水资源发展循环经济的系统分析，采用系统动力学方法，模拟分析人类活动影响下城市环境与系统的动态变化；第 3 章为城市水资源的生命周期分析，采用粒子群优化分析方法，实现污水资源化的优化配置；第 4 章为城市水资源投入产出的系统优化分析，通过构建城市污水回用多目标分配模型，利用现代智能算法 NSGA-Ⅱ 实现模型的分析求解；第 5 章为城市水资源空间多目标优化分析，以城市水资源的循环利用为核心，解决城市群区域回用污水的最优配置问题；第 6 章为城市水资源空间调控管理及优化分析，从城市的雨水利用、污水回收利用出发，确定城市水资源的循环经济发展模式；第 7 章为城市水资源循环经济发展水平的空间评价与调控，将京津冀城市群水资源循环经济系统划分为供水、用水、排水和再生回用四个维度，实现京津冀水资源循环经济发展水平的综合评价；第 8 章为城市群水资源脆弱性综合评价及空间演变分析，对京津冀城市群水资源脆弱性进行科学准确的分析与评价；第 9 章为城市污水回用的环境风险因素分析，通过对国内外地下水硝态氮污染研究文献的综合分析，从而确定其迁移转化过程中的影响要素，并对硝酸盐氮污染模拟模型的参数敏感度进行可视化分析；第 10 章为城市污水回用的环境风险预测分析，量化模拟灌溉水对土壤中硝态氮垂向分布运移过程的影响规律，强调再生水用于农业灌溉时要严格控制硝态氮含量；第 11 章为研究结论及存在的不足。

在本书的编写过程中，南开大学的曾文炉副教授在系统动力学研究中给予了技术和方法支持，李铁龙副教授在土柱实验设计和样品测试上给予了很大帮助，在此深表感谢；天津师范大学张辉副教授、周江副教授及王祖正老师、刘朋飞老师等参与了部分内容的研究工作，研究生程丽、杨静及本科生孟令新、李向才等参与了资料收集与整理工作，在此一并致谢。

在本书的出版过程中，天津科学技术出版社的编辑给予了很大帮助和支持，并提出了非常中肯的修改意见，在此深表感谢。

由于作者水平有限，书中不妥之处在所难免，敬请专家学者批评指正。

作者
2021 年 12 月

目　录

第1章 绪 论

水资源是人类生活和工农业生产不可缺少的重要物质，是地球上所有生命赖以生存和发展的基本条件，是城市环境经济可持续发展的基础。随着城市化水平的不断提高和科学技术的快速发展，城市建设和发展过程中对水资源的利用方式也随之改变，城市水资源的来源不断增加，水资源的利用模式也变得多样化和复杂化。随着城市人口的快速增长，城市用水规模不断扩大，水环境污染不断加剧，城市水资源的供需矛盾越来越尖锐，城市水域的水质下降，造成水质难以满足用水要求的功能性缺水现象。由于水资源具有不可缺少性和不可替代性，水资源对城市发展的瓶颈效应也越来越明显。

面对城市用水的紧张状态，如何合理利用水资源，使城市能够更好地发展，就需要不断探索城市水资源的循环经济利用模式，促进城市水资源的健康循环利用，实现自然环境和人类社会环境的可持续发展。城市水资源的循环经济利用方式，就是在城市发展过程中对水资源的利用不影响自然界中水资源的正常循环和更新，在以前单向利用基础上加强对水资源的回收处理和重复利用，并在排放污水时不影响水体更新的速度和能力（杨海军等，2010）。根据这一思想，我们在对城市水资源进行利用时，不仅要从源头上保证城市水资源的供应，保护好水资源源头的水质和供城市利用的水资源储水量，更重要的是构建完整的用水体系和废水回收再利用体系，根据不同单位的用水要求，对污水进行回收处理，采用合理的管理调控措施，提高水资源的利用效率，缓解城市水资源的供需矛盾。

城市水资源循环利用的环境与经济调控分析是环境经济学领域的重要研究内容，并随管理技术、信息技术、系统科学和环境科学的发展不断深入，需要跨学科的知识交叉和多技术的综合分析（Belanche, L.A., et al.,1999；Poch, M., et al., 2004；王浩等，2010），而水环境的综合管理也从污染的末端治理转向对资源利用的全程控制，推行清洁生产和循环经济等发展战略思想，合理利用水资源成为一种国际共识（H. Ahrends,et al.,2008; 王国友等,2010）。

城市水资源的开发利用和供需调配是一个系统工程，水资源系统和国民经济系统以及其他社会发展体系之间存在着相互制约、相互依存的关系，水资源系统内部的各个不同方面之间也存在着动态平衡关系（刘德地等，2011）。在此前提下，城市水资源宏观优化分配模型把社会、经济、生态、水环境和水资源系统看作一些相互联系、相互制约、相互影响的子系统（Belanche, L.A., et al.,1999），并把它们综合集成为一个有机整体进行系统分析（王子茹等，2012），因而多目标分析决策技术在水资源规划管理领域得到广泛的应用。在水资源的水量调配中，目前主要应用宏观多目标模型分析各行业需水与经济、环境之间的关系（刘德地等，2011；陆文聪等，2012），这些研究的不足之处就是对城市水资源的循环利用考虑不足，缺乏对城市水资源的内部梯级循环利用分析，因此必须采用生命周期分析方法，系统分析城市水资源的生命周期，构建投入产出模型，提高系统分析的科学性及准确性。

城市水资源及再生水利用受经济、环境、法律、体制、技术、文化等多方面因素的制约，数据的量化分析非常困难，而且受一些不确定性因素影响较大（王国友等，2010；白静等，2012），因此在实际计算时，常进行某些假定和简化，影响分析的客观性。同时，在城市水资源综合管理中，不可避免地会遇到地理空间差异的影响（张智韬等，2010；冯景泽等，2012），如降水的区域分布不均及各产业结构的空间异质性，这些可变因素不仅影响管理方案的确定，还对水量、水价的空间优化分析产生影响 (Cai, X.2008)。因此，地理空间特征、经济发展、城市化进程等各类影响因素的不确定性，使得城市水资源优化配置及循环利用成为一个空间多目标优化问题（陆文聪等，2012；王子茹等，2012），如何实现水资源的循环利用并采用经济手段进行空间动态调控，成为环境经济管理中必须解决的重要问题。

目前，污水回用已成为缓解水资源危机的一项重要举措，被联合国环境规划署认定为环境友好技术，并具有显著的社会、经济及生态效益，在世界各国进行推广应用。五十年代中后期，国家开始倡导使用污水进行灌溉，全国范围内陆续形成了五大污灌区，分别为天津污灌区、北京污灌区、辽宁沈抚污灌区、山西整明污灌区及新疆石河子污灌区，污水灌溉引起地下水中硝酸盐的污染日趋严重。由于回用污水中含有硝酸盐、有机物等污染物质，利用回用污水灌溉时易引发地下水硝态氮污染的环境风险，过量的硝态氮容易使婴儿患上高铁血红蛋白症，同时硝态氮、亚硝态氮转化为亚硝胺会产生"三致"作用。

国家环保部、国土资源部与水利部联合发布的《全国地下水污染防治规划（2011—2020 年）》中，明确提出应加强对地下水污染的防控，对典型场地地下水污染预防进行示范研究。因此，对污灌区地下水硝酸盐氮的运移机理及累积效应研究，可及早预警潜在地下水环境污染，对探讨我国地下水污染的预防、治理及调控有着重要的指导意义，有助于水资源循环经济发展模式的健康良性发展，实现污灌区区域地下水硝酸盐污染的预警量化分析，明确地下水硝酸盐污染物的迁移规律与演变机制，预测硝酸盐迁移转化的过程和终产物浓度，为再生水的农业灌溉提供方法支持。

1.1 循环经济的基本概念及原则

1.1.1 城市水资源的循环经济概念

20 世纪 60 年代中期，美国经济学家鲍尔丁的"宇宙飞船理论"，可以作为循环经济的最早思想萌芽。他认为地球就像在太空中飞行的宇宙飞船，需要不断消耗和再生自身有限的资源才能生存，若缺少资源能源的持续补充，飞船将走向灭亡。

据此他认为人类必须合理开发利用自然资源，否则就会破坏自身的生存环境，像宇宙飞船那样走向灭亡（杨海军等，2010）。也有学者认为，循环经济概念来源于英国环境经济学家 D. Pearce 和 R. K. Turner 在他们所合著的《自然资源和环境经济学》（Economics of Natural Resources and the Environment）一书。

循环经济是相对于传统经济而言的，传统经济是由"资源—产品—污染排放"所构成的物质、能量单向流动的经济，单向流动的过程需要不断消耗大量的自然资源和能源，实现产品的生产和消费，最后向自然环境和社会经济环境排放大量的废弃物，造成自然环境的污染或社会生态环境的恶化。对于城市水资源而言，传统的利用模式呈现为"水资源—水资源利用—废水排放"的单向流动。为了满足城市大规模的用水需求量，不断开采新的水资源来满足需要，增加了新鲜水的持续消耗，造成水资源紧缺，尤其是地处北方干旱缺水的城市，对水资源的需求量更大（宋超等，2010），在水资源紧张的地方还不惜通过跨流域调水来保证城市用水。这种传统用水方式降低了水资源的使用效率，造成水资源的浪费，更加加深了水资源的供需矛盾，制约了城市的可持续发展（张杰等，2010）。

循环经济倡导的是一种建立在物质、能量不断循环利用基础上的经济发展模式，形成一个"资源—产品—再生资源"的物质反复循环利用的良性运行过程，实现资源的重复利用，使得整个经济系统基本上不产生或只产生很少的废弃物（田岳林等，2010）。城市水资源的循环利用，与传统水资源的单向流动模式有本质的差异，城市水资源的循环经济利用方式，就是在城市的发展过程中对水资源的利用不影响自然界中水资源的正常循环和更新，在以前单次利用基础上加强对水资源的回收处理和重复利用，并在污水排放时不影响水体更新的速度和能力（邵益生，1996）。据此可知，城市水资源的利用，不仅要从源头上保证城市水资源的供应，保护好水资源源头的水质和供城市利用的水资源储水量，更重要的是构建完整的用水体系和废水回收再利用体系，实现水资源的闭环流动，对污水进行回收处理，提高水资源的利用效率，降低水污染物的排放量，促进城市水资源的持续发展，缓解城市水资源的供需矛盾。

其实，"循环经济"只是国内的专家学者的称谓，国际上并无此种概念。循环经济一词并不是国际通用的术语，在学术界尚有争议，但循环经济的思想是为国内外所公认的。循环经济的提出促进了 20 世纪 70 年代关于资源与环境的国际研究，拓宽了 80 年代的可持续发展研究，把循环经济与人类的可持续发展相联系，并成为 90 年代的实践主题，在国内外广泛地进行研究和应用。从循环经济概念的内涵和外延的演变进程看，它是国际社会在追求从工业可持续发展，到社会经济可持续发展过程中出现的一种关于发展模式的理念，它是对传统线性经济发展模式的创新，旨在实现环境与经济的协调发展，不是主流经济学中关于"经济行为"问题的理论与实践。由于不同国家的社会经济发展阶段不同，面临的环境与可持续发展问题有较大差异，所以在循环经济的认识与实践方面，必须借鉴国外理论和经验，发展具有中国特色的循环经济理论及实践。城市水资源循环经济发展模式必须遵循城市生态系统的物质循环和能量流动规律，以经济系统为基础，使水资源和谐地纳入经济系统循环利用过程，实现水资源重复利用和污水回用为特征的水资源可持续发展。核心在于环境与经济的协同发展，充分利用水资源，尽量降低水环境污染，促进水资源的多级重复利用和闭环流动。

1.1.2 城市水资源持续循环利用的 3R 原则

对于循环经济的定义虽然存在不同的见解，但对于循环经济的原则，国内外的看法基本统一，比较公认的原则就是减量化原则 (Reduce principle)、再利用原则 (Reuse principle) 和再循环原则 (Recycle principle)，简称 3R 原则，3R 原则是实现循环经济战略思想的三大基本原则。

1. 减量化原则 (Reduce principle)

减量化原则针对的是输入端，以资源投入最小化为目标，针对产业链的输入端——资源，通过产品的绿色设计、清洁生产，最大限度地减少对不可再生资源的耗竭性开采利用，旨在减少进入循环过程的物质和能源流量，即通过预防而不是末端治理的方式来避免废弃物的产生。以替代性的可再生的资源为经济活动投入的主体，以期尽可能减少进入生产消费过程的物质流和能源流。在生产中，通过减少原料的使用量和改革工艺来节约资源和减少排放，使产品体积小型化和重量轻型化；在消费中，选择包装简单朴实的物品和耐用可循环使用的物品而不是一次性物品，减少垃圾的产生。通过对废弃物的排放实行总量控制，使报废产品进入循环经济的反馈产业链——回收产业，从而提高资源的循环利用率和环境同化能力。

2. 再利用原则 (Reuse principle)

再利用原则属于过程性方法，要求产品和包装容器能以初始的形式多次或多种方式再利用，延长产品服务的时间长度。其目的是延长物质流在每个过程中停留的时间，降低物质流动速率，尽可能多次或多种方式使用物品，避免物品过早地成为废弃物。在再利用的过程中遵循内部循环优先的原则，尽可能在物质制造者、物质处理者、消费者和废料处理者内部循环使用。因为物质在内部循环可以缩短运输距离，就近消耗。此外，相对于外部来说，在其内部更容易找到接口。在生产中，使用标准尺寸进行设计，使产品能容易和便捷地升级或更新换代；在消费中，可以将可维修的物品返回市场体系供别人使用。

3. 再循环原则 (Recycle principle)

再循环原则，也有人称之为资源化原则，采用输出端方法，以资源的回收再利用为目标，针对产业链的输出端——废弃物，要求生产出来的物品在完成其使用功能后能被回收利用和综合利用，使废弃物资源化，减少最终处理量。通过对废弃物的多次回收再造，实现废弃物多级资源化和资源闭合式良性循环。再循环原则不仅要求将废物资源化为其他类型产品的原料，更重要的是把废品循环使用在生产同种类型的新产品中，以达循环高效的目标。

资源化有两种方式：一是原级资源化，即将消费者遗弃的废弃物资源化后形成与原来相同的新产品，例如由废纸生产出再生纸等；二是次级资源化，即废弃物变成与原来不同类型的新产品，例如用酒精废液生产有机肥。与资源化过程相适应，消费者应增强购买再生物品的意识，促进整个循环的实现。

4. 3R 原则的相互关系

循环经济要以"减量化、再利用、再循环"为经济活动的行为准则。减量化原则旨在减少进入生产和消费过程的物质量，要求用较少的原料和能源投入来达到既定的生产目的或消费目的，从而在经济活动的源头就注意节约资源和减少污染；再利用原则的目的是提高产品和服务的利用效率，要求产品能够以初始的形式被多次使用，而不是只用一次，避免当今世界一次性用品的泛滥；再循环原则要求生产出来的物品在完成其使用功能后能重新变成可以利用的资源而不是无用的垃圾，通过把废物再次变成资源以减少末端处理负荷。

减量化原则的核心在于减少资源投入量，在城市居民生活和各种生产活动中，最大限度地减少自来水的使用量，减少进入生产消费过程的物质流和能源流，从源头上降低水资源的使用量，节约水资源；再利用原则适用于产品生产加工及消费的全过程，以生产生活过程中，各种水资源的循环使用为目标，减少生产环节对洁净水资源的需求量，实现水资源的多次利用，提高水资源的使用率；再循环原则以水资源的回收再利用为目标，对排放的各种污水进行资源化，实现污水的循环利用，避免污水向自然环境排放，促进水资源在城市系统内的闭环流动，实现"水资源—水资源开发利用—水资源回收处理—水资源"的循环利用模式。

城市水资源在开发利用的过程中，遵循前文所述的减量化、再利用、再循环的 3R 原则，根据不同用水单位的用水需求和对水质的要求，将回收再利用的水资源进行再利用，提高水资源的多次使用效率，缓解水资源短缺对城市发展的制约，并通过对水资源的反复循环利用，降低污水排放量。

依据循环经济 3R 原则的基本内涵，在城市水资源的取水、用水环节，依据减量化原则，使维持城市生态系统正常运转的水量趋于最小，避免消耗大量的水资源，解决水资源供应不足的问题；在用水环节，应依据水质的现状，最大化地实施水资源的梯次利用，降低纯净水资源的使用量，依据再利用原则，实现水资源分层次、多用途反复使用的目的，降低生产及生活过程中对新鲜水的依赖性；在排水环节，应结合取水环节进行系统分析，构建水循环的末端排水与前端取水的连通路径，依据再循环原则，实现污水资源化的目标，减少排放到自然水体的废水量，促进水资源的良性循环。

1.1.3 循环经济的发展状况

循环经济起源于发达国家，发展历程大致分为三个阶段。第一阶段从 20 世纪 60 年代到 70 年代中后期，以污染治理为核心。这个时期关注重点在于对现有经济模式为何会导致环境资源问题的反思，并开始采取行动。第二阶段从 20 世纪 70 年代中后期到 80 年代中期，这时可持续发展理念开始酝酿和提出。关注重点开始从污染的末端治理转向对资源利用的全程控制，提倡产品生命周期评价，推行清洁生产和产业生态学等发展战略思想，企业和产业层面的资源循环利用形式开始进入实践，资源合理利用成为一种国际共识。第三阶段从 20 世纪 80 年代中期至今，这一时期从可持续发展理念出发，出现了许多新思想，侧重点在于资源的回收利用和废物资源化，如何实现人类社会的可持续发展，循环经济成为实现可持续发展的必由之路，并在国内外得到广泛应用。

国外循环经济的发展，以日本、德国和美国等发达国家为代表，开展了许多实践，使循环经济成为一种新的发展理念。这些发达国家通过制定发展循环经济的法律、经济政策，健全社会中介组织，推进循环经济的发展。在企业层面的研究，以产品生命周期评价为主，进行产品优化设计；在工业园层面，推崇产业生态学理论，侧重工业生态链的建设；在社会层面，侧重城市物流的生命周期评价和环境经济耦合分析。

国内循环经济的发展，主要侧重循环经济的基本概念、法律法规、经济政策、宣传教育及原则分析，尚未形成统一的理论体系，实践以企业、工业园和社会层面的示范为主。在企业层面，自1993年初开始，以试点、示范和政策研究等多种形式在全国范围内实施清洁生产战略，推行清洁生产，促进企业循环经济的发展；在区域层面，依靠国家环保总局的推动和支持，大力发展生态工业园区的建设，如贵港国家生态工业（制糖）示范园区、包头国家生态工业（铝业）示范园区、新疆石河子国家生态工业（造纸）示范园区、广东南海国家生态工业示范园区、浙江衢州沈家生态工业园区等示范基地；在社会层面，主要以省市示范为主，如在辽宁、江苏两省和贵州贵阳、山东日照、河南义马、陕西韩城等市开展了循环经济省市建设试点工作。作为循环经济示范省的辽宁省，提出了实施循环经济的层次和步骤，全面推进循环经济的发展。

从循环经济的发展状况来看，国内外在理论方面（如法律法规、经济政策等）的研究比较多，而且取得了一定的进展，但在循环经济发展模式的数学量化分析方面，相对来说比较薄弱；在实践领域的循环经济发展示范较多，但对循环经济发展的模式分析与决策研究较少，缺乏循环经济发展模式的模拟仿真分析；在管理方面，由于循环经济发展的管理部门隶属于不同的管理机构，协调管理时存在一定的困难。一般公众、企业或组织团体在与循环经济管理部门沟通时，存在信息不畅或时间很难保证等问题。

在明确以上问题的基础上，必须考虑循环经济的研究对象在时间上的动态变化性和空间上的区域流动性，因此，从时空的角度进行分析，是决策必须考虑的主要因素，也是目前循环经济领域研究的一个薄弱点。由于模型具有时序预测分析功能，地理信息系统具有空间分析功能，如何将二者结合起来，应用于循环经济领域，开发循环经济的模拟仿真系统，成为国内外的研究方向，也成为解决循环经济领域复杂系统的有效手段。

1.1.4 循环经济的类型

循环经济的类型，由其应用的三个层面而定，即：企业层面、区域层面和社会层面。它们之间是一个互相联系、互相依存、互助支撑的系统，但同时相对独立，它们各自的主体特征和实施循环经济的方式及途径都不同。三个层面的划分是按照经济活动的对象和地域空间的结合而定，国内外对此的认识比较一致，基本都在这三个层面开始进行循环经济的研究。

企业是整个经济结构的基本单元，又是社会经济活动最直接的运行载体，企业层面循环经济也被称为微观循环经济。由于企业之间的相互作用，一定地域的企业群构成工业园，园区内必须全面推行循环经济的发展思路，才能够促进循环经济的发展，工业园区实施循环经济，被称为中观循环经济。要在全社会推行循环经济，就必须以企业微观循环经济为着力点，率先在企业层面实施"小循环"，再来构筑并推动区域的"中循环"，发展整个国家的宏观循环经济，在社会层面进行"大循环"。

1. 企业循环经济

在循环经济的三个层次中，企业循环经济是一个相对封闭的内部循环。企业推行循环经济的发展模式，首先要求企业通过清洁生产实现污染的全过程控制，达到生产运行过程中废物污染排放的最小化；同时，要求企业通过创新循环技术的运用，在实施清洁生产的同时进行废物回收处理，尽最大可能实现废物的资源再生化。因此，在企业微观循环经济的实践过程中，清洁生产和创新循环技术的应用十分重要，并通过绿色设计，实现企业层面的循环经济发展，提倡绿色产品的生产和使用。

目前，清洁生产在我国已经全面推行，而且制订了相关的法律，但真正得到全面的应用并在生产实践中运用，还需一段时间来逐步过渡，应用的层次还不高，与创新循环技术的融合还不够，应将循环经济的理念贯穿于清洁生产的全过程，使企业不仅实现生产污染的全过程控制，同时进一步实现"资源—产品—废物—再生资源"的链式循环，促进企业内部的物质循环，如将下游工序的废物返回上游工序，作为原料重新利用。

杜邦化学公司模式——企业层推行循环经济的代表，20 世纪 80 年代末，杜邦化学公司的研究人员把工厂当作试验新的循环经济理念的实验室，创造性地把 3R 原则发展成为与化学工业相结合的"3R 制造法"，合理组织企业内部物料循环，以达到少排放甚至零排放的环境保护目标，这是循环经济在微观层次的基本表现，以生态经济效益为准则的企业大都重视企业内部的物料循环。

清洁生产是一种新的创造性思想，要求生产过程使用尽可能少的原材料和能源，并淘汰有毒材料，减少和降低所有废弃物的数量和毒性，即利用清洁生产工艺将污染最大限度地控制在各个可能产生污染的生产环节中，以减轻末端治理的压力。该思想将整体预防的环境战略持续应用于生产过程、产品和服务之中，以增加生态效应和减少人类及环境的风险。对生产过程，节约原材料和能源，淘汰有毒原材料，减少所有废物的数量，降低其毒性；对产品，要求减小从原材料提炼到产品最终处理的全生命周期的不利影响；对服务，要求将环境因素纳入设计和所提供的服务中。

绿色产品 (Green Product) 的概念最早出现在 20 世纪 70 年代美国的一份环境污染法规中，虽经 20 多年的发展，许多学者根据自己的理解对绿色产品提出了多种定义，但迄今为止尚没一个统一的权威定义。目前，各种定义虽然表述的侧重点有所不同，但其实质一致，就是绿色产品具有环境友好性、资源和能源消耗最小性、最大限度的可回收再利用性。

产品的绿色程度体现在其生命周期的各个阶段，绿色产品生命周期应为从"摇篮到再生"的所有阶段，绿色产品生命周期包括产品设计、原材料及燃料提取、产品制造生产、产品装配、产品销售、产品使用与维护、产品报废回收、重用及处理处置过程。在其生命周期全过程中，应符合特定的环保要求，降低对生态环境的危害，提高资源利用率，降低能源消耗量，不断提高产品的可回收再利用率。

绿色产品的生产，关键在于产品的工艺设计，通过绿色设计（Green Design，GD），运用生命周期评价（Life Cycle Assessment，LCA），对产品的生产过程进行分析研究，采用科学技术手段，对一些不利于回收的生产材料进行替换，尽量采用可回收利用的物品。无氟冰箱是绿色设计的成功范例，由于氟利昂制冷剂破坏臭氧层，使人类的生存环境严重恶化，为了人类的生存和发展，世界各国冰箱生产厂家纷纷设计开发无氟冰箱，促使大量的无氟绿色冰箱占领冰箱市场，并得到用户的欢迎，这说明绿色设计不仅能改善人类的生存环境，还能给商家带来可观的经济效益。目前，国内外在质量功能开发、材料选择设计、面向制造与装配设计、面向拆卸设计、面向循环设计、全生命周期评价、绿色设计工具软件开发研制等领域，已取得一些重要成果，为绿色产品的开发提供了理论和方法，但还远不能满足绿色设计的需要，仍需不断研究。

2. 区域循环经济

区域循环经济由一定区域内各种类型的企业群体组成，其主要表现形式为生态型的工业园区。由于单个企业的清洁生产和厂内循环具有一定的局限性，生态工业园区就要在更大的范围内实施循环经济的法则，把不同的工厂连接起来形成共享资源和互换副产品的产业共生组织，使得一家工厂的废气、废热、废水、固废成为另一家工厂的原料和能源。区域循环经济发展应充分利用生态规律、经济规律，加快工业园区的生态化和科学化规划建设，通过企业之间的废物交换、循环利用，实现区域内生产资源的链式循环，进而达到区域污染的低排放甚至零排放。同时，还应将循环经济作为工业园区建设的一项基本原则，坚持实施新建项目进区的准入制度，将那些技术含量低、环境污染重，不符合循环经济要求的项目拒之门外。

生态工业园区是生态工业理论的一种实践，是在工业园区的基础上建立起来的，依据循环经济理论和工业生态学原理而设计的一种新型工业组织形态，它通过工业园区内物流和能流的正确选择，模拟自然生态系统，形成企业间的共生网络，一个企业的废物成为另一个企业的原材料，企业间的能量及水等资源能够梯级利用，形成园区内的闭路循环，对物质与能量进行优化，从而在区域内达到平衡，形成内部资源、能源高效利用，外部废物排放最小化。区域内的企业形成一个相互依存、类似自然生态系统过程的"工业生态系统"，通过建立工业代谢关系，使自然资源在整个生产过程中进行闭路循环，有效地治理了工业污染，从根本上解决环境污染问题，进而降低企业的生产成本，实现自然环境和经济效益的双赢。生态工业园区是生态工业学的重要实践形式，生态工业学和清洁生产是建设生态工业园区的应用基础。

在发达国家，从 20 世纪 90 年代就开始依据循环经济理念和工业生态学原理进行生态工业园区的建设，如美国已经有近 20 个生态工业园区，加拿大、日本及西欧发达国家也建立了一大批生态工业园。此外，亚洲一些发展中国家也在积极建设生态工业园。

我国 1999 年开始启动生态工业园示范项目，建立了第一个国家级生态工业园示范区——广西贵港国家生态工业（制糖）建设示范园区。除此之外，还有广东南海国家生态工业示范园区等。这些园区内形成了一个比较完整和闭合的生态工业网络，资源得到最佳配置、废弃物得到有效利用，环境污染降低到最低水平，污染负效益转化为资源正效益。

卡伦堡生态工业园区模式已成为工业园实施循环经济的典范，是目前世界上工业生态系统运行最为典型的代表。其主体企业是发电厂、炼油厂、制药厂、石膏板厂，以这 4 个企业为核心，通过贸易方式利用对方生产过程中产生的废弃物和副产品，不仅减少了废物产生量和处理的费用，还产生了较好的经济效益，形成了经济发展与环境保护的良性循环。

生态工业园区的建设，首先要对产业定位和现有企业进行详细了解，做总体规划时要强调内部循环，争取形成"闭环"，方法是合理引入与原有企业存在潜在协同和共生关系的工业型企业，完善这些企业所处的系统背景，优化物质流、能量流、信息流及价值流。生态工业园作为一个区域工业生态系统，是一个物质、能量、信息与价值不断交换与融合的系统，必须实现物质流的良性循环，资源的减量化及减少废物排放；实现能量流的高效流动，提高能源的转化效率，减少排放到环境中的废能；实现信息流的高效传递，形成系统的高度协调；实现价值流的合理增值，获得良好的经济效益，形成一个物质流、能量流、信息流与价值流高效运转和良性循环的生态工业园。

基于循环经济的工业园区理想模式，是园区内没有绝对的"废物"，所有废弃物和副产品在园区内实现全过程的循环再用，将排放量严格限制在环境自净和人工净化相结合的合理范围内。由于人类长期以来形成的线性生产模式，使目前所用到的多数技术都无法为产业生态循环服务。而且，各种涂料、石化燃料、化肥、杀虫剂等化工产品，无法实现最终产品的回收再用，而且生态环境的破坏和自然资源的耗竭，在许多情况下并不是可逆的。因此，不能依靠循环经济解决所有的生态和资源问题，只能在某个有条件的局部区域内，由开始的少量、简单的物质和能量循环链，逐步扩大循环范围，形成较大区域、较大量的复杂循环链，最后形成相对完善的、具有自我修复功能的产业系统。

3. 社会循环经济

社会循环经济的内涵更为丰富，它的实施对象不仅针对企业及工业园，同时还针对社会公众的生活活动过程，并更深地涉及社会的消费观念、文化素质、道德修养等方面。因而，要推动社会循环经济的发展，必须先在全社会确立循环经济的理念，大力倡导绿色、文明消费的新理念，并大力鼓励支持废旧物品调剂和资源回收利用产业的发展。工业产品经使用报废后，其中部分物质返回原工业部门，作为原料重新利用，以在全社会形成生态型的经济活动和绿色型的社会消费。在经济规模基本稳定的情况下，社会循环经济的物质大循环，在提高资源利用效率方面的作用很大。

从社会整体循环的角度看，要大力发展旧物调剂和资源回收产业，实现废物资源化，只有这样才能在整个社会的范围内形成"自然资源—产品—再生资源"的循环经济发展模式。德国的双轨制回收系统(DSD)起到了很好的示范作用，成为社会循环经济的典范。DSD是一个专门对包装废弃物进行回收利用的非政府组织，它接受企业的委托，组织收运者对他们的包装废弃物进行回收和分类，然后送至相应的资源再利用厂家进行循环利用，能直接回用的包装废弃物则送返制造商。DSD系统的建立大大地促进了德国包装废弃物的回收利用。

依据生产过程，循环经济三个原则的重要性存在一定差异。在生产过程中，首先要运用减量化原则，进行源头控制，减少进入系统的物流量；然后运用再利用原则，对于生产过程中产生的废料进行回收利用，使废物回到生产系统中；对于源头和过程控制后产生的废物，运用再循环原则，采用相应的支撑技术，对废物进行处理，使其进入循环生产过程。

依据发展循环经济的对象，三个原则之间的优先排序为：在企业内部和企业之间，首先应考虑的是"减量化"，也就是要先考虑尽可能减少各工序和整个企业的废物产生量，以及天然资源的消耗量，然后才是废物的循环问题；在社会层面上，对产品的使用和报废，首先应考虑"再利用"，也就是要先考虑尽可能延长产品的使用寿命，减少一次性使用的产品，然后才是"再循环"，解决产品报废后的循环问题。

1.2 研究的目的和意义

长期以来，生产加工和消费过程中产生的废物被大量排放到自然环境中，资源持续不断地变成废物，这种"资源—产品—废物"所形成的物质单向流动经济模式，虽然促进经济的数量型增长，却导致许多自然资源短缺与枯竭，并酿成灾难性环境污染后果，不仅浪费了大量的自然资源，而且对社会经济环境也构成严重威胁，造成人类社会巨大的生存危机。在此大环境的影响下，循环经济的发展理念应运而生，并成为国内外的研究热点。

1.2.1 研究目的

目前，循环经济的研究主要表现为废物的资源化及循环利用途径研究，以及相关法律法规的研究。这些研究极大地促进了循环经济的实践应用，但在循环系统的量化模拟分析方面，仅集中在产品生命周期评价上，而如何在工业园、城市等更高更广的层面实现循环经济的模拟分析，对其发展模式进行决策，成为研究的重点和难点，特别是在缺水城市推行水资源的循环经济发展模式，探究城市水资源的循环利用模式及确定污水回用的产业最佳分配方案，成为城市水资源生命周期分析的重中之重。

　　循环经济本身是从环境保护的需要提出的，人类在由"资源—产品—废物排放"所构成的物质单向流动的传统经济发展过程中，以越来越高的强度把地球上的资源和能源开采出来，在生产加工和消费过程中又把污染物大量地排放到环境中去，导致自然资源的短缺与枯竭，造成灾难性的环境污染。由于环境问题的严重性，一些发达国家在经济高速发展的同时，意识到环境对生存和发展的强制约束，越来越重视对环境的保护，但保护环境又与经济活动密切相关，于是在实施循环经济的过程中，通过改变经济的发展模式，实现环境与经济的协调发展，循环经济就将侧重点转移到经济活动中，并与经济活动紧密结合，这也是目前许多关于循环经济的定义将核心放在经济上的原因。

　　在循环经济的发展过程中，注重末端污染物资源化的经济发展模式虽能够降低环境污染，但并不能全面有效地解决环境污染问题。而经济活动本身是一个大系统，如何运用系统论的理论和方法来进行循环经济的研究，成为研究的主要方向。以生态规律为指导，结合生态学的理论方法，通过生态经济综合规划、设计社会经济活动，使企业内部、不同区域的企业间形成资源共享和物质综合利用，成为循环经济的主流，于是生态经济为核心的循环经济定义就被大家所认可。

　　但归根结底，循环经济的目标是为了实现环境保护的目的，以经济活动发展模式的改变来体现环境与经济相协调的发展观念，人类社会可持续发展的必由之路就是全方位推行循环经济发展模式。由于发展经济与保护环境是人类发展过程中不可避免的突出矛盾，要从根本上解决这一深层矛盾，就必须尽快在发展方式上实现由传统经济到循环经济的转变，实现资源可持续利用的环境和谐型经济，达到"低开采，高利用，低排放"的可持续发展目标。

　　因此，循环经济的本质是实现环境与经济的协调发展，倡导的是一种与环境和谐的经济发展模式，在人口、资源、环境、经济、社会与科学技术的大系统中，模仿自然生态系统的物质循环和能量流动规律，应用系统分析，结合信息论、系统论、控制论、生态学和计算机技术等学科，把经济活动的物质流动组成一个"资源—产品—再生资源"的反馈式流程，并对其进行模拟分析计算，实现物质和能源的合理循环利用，降低经济活动对自然环境的影响。循环经济的发展模式必须满足环境与经济的多目标协调发展，必须运用多目标优化模型，结合具体的经济发展模式，确定系统的约束条件，进行系统的模拟仿真分析，实现发展方案的经济可行性和环境保护的目标。

　　城市水资源的循环经济发展，应以城市水资源为研究对象，以污水回用为重点，进行城市水资源的生命周期分析，确定水资源循环利用的发展模式。在城市水资源循环利用的基础上，构建水资源在城市不同区域流入、流出的投入产出矩阵，建立城市水资源循环利用的空间多目标优化模型，进行环境约束下的经济最优空间分析，为制定环境经济政策目标及经济手段提供理论依据。

1.2.2 研究意义

1999 年我国开始循环经济建设的试点，试点工作按国家环保总局的部署从企业、区域、社会三个层面展开。2005 年国务院发布了《关于做好建设节约型社会近期重点工作的通知》【国发（2005）21 号】和《关于加快发展循环经济的若干意见》【国发（2005）22 号】等一系列文件，并在 2006 年全国人大会议上通过的《国民经济和社会发展第十一个五年规划纲要》中，把发展循环经济，建设资源节约型和环境友好型社会列为基本方略。

循环经济模拟仿真系统的设计开发是我国发展战略研究的重要辅助工具，是区域可持续发展研究的重点。目前，循环经济在学术界已受到较为广泛的关注，并引起相关行政管理部门和企业界的广泛关注和重视，国家已经出台了相关的法律法规，制定了实施应用的具体推动措施。但在实践应用领域，循环经济的理论指导和技术支持仍需不断深化，如何系统分析城市水资源发展循环经济的体系，为具体实践过程提供理论依据，成为必须解决的基础理论问题。与此同时，城市水资源短缺阻碍了城市社会经济的快速发展，必须改变传统的水资源利用方式，探索城市水资源的循环经济利用模式，促进水资源的重复利用。依据循环经济的 3R 原则，将城市水资源输入系统的雨水和输出系统的污水确定为发展循环经济的重点，对雨水、生活污水、工业污水的循环经济利用模式进行具体分析，提出循环利用的方法及途径，并对城市水资源的循环经济发展模式应注意的问题进行分析，提出相应的建议及解决策略，为城市水资源循环经济模式的推广及应用提供理论依据。

由于国情的差异，我国自来水水价低，而质量相对较差的再生水则净化成本高、价格高，造成再生水无人问津，而城市污水处理厂因经济负担致使污水处理量不足，一些未处理的污水不断排入江河，导致水环境的污染。因此，如何结合国内的污水处理技术及经济现状，采用循环经济的发展模式，对城市空间区域的新鲜水资源及污水回用进行经济可行性分析，既要满足功能要求和用水水质需求，又要考虑城市产业发展趋势，以确保在经济上合理可行，就成为目前必须解决的空间多目标优化分析问题，急需环境与经济的动态调控分析。

循环经济在学术界已受到较为广泛的关注，并引起有关行政管理部门和企业界的广泛关注和重视，出台了相关的法律法规，制定了实施应用的具体推动措施。但总体而言，循环经济的研究，目前仍处于基础理论探索和示范实践阶段。循环经济的实践活动需要相关的理论指导和技术分析，如何协调预测分析城市水资源的循环经济发展趋势，对具体实践过程进行量化分析和模拟，成为当务之急，有利于促进循环经济的量化分析，提高循环经济的管理决策水平。

有利于促进专业工作者和各级政府之间加强工作联系，通过城市水资源循环经济发展的系统分析和量化模拟，将研究成果和循环经济实践活动相结合，使各级政府更好地理解和支持专业工作，同时使专业工作更好地服务于各级政府。为循环经济在各个层面的示范建设提供技术参考和方案优选方法，尤其是国内正在积极开展的基于循环经济发展理念的示范点建设，以及在一些省、市层面开展的循环经济示范工作。

1.3 研究方法

1.3.1 实地调研法

通过实地调研获取城市水资源的循环利用路径，进行水资源在城市区域的生命周期分析，了解城市市政用水中采用回用水的主要方式，考察分析城市污水资源化的途径，对城市市郊农田污灌的现状进行实地调查。

1.3.2 基于 GIS 的空间分析法

通过环境经济数据与空间对象建立关联，实现环境经济数据在城市地理空间区域的栅格化数字分析，结合各种水资源数据的空间数字化插值分析，预测研究区域水资源的动态演变趋势，对城市水资源的空间特征及成因进行研究。

1.3.3 多目标优化模型

依据城市水资源循环利用的网络模式，建立水资源循环利用的经济投入产出分析矩阵，创建空间多目标优化模型，采用 PSO 粒子群优化算法进行模型求解，获取污水回用量和回用水价格的空间优化分析结果。

根据京津冀城市群各种生产用水的投入产出数值来构建各类单目标或多目标回用水经济最优模型，利用现代智能算法 NSGA-Ⅱ 对模型进行求解，以 Pareto 最优解集为基础进行回用水量来确定最优配水方案，基于 GIS 技术，采用空间分析方法实现空间上的优化配置可视化分析。

1.3.4 模型模拟法

在可控回用污水水量水质条件下，研究污水回用行为与不同深度地下水中氨氮、硝酸盐氮的分布和移动特征的耦合关系，揭示土壤中各种形态氮的动态运移机制，对包气带或地下水中的硝态氮污染进行风险预警。Hydrus-1D 模型是美国农业部开发的水分与溶质运移模拟软件，主要用于模拟非饱和、部分饱和、多孔等介质条件下水分与溶质的运移状况，能较好地模拟水分与溶质在土壤中的运移规律。

通过室内土柱实验，获取农业灌溉区域土壤的理化参数及垂向淋溶过程数据，通过实测数据对模拟参数进行校验，然后利用 Hydrus-1D 模型模拟在包气带中的垂向运移过程，将模拟结果作为下次模拟的初始条件输入到模拟软件中，实现多次污灌累积效应的量化模拟，预测在包气带中的垂向分布规律，对污染的垂向风险进行预警，避免污水循环经济发展模式的潜在环境风险。

1.3.5 系统动态演变的动力学分析方法

系统动力学方法可定性与定量地模拟分析自然社会经济系统，从城市群环境

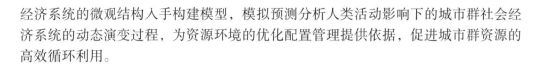

经济系统的微观结构入手构建模型，模拟预测分析人类活动影响下的城市群社会经济系统的动态演变过程，为资源环境的优化配置管理提供依据，促进城市群资源的高效循环利用。

1.3.6 粒子群多目标优化模型

城市群资源的动态演变与人口、环境及区域经济发展密切相关，资源环境的优化分配由资源需求、人口需求及产业需求多个对象组成，影响优化分配的产业构成及人口要素具有动态可变性，提高构建城市群空间区域内多目标多约束模型，采用粒子寻优方法求得满足条件的优化解集，实现城市群资源环境优化配置的方案优选

1.3.7 专家咨询法

对于城市各种水资源的合理定价，涉及环境、政策、税收等诸多因素，在研究中可向各领域的专家进行咨询，获取疑难问题的权威建议；对于多目标 PSO 优化算法的实现及在 MATLAB 中的代码设计进行咨询。

1.4 主要研究内容

1.4.1 城市水资源循环系统分析

在城市水资源自然循环和社会循环的基础上，以水资源的循环经济发展理念为基础，建立循环经济模式的循环体系，构建城市水资源循环利用的循环网络。城市水资源的循环经济系统中，物质流的主体是水，对各种水源的水量水价及经济效益进行量化分析，探究城市水资源的循环利用路径。由于城市水资源循环经济系统与自然环境、社会环境和经济环境交互作用，具有系统的动态变化性、回用方式的不确定性等特点，对其进行模拟分析时，采用系统动力学软件来实现量化分析预测。

1.4.2 城市水资源的生命周期分析

在城市水资源系统分析的基础上，进行城市水资源的生命周期分析，构建城市水资源循环网络系统中污水回用的水量、水价等不确定参数的多目标优化模型。采用 PSO 优化分析方法，编制 MATLAB 代码进行模型求解，确定城市污水回用的水量分配方法及污水水价的优化参考值。通过对天津市水资源水价问题的分析探讨，提出相应的解决方法。

1.4.3 城市水资源的投入产出优化分析

根据城市水资源的投入产出分析，可以确定单位水资源的 GDP 增加值，这也是构建污水回用经济效益最大的重要参数，依据污水回用量最大化和回用产生的经济效益最大构建城市污水回用多目标分配模型，利用现代智能算法 NSGA-Ⅱ 对模

型进行求解，获取 Pareto 最优解集，模拟分析结果应保证回用污水总量和实际值差距微小。在 Pareto 最优解集基础上，依据经济收益最大和回用水量接近实际值来确定最优配水方案，优选出京津冀城市群污水回用优化分配方案。通过 GIS 数据连接功能，将污水回用优化分配数据与京津冀城市群建立关联，采用 GIS 空间分析方法，对各种回用水量的空间分布特征进行分析，采用等高线对空间分配数据的变化趋势进行描述，运用 GIS 分级评价法，生成回用量的空间分布专题图，实现京津冀城市群污水回用优化分配空间上的可视化分析。

1.4.4 城市水资源空间多目标优化分析

以城市水资源的循环利用为核心，以污水资源优化分配为计算目标，构建多目标优化分析模型，采用粒子群优化 (PSO) 算法对模型进行分析，编制 MATLAB 程序实现问题的快速求解，解决城市群区域回用污水的最优配置问题。运用 GIS 的空间分析功能，对京津冀城市群污水回用的空间状况进行数字化可视分析，确定城市群污水回用的空间量化关系，对促进空间优化结果的实施提出建议。

1.4.5 城市水资源发展循环经济的管理调控机制

从城市水资源发展循环经济的理念特征入手，结合循环经济的 3R 原则，对城市水资源发展循环经济的层次结构进行分析，重视循环经济发展模式中可能存在的问题，对于规划中存在的问题，应通过管理层面以法律法规的形式加以解决；依据模型分析结果，对城市水资源发展循环经济的政策目标及政策手段进行可行性分析，提出环境经济管理政策目标及动态经济调控手段，进行城市水资源发展循环经济的目标可达性分析。

1.4.6 城市水资源发展循环经济的空间评价及调控

城市是由不同要素组成的一个有机整体，随着城市化的快速发展，城市产业规划、功能区布局、用地规模、人口剧增等矛盾越来越尖锐，导致城市科学规划的压力剧增，迫切需要城市空间结构演变分析研究，采用 GIS 空间分析方法对城市空间中社会环境和经济环境的变化趋势进行分析，促进城市水资源在空间上的合理利用和科学调控。

1.4.7 城市水资源脆弱性的综合评价及空间演变分析

以京津冀地区水资源现状为基础，从自然环境脆弱性、社会经济脆弱性和承载力脆弱性三方面构建指标体系，基于层次分析法和熵权法计算指标的综合权重，结合 ArcGIS 对脆弱性评价结果进行可视化分析，可为京津冀地区水资源的优化配置和合理开发提供依据，促进水资源的可持续利用与发展。

1.4.8 城市污水灌溉的环境影响因素分析

地下水作为支撑全世界居民在日常生活、工农牧业生产以及高新尖端产业发展等各个领域的重要淡水资源，一直是国内外研究保护的重中之重。而其安全问题则更是直接影响到居民的身体健康和生活质量，其中硝态氮（NO_3^--N）带来的污染则是威胁地下水安全存在的主要问题，据此在大量检索国内外相关科技文献的基础上，采用文献研究法探究国内外的地下水硝态氮（NO_3^--N）污染情况，从而对其迁移转化过程中的影响要素进行综合分析。硝态氮（NO_3^--N）迁移转化过程与地貌特征、土壤类型和土壤结构等自然因素，氮肥施用、灌溉排水和有关土地利用类型、土地种植方式的耕作措施等社会因素，以及地下水深埋等因素有着较为密切的关系。基于文献综述的研究结果，分析目前研究的不足及未来可涉及的研究方向，为硝态氮（NO_3^--N）污染的预测评价、综合治理及修复提供理论和科学依据，研究结果具有重要的科学价值和现实意义。

1.4.9 城市污水回用的累积环境风险

以天津污灌区典型粘质砂土为对象，将回用污水水质、土壤类型、潜水埋深等多因素耦合，基于过程分析实现污染物垂向迁移转化机理的模拟分析，探究污水回用行为方式与地下水硝酸盐氮含量的动态耦合关系，更加迅速有效地模拟污水回用驱动下硝酸盐氮的土壤环境过程，对污水回用的累积环境风险进行预警。

【参考文献】

[1] 杨海军，黄新建.产业经济视角下的循环经济：体系、驱动及对策 [J]. 江西社会科学，2010（5）.

[2] Belanche, L.A., Valde´s, J.J., Comas, J., Roda, I.R., Poch, M., 1999. Towards a model of input-output behaviour of wastewater treatment plants using soft computing techniques. Environ. Model.Softw. 14, 409-419.

[3] Poch, M., Comas, J., Rodrı´guez-Roda, I., Sa´nchez-Marre`, M., Corte´s, U., 2004. Designing and building real environmental decision support systems. Environ. Model.Softw. 19, 857-873.

[4] 王浩，严登华，贾仰文等.现代水文水资源学科体系及研究前沿和热点问题 [J]. 水科学进展.2010, (4).

[5] H. Ahrends, M. Mast, Ch. Rodgers, et al. 2008. Coupled hydrologicaleeconomic modelling for optimised irrigated cultivation in a semi-arid catchment of West Africa. Environmental Modelling & Software .23, 385-395.

[6] 王国友，谭灵芝.重庆地区再生水回用模式及环境经济效益研究，水土保持通报，2012, 32（4）.

[7] 刘德地，王高旭，陈晓宏等.基于混沌和声搜索算法的水资源优化配置 [J]. 系统工程理论与实践.2011, (7).

[8] 陆文聪，覃琼霞.以节水和水资源优化配置为目标的水权交易机制设计 [J]. 水利学报.2012, (3).

[9] 王子茹，罗宝力，牛云格.大连市水资源优化配置决策方案评价可视化系统研究与应用 [J].大连理工大学学报.2012，(2).

[10] 冯景泽，王忠静.遥感蒸散发模型研究进展综述 [J].水利学报.2012,(8).

[11] 白静，马延吉，温兆飞.辽宁省循环经济发展水平区域差异分析 [J].干旱区资源与环境.2012.6

[12] 张智韬，刘俊民，陈俊英等.基于 RS、GIS 和蚁群算法的多目标渠系配水优化 [J].农业机械学报，2010,(11)

[13] Cai, X., 2008. Implementation of holistic water resources-economic optimization models for river basin management- reflective experiences. Environmental Modelling and Software 23, 2-18.

[14] 宋超，吕娜，栾贻信等.水资源循环经济理论与实践研究 —— 以山东省工业用水为例 [J].科技管理研究，2010，（7）：23-25.

[15] 张杰，李冬.城市水系统健康循环理论与方略 [J].哈尔滨工业大学学报，2010,42(6):849-854

[16] 田岳林，李汝琪，李建娜.城市水循环经济发展思路及体系构建 [J].环境科学与管理，2010（6）.

[17] 邵益生.中国城市水资源管理理论体系的框架研究 [J].城市发展研究，1996（4）.

第2章 城市水资源发展循环经济的系统分析

为了协调人类社会发展和生态环境之间的关系，发展循环经济成为生态文明建设的内在要求，循环经济应从系统生态学、食物链、生态系统的物质循环与能量流动等生态学理论出发，实现人类社会发展与生态环境保护的协调发展（曾现来等，2018）。当前阶段政府在废弃物资源化利用中应处于主导地位，并从经济和技术上给予支持（赵国甫，2018），通过法规制度建设与完善和激励机制确保废弃物资源化利用。

循环经济以物质循环规律为依据，以资源高效循环利用为特征，目标在于实现经济发展与环境保护的双赢，是我国应对环境危机的必然选择，是自然与人类和谐共生的客观要求（王建辉等，2016），物质、能量和信息循环是生态链的关键构成要素，也是生态链赖以维持和得以存在的基础，因此循环经济的系统分析主要侧重物质流、能量流和信息流。

物质循环系统包括自然界物质循环、人的生命循环以及社会经济循环三个有序递进的层次（王建辉等，2016）。实施城市水资源循环利用最关键的一项措施就是效法自然，寻找城市水资源循环系统中物质流动和资源利用的不合理环节并对其加以改善，实现水资源的循环利用。目前在城市生态学和生态工业园领域，基于循环经济的产品生产和工业园区建设成为研究的热点。支持城市水资源循环经济发展的动力包括物流、能量转换、资本流、信息流以及占据主导地位的人及人的行为。通过人、物和生物之间的相互作用，借助于技术、体制和行为推动系统的结构发展及功能完善。

2.1 物质流分析

物质流分析 (Material Flow Analysis，MFA) 指的是对经济活动中物质流动的分析，它的基础是对物质的投入和产出进行量化分析，建立物质投入和产出的账户，以便进行以物质流为基础的优化管理。物质流分析主要衡量的是经济社会活动的物质投入、产出和物质利用效率。物质流分析研究因其强烈的政策导向和对政策的指导意义而受到国际上的关注，通过物质流分析，可以控制有毒有害物质的投入和流向，分析物质流的使用总量和使用强度，为环境政策提供了新的方法和视角。

物质流分析是应用于产业生态学的概念，它研究物质和能量是如何进入、通过和流出一个系统。分析在一个产品系统内，在原材料获取、产品生产、消费、循环利用和处理处置过程中所产生特定环境影响的大小，这正是产品生命周期评价的周期核心，从系统论的角度而言，就是沿着从源到汇的流动方向进行层次分析，了解系统内部的物流状况。物质流分析的对象可以是一个产品、服务或过程，通过分析研究一个产品系统工艺单元的输入和输出，辅助决策者更好地了解产品工艺以及各生产单元之间的相互关系，提出工艺改善和产品研发的最佳方案。物质流分析方法已广泛地应用到企业产品的开发设计、企业管理和公共政策制定等方面。

2.1.1 物质流分析的主要内容

从物质流分析的角度，可以认为循环经济的本质就是通过调控现有的线性物质流模式，提高资源和能源的利用效率，形成资源和能源高效利用、环境污染最小的物质循环模式。因此，在制定和发展循环经济政策和战略时，必须抓住其本质和核心内容，对经济活动的物质流进行分析，建立物质流分析清单，系统分析物质的流入流出量，多方案分析物流的经济效益和环境效益，通过调控物质流动模式，优化物质和能源的利用方式，最终实现城市水资源的循环经济发展目标。

国际上对于物质流分析（MFA）的理论方法研究非常活跃，特别是欧洲和日本等国家，采用物质流分析方法对本国的资源物质利用情况与经济发展的关系进行分析，并提出了国家报告。

物质流分析内容有两个方面，一是物质总量分析模型，另一个是物质使用强度模型。物质总量分析模型分析了一定的经济规模所需要的总物质投入、总物质消耗和总循环量；物质使用强度模型则主要关注一定生产或消费规模下，物质的使用强度、物质的消耗强度和物质的循环强度，这种强度可以是以单位 GDP 来衡量，也可以用人均来衡量。

2.1.2 物质流分析的主要对象及要求

循环经济的研究对象主要分为企业、工业园和城市，在此将其作为物质流分析的对象，提出针对这三个对象进行物质流分析的建议。

1. 企业的物流分析要求

首先，要求企业注重单个企业本身的清洁生产，使用清洁的能源，清洁的生产工艺，即采用先进的生产工艺，尽可能地减少污染物的产生，从产品的绿色角度考虑，按照产品生命周期的分析，建立物质流清单，寻找清洁环保的替代品，降低污染物的产生，提高产品的循环再利用程度。

其次，要求各企业实现企业内部物料的循环。企业内部物料循环主要分为下列三种情况：第一，将流失的物料回收后作为原料返回原来的工序中；第二，将生产过程中生成的废料经适当处理后作为原料或原料替代物返回原生产流程中；第三，将生产过程中生成的废料经适当处理后作为原料返回用于厂内其他生产过程中。

2. 园区物流分析要求

单个企业的清洁生产和厂内循环具有一定的局限性。因为它肯定会形成厂内无法消解的一部分废料和副产品，于是需要到厂外去组织物料循环。生态工业园区就是要在更大的范围内实施循环经济的法则，把不同的工厂联结起来形成共享资源和互换副产品的产业共生组织，使得这家工厂的废气、废热、废水、废物成为另一家工厂的原料和能源。工业生态系统要求企业间不仅仅是竞争关系，而是要建立起一种"超越门户"的管理形式，以保证相互之间资源的最优化利用。

在生态工业园区建设过程中，参照工业生态系统的结构和生态链，鼓励园区企业从产品、企业、区域等多层次上进行物质、信息、能量的交换，注重工业生态系统分解者、再生者的建设，降低系统物质、能量流动的比率，减少物质、能量流动的规模，建设并持续运行工业共生与工业一体化生态链网，强化园区生态系统的人工调控，为园区的物质流、能量流、信息流等运动创造必要的条件，形成不同企业之间以及与自然生态系统之间的生态耦合和资源共享，实现物质、能量多级利用、高效产出与持续利用，构筑园区工业生态系统框架，进行园区自然生态系统、工业生态系统、人工生态系统在内的区域生态系统整体优化，实现区域社会、经济、环境效益的最大化。

水资源是生态园区建设中重要的物质要素，以水的循环使用为例进行具体说明。在印染工业园区水的循环设计中，企业排放的碱性高浓度有机废水，一部分用于园区集中供热电厂的脱硫，另一部分进入园区专门为处理印染废水而建设的印染废水专业污水处理厂。设立园区印染废水专业污水处理厂，将各企业排放的同类型废水集中做专门处理，在达到市政污水处理要求后，经管网排放至市政污水处理厂。市政污水处理厂处理后的污水，一部分可以作中水使用，用于工业生产中对水质要求不高的工艺和冷却用水，也可用于园区生活服务。为了保证印染废水的处理要求，园区其他企业的废水在企业各自预处理达到入市政管网要求后，直接排入市政污水处理厂，与生活污水等一同处理。如此建立的印染工业园区水循环系统可以在最大程度上提高水资源的利用效率，全面提高水的重复使用率，从而缓解经济高速发展带来的水资源短缺问题。

3. 城市物质流分析要求

在城市层面建立废弃回收的循环系统，必须以物质流分析为基础，从城市整体循环的角度，建立旧物调剂和资源回收产业，健全物质流的各个环节，在整个城市的范围内形成"自然资源—产品—再生资源"的循环经济闭合环路。其内容包括：收集（回收、运输、储存）、预处理（清洁、拆卸、分类）、回收可重用零件（清洁、检测、翻新、再造、储存、运输）、回收再生材料（碎裂、再生、储存、运输）、废弃物管理等活动。按照物质在生产部门、回收部门的流动过程，构建物质流分析清单，经过清单分析，构建废弃产品回收再制造、再处理的闭环结构系统，使废弃物资源化、减量化和无害化，从而把有害环境的废弃物减少到最低限度，制定回收处理的最佳策略。

但必须注意，并非所有物质都可以进行循环流动，在以纺织印染为主体的生态产业链和生态工业园区中，园区内企业所产生的副产物与废物并不都是可以直接为另外企业所用的。而作为产生和使用废物的企业由于技术或成本的原因，难以对废物进行处理加工。对于这些物质，在进行流动分析时要特别重视，尽量降低这些物质的产生量。

2.1.3 物质流分析与管理的作用

物质流管理（Material Flow Management，MFM）指以生态目标、经济目标和社会目标为主，对物质、物质流和能源等进行有效利用的管理模式。欧盟的环境行动计划目标就体现了物质流管理的核心思想，通过提高资源效率实现可持续生产和可持续消费，实现资源消耗、废弃物产生与经济增长之间的分离或脱钩，以确保再生能源和可再生能源的消费不超过环境承载力。而我国管理部门在协调企业利益和企业与社区利益方面的能力有限，造成许多企业对自己的原料来源、数量、性质，能源的种类和消耗量以及排放物的种类和数量存在着一定的隐瞒，使整个生态工业园区的管理和资源协调不够透明。这种管理组织上的缺陷导致生态工业园的物质流管理存在不少问题。

德国等欧盟国家非常重视基于物质流分析的物质流管理，并采用物流管理的理念成功实施了一系列经济技术可行的项目。物质流管理重视的不仅仅是环境和社会效益，同时对项目的经济效益也是非常注重的，这样，通过物质流管理，真正能够实现经济、社会和环境"多赢"的循环经济实践模式。物质流管理也非常注重区域的附加值，通过增加区域附加值，提高了区域在全球环境中的竞争力。物质流管理不仅降低了能源和其他资源的成本，而且非常重视产品的质量，并通过降低废弃物的排放减少经济活动对环境的影响。物质流管理的核心是优化生产和消费过程中的物质流动方式，引进清洁技术，通过技术支撑，构建物质流动网络，通过有效的物质流动网络降低交易成本，提高物质使用效率。

我国生态工业的市场机制反应不是很灵敏，这不仅使我国开发生态工业园缺乏行动纲领，而且还表现出各企业在入园时积极性不高。以一个区域进行分析，在引入物质流管理概念之前，因为没有对区域进行物质流分析，区域的物质潜力和能源潜力没有被充分挖掘。假如对工业生态园引入物质流分析和物质流管理，区域的物质流动潜力被挖掘出来，能够引入更多的就业机会、更多的技术和更多的资金，产生更少的污染负荷，将区域内的物质和能源潜力转变成实际可利用物质和能源，提高区域附加值。这也是我国正在大力采用物质流管理模式推进生态工业园区建设的目的。必须强调的是，物质流管理又不仅仅限于生态工业园区建设，它包括对整个区域的物质流动方式的调节和优化管理，具有更加广泛的内涵。

欧洲工业化国家的实践经验表明，在进行成功的物质流管理之前，首先必须对一个区域的物质流进行分析，其关键点在于建立一个物质流信息和管理中心或网络，辅助主要实施者交流物质流动方面的信息，达到对物质流动方式进行调控的目的，目前德国已经成功实施了物质流管理。

通过物质流管理，建立资源消耗、环境退化与经济增长之间耦合关系，运用智能体模拟仿真手段，把物质流动网络建立起来，发挥物质流管理在循环经济的技术支撑作用。物质流管理的另一个要素是融资机制。新项目的投资通常回收期较长，因此，需要创新融资机制，如通过签订能源合同，提供能源服务等方式，确保新项目的资金回收。

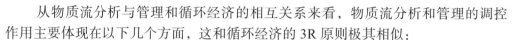

从物质流分析与管理和循环经济的相互关系来看，物质流分析和管理的调控作用主要体现在以下几个方面，这和循环经济的 3R 原则极其相似：

（1）减量：减少物质在社会经济活动中的投入总量

物质投入量的多少直接决定资源的开采量和对生态环境的影响程度，特别是对于不可再生资源，物质投入量的减少就直接意味着资源使用年限的增加，其对整个社会经济和环境的意义是极为显著的。但必须解决以下两个问题：如何在减少物质投入总量的前提下保障经济效益；如何通过技术和管理手段不断提高资源利用率，并不断增加资源循环使用量。

（2）高效：提高资源利用效率

资源利用效率反映了物质、产品之间的转化水平，其中生产技术和工艺是提高资源利用效率的核心。通过物质流分析，我们可以分析和掌握物质投入和产品产出之间的关系，并通过技术、工艺改造及更新，提高物质、产品之间的转化效率，提高资源利用效率，达到以尽可能少的物质投入达到预期经济目标的目的。

（3）循环：增加物质循环量

通过提高废弃物的再利用和再资源化，可以增加物质的循环使用量，延长资源的使用寿命，减少新资源的投入，从而最终减少物质的投入总量。工业代谢、工业生态链、静脉产业等都是提高资源循环利用的重要内容和实现形式。

（4）减排：减少最终废弃物排放量

在社会经济活动中，通过提高资源利用效率，增加物质循环量，不但可以减少物质投入的总量，同时也可以实现减少最终废弃物排放的目的。因此，在发展循环经济过程中，生产工艺和技术的进步，生态工业链的发育和静脉产业的发展壮大，可以通过提高资源使用效率、增加物质循环和减少物质总投入，达到减少最终废弃物排放量的目的。

2.1.4 循环经济与物质流分析的关系

物质流分析的核心是对城市社会经济活动中物质流动进行定量分析，了解和掌握整个社会经济体系中物质的流向、流量。建立在物质流分析基础上的物质流管理则是通过对物质流动方向和流量的调控，提高资源的利用效率，达到设定的相关目标，这与循环经济的宗旨是一致的。

循环经济强调从源头上减少资源消耗，采用生命周期分析方法，循环利用资源，减少污染物排放，谋求以最小的环境资源成本获取最大的社会、经济和环境效益，并以此解决环境保护与经济发展之间的协调问题。因此，物质流分析可为循环经济的发展提供重要技术支撑，而物质流分析和管理可用来进行区域循环经济发展的调控，制定合理的循环经济发展模式。

1. 企业内部的循环经济模式

构建企业内部的物料循环系统，组织企业内部物料循环是循环经济在微观层次的基本表现。杜邦公司通过组织厂内各工艺之间的物料循环，延长生产链条，减少生产过程中物料和能源的使用量，尽量减少废弃物和有毒物质的排放，最大限度地利用可再生资源，提高产品的耐用性等，放弃使用某些环境有害型的化学物质，减少一些化学物质的使用量，发明回收本公司产品的新工艺，到1994年已经使该公司生产造成的废弃塑料物减少了25%，空气污染物排放量减少了70%。

2. 工业园区模式

按照工业生态学的原理，通过企业间的物质集成、能量集成和信息集成，形成产业间的代谢和共生耦合关系，使一家工厂的废气、废水、废渣、废热或副产品成为另一家工厂的原料和能源，建立工业生态园区。

（1）丹麦卡伦堡工业园区

这个工业园区的主体企业是电厂、炼油厂、制药厂和石膏板生产厂，以这4个企业为核心，通过贸易方式利用对方生产过程中产生的废弃物或副产品，作为自己生产中的原料，不仅减少了废物产生量和处理的费用，还产生了很好的经济效益，形成经济发展和环境保护的良性循环。

（2）南海国家生态工业建设示范园区

这是我国第一个全新规划、实体与虚拟结合的生态工业示范园区，包括核心区的环保科技产业园区和虚拟生态工业园区。其主导产业定位为高新技术环保产业，包括环境科学咨询服务、环保设备与材料制造、绿色产品生产、资源再生等4个主导产业群。构建了一个大型环保产业信息平台，实现信息交流、资源共享，搭建虚拟园区。该园区以循环经济和生态工业为指导理念，以环保产业为主导产业，将制造业、加工业等传统产业纳入生态工业链体系。重点培育设备加工、塑料生产、建筑陶瓷、铝型材和绿色板材等5个主导产业生态群落。生态工业系统类似于自然生态系统，12个企业组成一个"生产—消费—分解—闭合"的循环。

（3）广西贵港国家生态工业（制糖）示范园区

这是我国第一个循环经济试点。该园区以上市公司贵糖（集团）股份有限公司为核心，以蔗田系统、制糖系统、酒精系统、造纸系统、热电联产系统、环境综合处理系统为框架建设的生态工业（制糖）示范区。该示范园区的6个系统分别有产品产出，各系统之间通过中间产品和废弃物的相互交换而相互衔接，形成一个较完整和闭合的生态工业网络。园区内资源得到最佳配置，废弃物得到有效利用，环境污染减少到最低水平。园区内主要生态链有两条：一是甘蔗→制糖→废糖蜜→制酒精→酒精废液制复合肥→回到蔗田；二是甘蔗→制糖→蔗渣造纸→制浆黑液碱回收；此外还有制糖业（有机糖）低聚果糖；制糖滤泥→水泥等较小的生态链。这些生态链相互构成横向耦合关系，并在一定程度上形成网状结构。物流中没有废物概念，只有资源概念，各环节实现了充分的资源共享，变污染负效益为资源正效益。

2.2 信息流分析

信息在城市水资源循环经济发展中也是不可或缺的要素之一。首先，经济发展的根本动力在于社会有效需求，而信息可以浓缩需求时间、拓展需求空间、调整需求结构、增加需求总量，犹如自组织结构的催化环，有效地推动生态工业向前发展；其次，信息是组织和控制企业管理过程的依据和手段，企业根据科学技术信息，进行技术改造，提高劳动生产率；根据市场的需求信息和价格信息来调节产品的结构和产量；最后，建立信息反馈机制是生态工业具有自动调节功能、保持稳定的前提。

城市生态工业中的稳定与平衡是一个动态过程，能量流动和物质循环总是在不间断地进行。有了信息系统的有力保证，生态工业则可朝着结构复杂化和功能完善化的方向发展，并逐渐达到成熟的稳定状态。在以纺织印染为中心的生态链中，信息传递对于整个产业生态链的正常运作也起着非常重要的作用。园区内各成员之间有效的物质循环和能量集成，必须以了解彼此供求信息为前提。同时生态工业园区的建设是一个逐步发展和完善的过程，其中需要大量的信息支持。这些信息包括园区有害及无害废物的组成、废物的流向和废物的去向信息，相关生态链上产业（包括其相关产业）的生产信息、市场发展信息、技术信息、法律法规信息、人才信息、相关的其他领域信息等。尤其是在中国加入 WTO 后，国际和国内纺织印染乃至服装行业的竞争将更加激烈，信息在激烈竞争中的作用就更加明显。就生态链而言，任何一个环节的信息对于整个体系而言都将是十分重要的，任何一个环节的信息都会很快传递和影响到其相关的环节，从而带动整个产业生态链的反应和发展。

2.2.1 信息管理平台

为了使园区内各企业的管理者能够及时、低成本地获取信息，生态工业园必须建立完善的信息交换平台，该交换平台应包括：一个能够迅速连通信息数据库的热线；一个计算机化的交流网络，以实现信息的收集、处理、共享和发布，这种信息的收集和共享以彼此的物质和资源循环为目的，对园区的各产业和企业的信息在议定的范围内，尽可能详细地提供原料和废物信息，并对这些信息进行有效的处理。信息交换平台可依托园区现有的设施，其目的是保证信息有效的流通、传播、分析和使用，保持生态工业园旺盛的生命力。

利用信息技术，加强循环经济管理的有效性，构建基于循环经济的物流框架模型，为决策部门提供优化和模拟分析技术，实现信息共享，进行数据的分布式采集，节约人力、财力，减少地理空间造成的制约。

2.2.2 信息处理功能

1. 物质流的动态检测

对产品来源进行计算机管理，主要包括：厂家新生产的数量，国外进口数量。建立循环分析对象的来源数据库管理系统；产品进入消费，维修，报废等物流的流动动态跟踪；产品进入循环利用处理过程的数量分析。

2. 信息的处理及发布

构建物流数据库管理系统，全面记录进入循环经济领域的物质数量；动态检测物流的流动过程，并根据产品（部件）的生命时间限制，及时发布产品（部件）报废信息；对于必须进入循环经济回收使用系统的产品（部件），长时间未能进入流动系统时，发布红色警报，避免"滞流"造成的环境污染。

2.3 城市水资源的循环系统分析

循环经济的发展是环境与经济协调发展的必然需要，离不开人类的生产和生活活动，与自然环境、社会经济环境密切联系。城市水资源发展循环经济的对象为城市人工生态系统，可看作由环境循环子系统和社会经济循环子系统相互耦合而成的人工复合循环系统，包含了相互联系、相互作用、相互制约的系统要素，系统内各子系统以及系统各要素间基于资源和能源进行循环利用，在系统内部形成物质流、能量流和信息流，以实现资源最大化利用和经济效益最大为目标，促进环境与经济的协调发展。

2.3.1 城市水资源发展循环经济的三个层面

城市水资源发展循环经济的类型，由其应用的三个层面而定，可分为微观层面、区域层面和社会层面（见图 2-1）。微观层面可分为企业及居民家庭用水的循环经济发展模式；区域层面可分为工业园及生活社区用水的循环经济发展模式；社会层面由微观层面和区域层面组成，它们之间是一个互相联系、互相依存、互助支撑的系统，但同时相对独立，它们各自的主体特征和实施循环经济的方式及途径都不同。三个层面的划分是按照经济活动的对象和地域空间的结合而定，国内外对此的认识比较一致，基本都在这三个层面开始进行循环经济的研究（荆平，2015）。

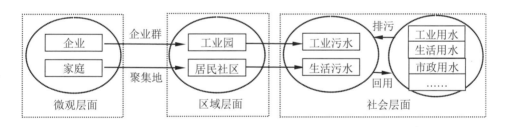

图 2-1 城市水资源发展循环经济的三个层面

企业层面的循环经济发展主要针对企业内部的生产用水过程，以节约用水和循环用水为目标，降低水资源的需求量，增加排水的循环利用率；居民生活中的循环经济发展，主要以自来水的多次利用为目标，实现水资源的重复利用，最后将污水排放到排污管道。

区域循环经济由一定区域内各种类型的企业群体组成，其主要表现形式为生态型的工业园区。也可由一定区域内的生活聚集区组成，表现为独立的居民社区。由于独立企业的清洁生产和企业内循环具有一定的局限性，对水资源的循环利用制约很大，难以对水资源按质进行梯次循环利用。生态工业园区可在更大的范围内实施循环经济发展模式，把不同的工厂连接起来形成共享资源和互换副产品的产业共生组织，实现园区水资源的循环利用。此外，居民社区本身占据一定的空间区域，便于实施雨水的收集以供绿地浇灌及冲厕等杂用,也便于对生活污水进行收集处理,产生的中水就近回用于社区绿地。

城市水资源社会层面的循环经济发展比较复杂,它的实施对象不仅针对企业及工业园,同时还针对社会公众的生活活动过程。由于城市新鲜水的用水量大,工业废水和生活污水的排水量也大,如果不推行循环经济的发展模式,将快速加剧用水紧张的局面,造成水资源供需矛盾的不断深入。

2.3.2 城市水资源的循环体系分析

生命周期分析是环境管理的最新系统分析方法,在进行城市水资源发展循环经济的体系分析中,必须确定水资源在城市生态系统的流动过程,以城市水资源为研究对象,以污水回用为重点,进行城市水资源的生命周期分析,确定分析系统的边界,剖析水资源在城市流入、流出环节所涉及的重要因素,为实施水资源的循环经济发展提供依据。

1. 城市水资源的自然循环分析

水资源的自然循环是自然界的水在水圈、大气圈、岩石圈和生物圈中通过各环节持续运移的过程,由陆地水循环、海洋水循环和海陆水循环三大部分构成(见图 2-2),可供城市利用的水资源主要来自于地下水、地表水、河流湖泊水以及大气降水,通过对这些水资源进行收集,满足城市生态系统的需求(马东春等,2009)。

依据城市水资源自然循环过程分析,雨水的收集利用成为提高城市水资源供给量的重要环节,通常情况下,城市降水后一部分雨水会渗入地下,但大量雨水会排入到下水道而流失。在城市水资源的自然循环中,应注重对大气降水的收集,主要是对雨水的收集,采用雨水汇集的方法构建自然水体的储水体(贺亮等,2009;谢三桃,2009)。与此同时,对于地下水资源的开采利用应逐渐减少,避免过度开采造成地下水位的下降。

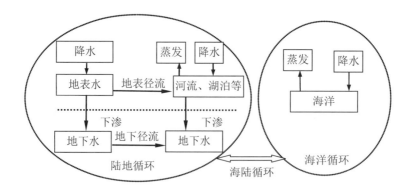

图 2-2 水资源的自然循环概略图

2. 城市水资源的社会循环分析

社会经济水循环是社会经济系统各种人类活动对水资源开发利用过程中水的循环。城市水资源的利用通常是将水资源从河流或地下直接采集到自来水厂，经过沉淀、碳吸附、加氯消毒处理达标后，输送给城市的各个用水体，如日常的饮用水、生活用水、工业生产用水等（见图2-3）。这些水资源经过一次性利用后就被直接排放到自然环境中，造成大量的水资源浪费，不仅破坏了最初的水资源，还污染了水资源环境，也破坏了生态平衡。

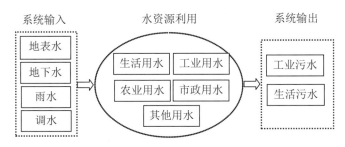

图 2-3 水资源社会循环系统概略图

城市水资源的社会循环是人类活动影响下的水资源流动过程，这一循环的特征就是不断消耗新鲜水资源，通过输入水资源到城市系统来满足工农业生产发展的需要，水资源经过利用过程后以工业污水和生活污水的形式排放的自然环境中，甚至污染新鲜的水资源，导致水资源水质下降，造成功能性缺水的尴尬局面，因此，推行城市水资源的循环经济循环体系刻不容缓，必须引起管理部门和用水单位的高度重视（荆平，2015）。

2.3.3 城市水资源的循环经济发展模式

依据目前城市的发展水平，以及城市经济的发展条件和水资源回收处理的技术水平，可将现阶段城市水资源的循环经济利用系统大致分为城市水资源收集系统、城市水资源利用系统、城市水资源再收集系统和城市水资源再利用系统（包晓芸等，2010）。这四个系统相互联系、相互作用，构成了城市水资源循环经济利用的完整结构体系（见图2-4）。

城市水资源利用系统是城市水资源循环经济利用的核心部分，是整个系统的主体，其他系统的完善和作用的发挥，都离不开水资源的利用系统。城市水资源的利用系统包括一次用水和多次用水。一次用水对水质的要求较高，主要是用于生活饮用水、生活用水、工业用水和其他用水。多次用水主要是用于对水质要求较低的景观用水、城市建设等。

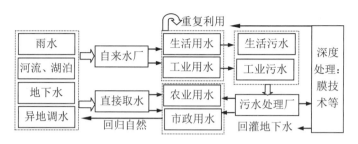

图 2-4 水资源的循环经济系统概略图

在城市水资源的循环利用系统中，要随时监测水资源的水质状况，判断其是否满足各种用水的标准，以城市对水资源的需求量为基础，合理分配水资源以保障水资源的供应。根据水资源的水质状况制定相应的水费机制，利用经济杠杆调节水资源的分配额度，对水资源的供水系统和利用系统进行监测、维修、管理，减少水资源的人为浪费，提高用水效率。

城市水资源的回收再分配系统是进行城市水资源循环经济利用的关键，是整个循环系统中的核心。通过对各种用水部门排放的废水重新收集处理，按照需水的水质要求，采用不同的技术进行深度处理，实现污水资源化的目的，并将处理后的废水作为新的水资源重新分配给需水部门，进行再利用。回收再分配系统的支撑是污水处理技术，并随技术的发展而不断扩充污水资源化的途径，同时需要配套的设施来完成处理后水资源的输送，包括回收管道和再利用时的管道。

城市水资源的回收再分配系统的建设，需要完备的回收、处理、分配设施，必须进行系统的规划设计，在满足水资源分类处理和利用的基础上，保证循环用水的安全性。建立完善的监测管理机制，定期对水样进行分析，保证回收再利用的水资源符合用水的水质需求，避免因水质不达标而导致二次污染，同时应结合广泛的社会宣传推广，使更多的人能够主动进行污水的再利用，提高节水意识。

2.4 城市水资源循环经济系统模拟分析

城市水资源的循环经济系统中，物质流的主体是水，如何对各种水源的水量水价及经济效益进行量化分析，对于探究城市水资源的循环利用路径具有实践价值。由于城市水资源循环经济系统与自然环境、社会环境和经济环境交互作用，具有系统的动态变化性、回用方式的不确定性等特点，在对其进行模拟分析时，必须借助系统动力学软件来实现。目前，常用的系统动力学软件主要有 Vensim、Stella 等，虽然各种模拟软件在运行速度、设计图形等方面存在差异，但在功能上均可进行大系统的模拟分析。在此选择 Vensim 进行城市水资源循环经济系统的模拟分析。

Vensim 是由美国 Ventana SystemsInc. 所开发的动态系统模型的图形接口，用于建立包括因果循环 (casual loop)、存货 (stock) 与流程图等相关模型。采用 Vensim 建立动态模型时，只要用图形化的箭头符号连接各种变量符号，图形化表示各变量之间的因果关系，并将各变量、参数间的数量关系以方程式写入模型。在建立模型的过程中，核心在于正确理解变量间的因果关系与回路，并通过方程对各变量的输入与输出关系进行描述。

秦欢欢等（2018）基于系统动力学软件对北京市的需水量进行预测，利用系统动力学方法，对不同情景(保持现状型、经济发展型、南水北调型和综合发展型共四种情景)下北京市2012~2030年的需水量进行了预测；马涵玉（2018）基于高昌区地表水资源现状，结合已有水资源承载力评价指标体系，运用系统动力学方法，构建了水资源-经济-人口-生态四个子系统的高昌区地表水资源承载力系统动力学模型，根据该区社会经济的实际发展情况，以2015年为基准年，对2015~2030年高昌区的地表水资源承载力情况进行模拟预测；刘洪波（2017）基于系统动力学模型，对生态城市的建设路径研究进行分析研究，在生态城市系统结构分析的基础上，采用系统动力学方法将生态城市系统划分为人口、社会、经济、资源和环境5个子系统，建立生态城市系统动力学仿真模型。并以天津市生态城市建设为例进行模型仿真模拟；李智超（2017）以水资源的可持续利用与循环使用为对象，对系统动力学在水资源管理中的应用进行了分析；杨顺顺（2017）采用系统动力学建模技术，对区域绿色发展的多情景进行仿真研究，成功构建了经济人口、资源能源、环境评估3个子系统模型，依据模型分析结果，提出了相应的政策建议；冯丹等（2017）对淳化县水资源承载力系统动力学仿真模型研究，把水资源系统分为社会、经济、生态和水资源4个子系统，在现状发展型、经济发展型、资源环境保护型、综合发展型4种方案下模拟了2014-2030年淳化县水资源承载力的动态变化优选出能够提高淳化县水资源承载力的可行方案；王吉苹等（2016）基于系统动力学模型，对厦门水资源利用和城市化发展状况进行预测，模拟预测结果表明：在水资源红线约束，2011-2020年，厦门可以选择全球协同发展情景，2020年之后，必须选择技术乐园情景，技术乐园情景是最接近理想的可持续发展情景。2030年，技术乐园情景下，厦门市城市化水平达到了城市化发展的高级阶段，人均GDP及三次产业结构达到了西方发达国家水平，但需在水资源红线的约束下，可以在保护水资源环境的同时实现经济的可持续发展；杜梦娇等（2016）基于系统动力学模型，对江苏水资源系统安全进行仿真与控制，在对区域水资源系统分析的基础上，构建了江苏水资源安全系统动力学模型，通过定量分析找出影响江苏省水资源安全系统的4大动力因素，并设计6种不同的解决方案，通过方案对比分析得出水资源可持续利用的最优方案是综合型方案；陈燕飞等（2016）基于系统动力学模型，对汉江中下游水资源供需状态进行预测分析，预测了未来水资源短缺发展趋势；贾程程等（2016）基于系统动力学模型，对灌区库塘水资源系统进行模拟研究，采用系统动力学软件Vensim，分别建立水田、塘坝、水库的水资源系统模拟模型，结果表明所建立的系统动力学模型适于丘陵区水库灌区库塘水资源系统的模拟要求，为大型灌区半分布式水资源系统模拟及调控奠定了基础；这些研究均成功构建了系统动力学模型，并在输入初值的基础上，量化模拟分析了各种水资源与人类活动交互作用系统动态变化，因此，本研究拟从城市水资源的自然源循环、污水回用循环和产业回用循环三方面对城市水资源的循环经济发展进行系统模拟。

2.4.1 城市水资源的自然源循环过程

城市水资源的自然源循环中，水源主要来自降水和地下水，水资源用于满足城市人口的生活用水和生产用水为基本条件，生活用水随人口的自然增长而不断增加，生产用水按照一定的比例递增，不考虑人为设置 GDP 的增长率对水资源强制增加的需求，也不考虑循环经济发展模式下污水的循环使用，核心在于分析不同生产用水增长率下城市水资源的供需平衡。

依据城市供水用水流程，对城市水资源的流入流出进行概化，结合 vensim 软件绘制系统动力学模型图（见图 2-5）。

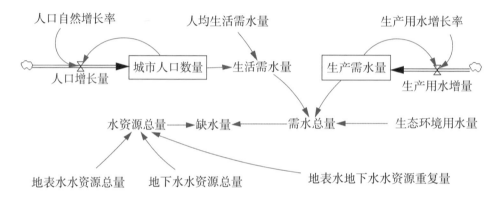

图 2-5 城市水资源自然源循环过程 Vensim 模型图

模型参数由 2016 年天津市统计资料获得 (注：农业为第一产业，工业为第二产业，服务业为第三产业)

表 2-1 2016 年天津市统计资料及模型参数数据

人口数量（万人）	GDP 值（亿元）	用水总量（亿吨）	工业用水量（亿立方米）	农业用水量（亿立方米）	服务业用水量（亿立方米）
1044.4	17885.39	21.449	5.5	12.049	3.9
第一产业 GDP 增加值（亿元）	第二产业 GDP 增加值（亿元）	第三产业 GDP 增加值（亿元）	第一产业单位用水 GDP 增量（亿元）	第二产业单位用水 GDP 增量（亿元）	第三产业单位用水 GDP 增量（亿元）
220.22	8003.87	9661.3	18.27704	1455.249	2477.256

（1）人均需水量为生活用水量（生活用水为 39104 万吨）除以总人口（1044.4 万人），结果为 37.44 吨 / 人。

（2）人口增长率为：2.3/1000。

（3）产污率由生活污水总量 / 生活用水量得出，生活污水总量为 73440 万吨，生活用水为 39104 万吨。

（4）人均生活污水排放量，人均生活污水排放量为生活污水量（生活污水73440万吨）除以总人口（1044.4万人），结果为70.318吨／人。

（5）单位污水处理费用为1.5元／吨。

（6）生态需水量＝污水回用量/2。

（7）第一产业回用量＝污水回用量/4。

（8）第二、三产业回用量相等且为污水回用量/8。

构建模型完成后，输入模型运行所需的基本数据及方程关系式，首先将生产用水增长率设定为1%，模拟结果见表2-2，依据2016年天津市水资源现状，即使不使用回用水，城市的供水量也能够满足生产生活的需要，这种情况下的生产用水量增加量很少，而城市的水资源供给量依据多年的平均值。

表 2-2 生产用水增长率为 1% 的模拟分析结果

Time (Year)	2016	2017	2018	2019	2020	2021
城市人口数量	1044.4	1068.42	1092.99	1118.13	1143.85	1170.16
水资源总量	17.676	17.676	17.676	17.676	17.676	17.676
生产需水量	3.0989	3.12989	3.16119	3.1928	3.22473	3.25698
生活需水量	7.34401	7.51293	7.68572	7.86249	8.04333	8.22833
缺水量	-4.98199	-4.78209	-4.57799	-4.36961	-4.15684	-3.9396
需水总量	12.694	12.8939	13.098	13.3064	13.5192	13.7364

假定生产用水增长率为10%，在此条件下进行系统模拟分析，2016—2018年城市的供水量仍能够满足生产生活的需要，但从2019年开始，生产用水量增加量不断增大，城市的需水量大于供水量，开始出现缺水现象（见表2-3），这说明城市水资源对生产的制约作用很明显，经济的快速发展，必须有充足的水资源为支撑，否则，在保障生产用水的情况下，就会对居民的生活用水造成影响。

表 2-3 生产用水增长率为 10% 的模拟分析结果

Time (Year)	2016	2017	2018	2019	2020	2021
城市人口数量	1044.4	1068.42	1092.99	1118.13	1143.85	1170.16
可用水资源量	14.1408	14.1408	14.1408	14.1408	14.1408	14.1408
生产需水量	3.0989	3.40879	3.74967	4.12464	4.5371	4.99081
生活需水量	7.34401	7.51293	7.68572	7.86249	8.04333	8.22833
缺水量	-1.44679	-0.96799	-0.45431	0.09743	0.69073	1.32944
需水总量	12.694	13.1728	13.6865	14.2382	14.8315	15.4702

当生产用水量大幅增长时，对于水资源有限的城市而言，必须在生活用水上采取管理措施，如通过宣传教育提倡节约用水，免费推广节水器具并适当提高水价；与此同时，针对生产用水也应该积极采取调控措施，如调整产业结构，提高非传统水源的利用率，提高海水淡化与污水处理技术，扩展可用的水源，充分利用雨水资

源，这些管理措施有助于缓解供水压力，加快实现水资源的可持续利用，这也是城市水资源发展循环经济利用模式的客观需求。

2.4.2 城市水资源的经济循环

在城市水资源的经济循环分析中，最主要的内容在于将处理污水进行回用，并按照 GDP 的增长设想，依据污水回用率的变化，动态改变城市水资源的补充量，在满足城市生活用水的同时，不断开源节流，增加可用水源的供水量。

基于系统动力学模型软件构建应用程序（见图 2-5），将水资源供需系统及与水资源有关的经济、社会、人口、环境等影响因素以图形化的方式表达出来，用变量记号和方程式表述变量之间的因果关系，依据模型分析结果，对不同污水回用率的高低进行评估。

通过模型的动态模拟，可以对 2016—2021 年的模拟指标进行量化分析，包括人均 GDP（万元）、回用水 GDP（亿元）、回用水量（亿吨）、城市人口数量（万人）、工业污水排放量（亿吨）、污水排放总量（亿吨）以及生活污水排放量（亿吨）。在模拟过程中，分别设置两种情景进行系统分析：①污水回用率为 95% 或 90% 时各指标的变化，GDP 增速不变，均为 1%；②污水回用率为 90%，GDP 增速分别为 1% 或 5% 时各指标的变化。

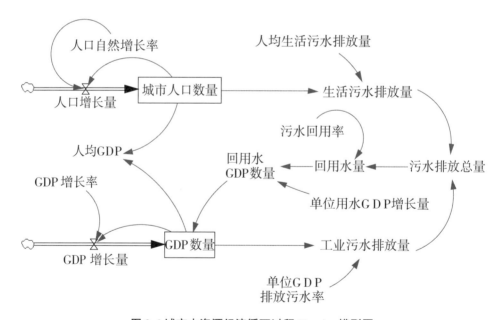

图 2-6 城市水资源经济循环过程 Vensim 模型图

当 GDP 增速均为 1% 时，污水回用率为 95% 的模拟结果见表 2-4，污水回用率为 90% 的模拟结果见表 2-5，通过对比分析可知：污水回用率的提高直接影响回用水 GDP 数量，提高了人均 GDP 值，由于建模时假定回用污水全部用于生产过程中，且未考虑污水处理成本，导致模拟值比实际值偏大，但总体趋势应是一致的。

因此，在实践过程中，应尽量提高污水回用率，并将回用水用于工业生产之中，这将直接刺激 GDP 的增长。

表 2-4 污水回用率为 95% 的模拟结果

Time (Year)	2016	2017	2018	2019	2020	2021
人均 GDP	17.125	23.6887	30.6812	38.1303	46.0661	54.5202
回用水 GDP 数量	7245.3	7971.72	8765.12	9631.56	10577.6	11610.6
回用水量	8.6889	9.56005	10.5115	11.5506	12.6852	13.9239
城市人口数量	1044.4	1068.42	1092.99	1118.13	1143.85	1170.16
工业污水排放量	1.8022	2.55029	3.37905	4.29604	5.30952	6.42846
污水排放总量	9.14621	10.0632	11.0648	12.1585	13.3528	14.6568
生活污水排放量	7.34401	7.51293	7.68572	7.86249	8.04333	8.22833

表 2-5 90% 的污水回用率、1% 的 GDP 增长速率的模拟结果

Time (Year)	2016	2017	2018	2019	2020	2021
GDP 数量	17885.4	24928.2	32700.8	41268.6	50702.6	61080.1
人均 GDP	17.125	23.3318	29.9185	36.9085	44.3262	52.1981
回用水 GDP 数量	6863.97	7523.32	8240.76	9021.32	9870.44	10794
回用水量	8.23159	9.02231	9.8827	10.8188	11.8371	12.9447
工业污水排放量	1.8022	2.51186	3.29506	4.15838	5.10898	6.15466

当污水回用率为 90%，GDP 增速为 5% 时的模拟结果见表 2-6，通过对表 2-5 和表 2-6 进行对比分析可知：GDP 增长将直接增加污水排放量，只有对污水资源化，及时回用于生产过程中，可直接提高 GDP 的增长量，进而提高人均 GDP 数量，因此，在生产过程中，应该对排放污水进行回收利用，采用循环经济的发展模式，不仅降低污水排放量，还能增加工业生产产值。

表 2-6 90% 的污水回用率、5% 的 GDP 增长速率的模拟结果

Time (Year)	2016	2017	2018	2019	2020	2021
GDP 增长量	894.27	1282.18	1725.16	2230.27	2805.47	3459.71
GDP 数量	17885.4	25643.6	34503.2	44605.5	56109.4	69194.2
人均 GDP	17.125	24.0014	31.5676	39.8928	49.0531	59.1322
回用水 GDP 数量	6863.97	7577.42	8377.06	9273.66	10279.3	11407.6
回用水量	8.23159	9.08719	10.0462	11.1214	12.3274	13.6805

2.4.3 城市水资源的社会经济循环

城市水资源是人类生存与社会经济发展的重要资源，依据天津市水资源循环利用的特点，以城市系统中的污水回用量、生产需水量和 GDP 为系统核心，以农业、

工业、三产为重点，对污水回用及 GDP 的变化状况进行模拟分析。

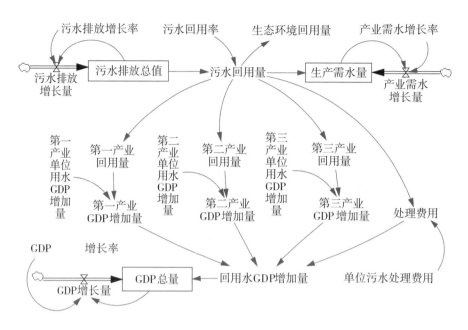

图 2-7 城市水资源社会经济循环过程 Vensim 模型图

采用系统动力学软件 Vensim 构建城市水资源的社会经济循环模型（见图 2-7），对天津市 2016 年到 2021 年的模拟指标进行预测分析。在模拟分析中，假定污水排放增长率为 1%，产业需水增长率为 1%，污水回用率分别为 95% 和 90%，基于此对模型涉及的模拟指标进行分析预测。模型模拟分析结束后，通过 Vensim 可对任意模拟量的变化值进行图形化显示（见图 2-8），只要在模型图中选择一个或多个变量，模拟时间段的结果值会直接显示出来。

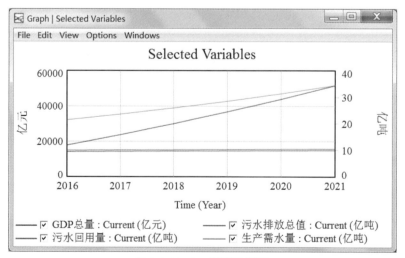

图 2-8 Vensim 模拟结果图

在模拟分析中，对污水回用率为 95% 的系统变化进行预测（见表 2-5），模拟指标选择 GDP 总量、回用水 GDP 增加量、新鲜水需求量、污水回用量、污水排放总值、生产需水量、第一产业 GDP 增加量、第二产业 GDP 增加量、第三产业 GDP 增加量和污水排放总值，模拟结果见表 2-5。

表 2-5 95% 的污水回用率的模拟结果

Time (Year)	2016	2017	2018	2019	2020	2021
GDP 总量	17885.4	23732.5	30006.6	36735.8	43950.1	51681.7
回用水 GDP 增加量	4684.59	4731.43	4778.75	4826.54	4874.8	4923.55
新鲜水需求量	11.9782	12.3124	12.6543	13.004	13.3617	13.7275
污水回用量	9.47083	9.56554	9.6612	9.75781	9.85539	9.95394
污水排放总值	9.9693	10.069	10.1697	10.2714	10.3741	10.4778
生产需水量	21.449	21.878	22.3155	22.7618	23.2171	23.6814
第一产业 GDP 增加量	43.2746	43.7074	44.1444	44.5859	45.0317	45.4821
第三产业 GDP 增加量	2932.72	2962.04	2991.66	3021.58	3051.8	3082.31
第二产业 GDP 增加量	1722.8	1740.03	1757.43	1775.01	1792.76	1810.68
污水排放总值	9.9693	10.069	10.1697	10.2714	10.3741	10.4778

城市水资源的循环经济发展，污水回用率是一个重要指标，处理的污水如果不能进入生产领域变为资源，将对污水处理单位的积极性造成影响，也直接影响了污水处理工程投入产出的良性循环。为此通过改变污水处理率的初始值，通过系统动力学分析系统的变化情况，可为管理决策者提供参考依据。

假定污水排放增长率为 1%，产业需水增长率为 1%，污水回用率为 90%，再次对系统进行模拟分析，并将模拟分析结果与表 2-5 进行对比分析，结果发现：受污水回用率影响的主要指标有：回用水 GDP 增加量、新鲜水需求量和污水回用量，这里仅给出这三个指标的模拟数值（见表 2-6）。通过对比分析可知：污水回用率的增加直接影响污水回用量，二者呈线性增加关系，而污水回用量的增加会降低新鲜水的需求量，增加的回用量所节约的新鲜水，有少部分用于补充人口增加导致的生活需水量的增加，同时会刺激 GDP 的增加（见表 2-7）。

表 2-6 90% 的污水回用率的模拟结果

Time (Year)	2016	2017	2018	2019	2020	2021
回用水 GDP 增加量	4438.03	4482.41	4527.23	4572.51	4618.23	4664.41
新鲜水需求量	12.4766	14.5318	16.8006	19.3044	22.0668	25.1138
污水回用量	8.97237	9.06209	9.15271	9.24424	9.33668	9.43005

表 2-7 模拟结果的对比分析

Time (Year)	2016	2017	2018	2019	2020	2021
污水回用量差额	0.49846	0.50345	0.50849	0.51357	0.51871	0.52389
新鲜水需求量差额	0.4984	0.5034	0.5085	0.5136	0.5187	0.5239
回用水 GDP 差额	246.56	249.02	251.52	254.03	256.57	259.14

2.5 小结

从系统论的观点出发，自然生态系统与产业生态系统均为远离平衡态的自组织"耗散"系统。但在自然生态系统中，自然界的营养物质循环处于闭合式循环，成为一个相对稳定而且非常高效的系统。从自然生态系统的系统代谢功能看，生产者、消费者和分解者三者通过"食物链网"紧密相连，彼此间的物质传输仅需少量能量；而产业生态系统则基本上是开放型的，即产业物质流一般是单向的，最大的物流则是通过生产者——消费者进行单向传递，在物质传输与转换中需要消耗大量能量，产品和生产工艺残余物大部分不进行再循环利用，而直接或间接进入自然环境。作为一个开放系统，产业生态系统是不稳定的，也是不可持续的，人类的调控作用就显得至关重要，因此在城市水资源循环经济的系统分析中，物质流、能量流和信息流是深入分析和研究的基础。

在人类长期的发展过程中，自然水循环一直以其自身的特点循环往复地运动着，实现了水资源在空间的自然运移，同时人类活动不断影响水资源的自然循环过程，形成了以取水、用水、排水为核心的社会水循环，随着排水量的不断增加，大量污水排向河流湖泊等天然水体，造成水环境污染，给城市生态系统的良性运转造成严重影响，因此，必须在水资源社会循环和自然循环的基础上，以水资源的循环经济发展理念为基础，建立循环经济模式的循环体系。

城市水资源循环系统的模拟分析是量化探究城市生态系统演变过程的关键，只有定量模拟预测城市组成成分之间的相互影响及相互作用关系，才能针对性地提出调控管理措施和方案。系统动力学方法可定性与定量地模拟分析自然社会经济系统，从系统的微观结构入手构建模型，模拟与分析人类活动影响下的城市环境与系统的动态变化，为管理决策提供依据，促进城市水资源的循环经济发展，为城市水资源的可持续发展服务。

【参考文献】

[1] 曾现来, 袁剑, 李金惠等. 循环经济的生态学理论基础分析 [J]. 中国环境管理干部学院学报, 2018,28(03): 26-29+49.

[2] 赵国甫, 张凯. 我国再生资源循环利用研究综述 [J]. 环境保护与循环经

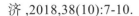

济,2018,38(10):7-10.

[3] 王建辉,彭博.循环经济理论探源与实现路径——《资本论》的生态语域 [J].武汉大学学报 (哲学社会科学版),2016,69(01):46-51.

[4] 马东春,胡和平.雨水利用的水权管理研究 [J].北京师范大学学报 (自然科学版),2009（10）.

[5] 贺亮,王伯铎,邹宁.生态工业园区水资源循环利用模式构建 [J].安徽农业科学,2009（23）.

[6] 谢三桃.合肥市环城水系水环境问题与对策 [J].中国水利,2009（13）.

[7] 包晓芸,石慧.循环经济理念下的城市污水处理浅析 [J].污染防治技术,2010,23（2）:16-18

[8] 秦欢欢,赖冬蓉,万卫,孙占学.基于系统动力学的北京市需水量预测及缺水分析 [J].科学技术与工程,2018,18(21):175-182.

[9] 马涵玉.高昌区地表水资源承载力系统动力学模型及其应用 [J].水电能源科学,2018,36(06):29-32+153.

[10] 刘洪波,杨江叶,王真真等.基于系统动力学生态城市建设路径研究 [J].天津大学学报 (社会科学版),2017,19(06):508-513.

[11] 李智超.系统动力学在水资源管理中的应用 [J].工程建设与设计,2017(18):112-113.

[12] 杨顺顺.基于系统动力学的区域绿色发展多情景仿真及实证研究 [J].系统工程,2017,35(07):76-84.

[13] 冯丹,宋孝玉,晁智龙.淳化县水资源承载力系统动力学仿真模型研究 [J].中国农村水利水电,2017(04):117-120+124.

[14] 王吉苹,岙涛,薛雄志.基于系统动力学预测厦门水资源利用和城市化发展 [J].生态科学,2016,35(06):98-108.

[15] 杜梦娇,田贵良,吴茜,蒋咏.基于系统动力学的江苏水资源系统安全仿真与控制 [J].水资源保护,2016,32(04):67-73.

[16] 陈燕飞,邹志科,王娜,张烈涛.基于系统动力学的汉江中下游水资源供需状态预测方法 [J].中国农村水利水电,2016(06):139-142+145.

[17] 贾程程,张礼兵,熊珊珊,张展羽,金菊良.基于系统动力学方法的灌区库塘水资源系统模拟模型研究 [J].中国农村水利水电,2016(05):72-76.

[18] 荆平.城市水资源的循环经济利用模式及问题分析 [J].科技管理研究,2015,35(07):223-227.

第 3 章　城市水资源的生命周期分析

生命周期分析 (Life Cycle Assessment，LCA) 对于支持企业管理决策和指导消费者，目前尚有一定的差距。LCA 的生命周期清单及从摇篮到坟墓的生命历程，决定了 LCA 的复杂性和在实际应用中的困难性。LCA 主要侧重环境负载分析，未能实现产品生产设计过程中的环境经济综合分析，对于城市水资源的循环利用而言，管理决策者更注重环境效益和经济效益，因此，城市水资源的生命周期分析应侧重环境与经济的优化分析。在城市水资源 LCA 环境分析的基础上，不断加入环境经济最优分析的功能，针对不同的情景设计方案进行对比分析，为决策者提供有价值的指导数据，真正实现 LCA 的决策功能。

3.1 城市水资源的生命周期分析

3.1.1 产品生命周期评价的概念

目前，有多种生命周期评价的定义，其中以国际环境毒理学和化学学会 (SETAC) 及国际标准化组织 (ISO) 的定义最具权威性。

SETAC 对 LCA 的定义是：通过对能源、原材料的消耗及"三废"排放的鉴定及量化来评估一个产品、过程或活动对环境带来的负担的客观方法。

ISO 对 LCA 的定义是：汇总和评估一个产品 (或服务) 体系在其整个生命周期间的所有投入及产出对环境造成潜在影响的方法。生命周期评价是一种用于评价产品或服务相关的环境因素及其整个生命周期环境影响的工具，注重于研究产品系统在生态健康、人类健康和资源消耗领域内的环境影响，不涉及经济和社会方面的影响。

LCA 的具体实施步骤包括如下 4 个组成部分：目标和范围界定 (Goal and Scope Definition，GSD)、清单分析 (Life Cycle Inventory，LCI)、生命周期影响评价 (Life Cycle Impact Assessment，LCIA)、生命周期解释 (Life Cycle Interpretation)。

1. 目标和范围界定

在进行生命周期评价（LCA）评估之前，必须明确地表述评估的目标和范围。界定目标和范围是 LCA 研究的第一步，一般需要先确定 LCA 的评价目标，然后根据评价目标来界定研究对象的功能、功能单位、系统边界、环境影响类型等，这些工作随研究目标的不同变化很大，没有一个固定的标准模式可以套用。另外，

LCA 研究是一个反复的过程，根据收集到的数据和信息，需要修正最初设定的范围来满足研究的目标，范围定义必须保证足够的评估广度和深度，以符合对评估目标的定义。

2. 清单分析

清单分析（LCI）的任务是收集数据，是一种定性描述系统内外物质流和能量流的方法，可以清楚地确定系统内外的输入和输出关系。输入的资源包括物料和能源，输出的除了产品外，还有向大气、水体和土壤的排放物。在计算能源时要考虑使用的各种形式的燃料和电力、能源的转化和分配效率以及与该能源相关的输入输出。LCI 是 LCA 中已得到较完善发展的部分。

3. 生命周期影响评价

生命周期影响评价（LCIA）包括分类和特征化、标准化、标准化影响分值的评估三部分。LCIA 把清单分析的结果归到不同的环境影响类型，再根据不同环境影响类型的特征化系数加以量化，并依此进行分析和判断。

（1）分类和特征化（Classification and Characterization）

环境影响类型的划分主要有以下三种方法：

Ⅰ 将环境影响的类型分成四大类：直接对生物、人类有害和有毒性；对生活环境的破坏；可再生资源循环体系的破坏；不可再生资源的大量消耗。

Ⅱ 将环境污染物按影响作用划分为九类：不可再生的原料消耗、不可再生的能源消耗、温室效应、臭氧层的破坏、生物体的损害、环境酸化、人类健康损害、光化学氧化物生成、氮化作用。

Ⅲ 将影响类型分为：资源耗竭、人类健康影响和生态影响三个大类。

特征化是以环境过程的有关科学知识为基础，将每一种影响大类中的不同影响类型汇总。目前，完成特征化的方法有负荷模型、当量模型等，重点是不同影响类型的当量系数的应用，对某一给定区域的实际影响量进行归一化，这样做是为了增加不同影响类型数据的可比性，为下一步的量化评价提供依据。

负荷模型：这类模型仅根据物理量大小来评价清单提供的数据。假定条件数量越少，产生的影响就越小。如一个制造系统产生的二氧化硫为 1kg，另一个系统生产等效量产品时释放的二氧化硫为 2kg，则认为前者对大气的影响更小。

当量模型：这类模型使用当量系数（如 1kg 甲烷相当于 69kg 二氧化碳产生的全球变暖潜力）来汇总清单提供的数据。前提是汇总的当量系数能测定潜在的环境影响。

（2）标准化（Normalization）

为了更好地理解环境影响的相对大小，需要有一个标准化步骤，将环境影响转化成"标准"影响。通过处理，就可知道产品生产过程对已经存在的环境影响所做的相对贡献。

（3）标准化影响分值的评估（Evaluation）

由于不能把所有的影响视为同等重要，所以标准化还不能做出最终的判断。在标准化影响分值的评估阶段，不同影响类型的贡献大小即权重，各个影响的分值与代表各自影响重要性的权重因子相乘，得到一个数字化的可供比较的单一指标。

进行 LCIA 时基于两个基本假设：它所假设的影响效应完全是根据线性的状况推导而来的，可事实上有些环境影响的发生是非线性的；假设所有影响的发生是不必有阈值存在的，系统输出端所有的排放物均被认为会导致影响，而许多影响的发生与否还是会取决于阈值的，有许多系统的排放物并不会导致任何的后果或是环境的负面影响。所以，LCIA 会产生以下争议：由于各系统所构建的影响类别的差异和特征化方法本身的不确定性，使得 LCA 的结果差异性极大；由于忽略了各类影响的基本特性差异，影响了 LCIA 的准确性。

4. 生命周期解释

结果解释是 LCA 的最后阶段，将清单分析（LCI）和影响评估（LCIA）的结果组合在一起，使清单分析结果与确定的目标和范围相一致，以便得出结论和建议。

结论和建议将提供给 LCA 研究委托方，作为做出决定和采取行动的依据。LCA 完成后，应撰写并提交 LCA 研究报告，还应组织评审，评审由独立于 LCA 研究的专家承担，进行改善评价。改善评价根据一定的评价标准，对影响评价结果做出分析解释，识别出产品的薄弱环节和潜在改善机会，为达到产品的生态最优化目的提出改进建议，改善评价是目前应用最少的。

3.1.2 城市水资源产品生命周期分析的改进

城市作为人类活动的重要聚集地，生产活动与人类生活共同作用且相互影响，而水资源作为城市所必需的重要自然资源之一，制约城市的社会经济发展。对于生产活动的研究，伴随着生态学的扩展而形成产业生态学这一新的综合学科，它不仅带来一场新的产业革命，而且也扩大了产品生命周期评价的应用领域。由于产业生态学不仅涉及产业部门内部的发展，也关系到区域的经济与环境协调发展，如何实现经济活动的环境负载最小化，成为产业生态学必须解决的重要问题之一。对于城市水资源而言，生产活动过程中消耗大量的水资源，同时向环境中排放污水，影响产业生态系统的可持续发展，因此，解决水资源的持续发展问题，对于实现产业生态系统的良性发展具有重要意义。目前，环境污染的防治与综合治理逐渐从末端治理转向全生命周期治理，并迅速扩展到共生产品生命周期以至整个产品系统。产品系统是指与产品生产、使用和用后处理相关的全过程，包括原材料采掘、原材料生产、产品制造、产品使用和产品用后处理，它包括产品原材料的获取、产品生产系统和消费回收系统。生命周期评价因而成为产业生态学中的核心内容和方法之一，而伴随生产活动的水资源因其成分单一，生产活动排放的污水对环境的影响主要还是水环境，因此，城市水资源循环利用的生命周期分析应以污水资源化为核心，以污水在生产活动中的回用方式及经济效益为重点，以促进水资源的循环利用为目标，对产业生态系统的水要素进行回用量和回用价格的系统分析。

LCA 作为产品环境管理的重要支持工具，与传统的环境评估比较，前者评估的系统边界更深更广，需要庞大的数据支持，而事实上评估实施者很难获得全面的、最新的、精确的和不同来源的数据。原因如下：数据的空间范围及涉及行业非常广，包括全球、地域、地区、企业等不同行业的统计数据；数据缺乏公开性、透明性和准确性；数据不具备通用性，不同国家和地域的环境标准存在差异。

以上这些问题成为推行 LCA 的瓶颈，所以很多国家、研究单位和商业性咨询公司致力于建立通用的或专业的数据库和计算机软件，运用信息化技术，实现生命周期评价的信息自动化分析处理，使 LCA 具有可操作性和应用简便性。日本曾组织全国企业和研究单位，实施建立通用数据库五年计划。欧洲是建立 LCA 数据库较早的地区，1997 年商业性 LCA 软件已销售 1300 件，1999 年达到 2000 件以上，全世界环境数据库已超过 1000 个。为了使不同数据库的数据能够进行交换，瑞典环境研究所提出产品环境数据交换统一标准，并对数据使用做出指导。英国 Manchester Metropolitan 大学对各种 LCA 软件和数据库进行了分析并提出了使用推荐。这些研究表明：运用先进的信息化技术开展生命周期评价成为未来的发展方向，而且研究的核心主要集中在数据库的建设上。

为进一步推进 LCA 软件和数据库的应用性和先进性，目前主要进行 LCA 数据库框架、功能函数定义、数据组织结构、界面定义和数据转化等研究。但由于 LCA 研究的制约因素，数据库的建立将是一项持久的工作，因为 LCA 软件的基础是数据库，而 LCA 软件的设计应在数据库建设的同时，以生产过程为核心，开发环境影响分析评价系统，不断实现 LCA 为企业生产应发挥的决策功能，对企业产品生产提供先进的管理和分析工具，并在 LCA 环境分析的基础上，不断加入环境经济协调分析的功能，真正实现 LCA 的决策功能。对于具体的城市水资源循环利用来说，要构建水资源的生命周期分析清单，难点仍然是数据的采集问题，加之水价的制定和生产行业的回用分配主要由管理部门确定，存在更多的不确定性和随时更新调整的可能，导致生命周期分析的水量水价清单具有可变性，客观数据的支持存在障碍，必须借助优化分析模型促进水量水价的预测分析，提高数据的客观性和环境经济最优性。

3.2 城市水资源循环利用的优化模型

3.2.1 粒子群优化算法

粒子群优化 (Particle Swarm Optimization，PSO) 算法是近年来发展起来的一种新的进化算法 (Evolutionary Algorithm，EA)。PSO 算法属于进化算法的一种，和遗传算法相似，它也是从随机解出发，通过迭代搜索最优解，并通过适应度来对解的优劣进行评判，但是它比遗传算法规则更为简单，没有遗传算法的"交叉"(Crossover) 和"变异" (Mutation) 操作，通过追随当前搜索到的最优值来寻找全局最优。

粒子群优化算法 (PSO) 是一种进化计算技术，该算法最早由 Kennedy 和 Eberhart 在 1995 年提出，源于对鸟群捕食的行为研究，通过群体中个体之间的协作和信息共享来寻找最优解（R Eberhart，et al，1995）。PSO 能够同时学习历史最优值与全局最优值，设置参数较少，在寻优过程中能够依据现有寻优结果及时调整寻优策略，在研究多目标优化领域，粒子群算法成为研究的热点。PSO 中，每个优化问题的解都被看作搜索空间中的一只鸟，称之为"粒子"，所有的粒子都有一个由目标函数决定的适应值 (fitness value)，每个粒子通过飞行速度决定他们在空间搜索的方向和距离，然后粒子群就追随当前的最优粒子在空间中搜索最优解。

PSO 算法就是模拟一群鸟寻找食物的过程，每个鸟就是 PSO 中的粒子，也就是我们需要求解问题的可能解，这些鸟在寻找食物的过程中，不停改变自己在空中飞行的位置与速度。在粒子群算法中，将鸟抽象为没有质量和体积的空间粒子，设 N 为粒子群群体中的粒子个数，每个粒子在 D 维空间进行搜索。

每个粒子在 D 维空间的位置表示为：$X_i = (X_{i1}, X_{i2}, X_{i3}, ..., X_{iD})$，$i=1, 2, ..., N$。

每个粒子对应的速度可以表示为：$V_i=(V_{i1}, V_{i2}, V_{i3}, ..., V_{iD})$，$i=1, 2, ..., N$。

每个粒子的适应值 (fitness value) 由目标函数决定，在搜索过程中首先要确定每个粒子到目前为止发现的最好位置 pi(pbest(i)) 和现在的位置 Xi，再确定全部粒子搜索到的最优值 pg(gbest)，gbest 是 pbest(i) 中的最优值且只有一个，pg 为整个群体中所有粒子发现的最优位置。

$pi=(pi1, pi2, ..., piD)$，$i=1, 2, 3, ..., N$。

$pg=(pg1, pg2, ..., pgD)$。

PSO 在初始化时设定一群随机粒子，然后通过迭代搜索最优解。在每次迭代过程中，粒子通过搜索两个"极值"来实现位置和速度更新。一个是个体极值 pbest(i)，即粒子本身所搜寻的最优解；另一个极值是全局极值 gbest，即整个种群到目前为止找到的最优解。此外也可以不选择整个种群，而是选择种群的一部分作为粒子的邻居，在所有邻居中的极值称为局部极值。

在迭代过程中，粒子更新速度和位置计算公式如下：

$$V_{i+1} = w * V_i + c1 * Rand() * (pi - Xi) + c2 * Rand() * (pg - Xi) \qquad （1）$$

$$X_{i+1} = X_i + V_i \qquad （2）$$

V_i 是粒子 i 的速度；

w 是惯性权重，指粒子保持原来速度的系数；

X_i 是当前粒子的位置；

pi 和 pg 指个体极值和全局极值；

Rand () 是 [0, 1] 区间内均匀分布的随机数；

c1 是粒子跟踪自己历史最优值的权重系数，保持原来速度的系数，通常设置为 2；

c2 是粒子跟踪群体最优值的权重系数，它表示粒子对整个群体知识的认识，通常设置为 2。

粒子通过跟踪自己的历史最优值与全局（群体）最优值来实现速度与位置的更新，由于粒子通过改变自己的位置与速度实现更新迭代，所以又叫做全局版本的标准粒子群优化算法。在全局版的标准粒子群算法中，每个粒子速度随两个因素而变化，这两个因素是：粒子自己历史最优值 pi 和粒子群体的全局最优值 pg。

如果改变粒子速度更新公式，让每个粒子速度的更新依据以下两个因素更新：①粒子自己历史最优值 pi；②粒子邻域内粒子的最优值 pg。其余部分与全局版粒子群算法一样，这时算法就变为局部版的粒子群算法。一个粒子的邻域会随着迭代次数的增加而逐渐增加，在第一次迭代时，粒子的邻域为 0，随着迭代次数的增加，邻域将线性变大，最后邻域扩展到整个粒子群，这时就又变成全局版本的粒子群算法。实践证明：全局版本的粒子群算法收敛速度快，但容易陷入局部最优。局部版本的粒子群算法收敛速度慢，却很少陷入局部最优。实际应用中，通常先用全局 PSO 搜寻大致结果，再应用局部 PSO 进行具体搜索。

3.2.2 粒子群优化算法的实现过程

PSO 算法可以归纳为三个过程：评价、比较和学习。在评价过程中，通常按照特定的适应度函数来评价自身适应度的好坏，对粒子当前所处的阶段进行评价；在比较过程中，主要对粒子群中的粒子与其他的粒子进行适应度值的比较，以确定学习的方向和动机；在学习过程中，粒子通过对自身的评价以及同周围其他粒子的比较产生出模拟其他粒子的行为。通过这三个过程的有机结合，粒子群优化算法可以适应各种复杂多变的环境，获取优化问题的解集。

PSO 算法首先进行粒子的初始化，每个粒子都代表优化问题的一个潜在最优解，粒子特征用位置、速度和适应度值三项指标进行表示；然后对粒子在解空间中运动过程进行分析，通过跟踪个体极值 Pbest 和群体极值 Gbest 更新个体位置，个体极值 Pbest 是指个体所经历位置中计算得到的适应度值最优位置，群体极值 Gbest 是指种群中的所有粒子搜索到的适应度最优位置。粒子每更新一次位置，就计算一次适应度值，并且通过比较更新前后的适应度值，确定更新粒子的个体极值 Pbest 和群体极值 Gbest。

PSO 算法的技术路线见图 3-1。

PSO 算法的流程如下：

（1）首先在可行解空间中初始化一群微粒 (群体规模为 N)，包括随机位置和速度；

（2）评价每个微粒的适应度；

（3）对每个微粒，将其适应值与其经过的最好位置 pbest 作比较，如果较好，则将其作为当前的最好位置 pbest；

（4）对每个粒子，将其适应值与其经过的最好位置 gbest 进行比较，如果较好，则将其作为当前的最好位置 gbest；

（5）根据公式 (1)、(2) 调整粒子速度和位置；

（6）未达到终止条件则转第 2 步。终止条件可设置适应值到达一定的数值或者循环一定的次数。

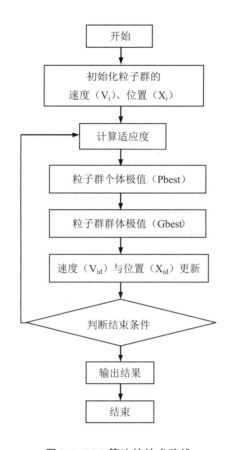

图 3-1 PSO 算法的技术路线

3.2.3 PSO 的参数设置

依据 PSO 的算法要求，需设置的参数包括粒子群体规模、Vmax、C1 和 C2、最大迭代数，通常情况下，这些参数的设置范围及经验值如下。

粒子群体规模 N：一般取 20 ~ 40。对于大部分优化问题而言，10 个粒子已经满足计算要求，可以取得满意的分析结果；对于比较复杂的问题或者特定类别的问题，可以增加粒子数，取值范围在 100 ~ 200。

最大速度 Vmax：决定粒子在一个循环中的最大移动距离，通常设定为粒子的范围宽度。Vmax 决定粒子当前位置与最佳位置之间的区域精度。如果粒子飞行速度接近 Vmax，则粒子有可能越过极小点；如果远小于 Vmax，则粒子在局部极小点之外难以进行搜索，会陷入局部极值区域内。

权重因子：包括惯性因子（C1）和学习因子（C2）。C1 和 C2 通常设置为常量，取值范围在 0 和 4 之间，一般取值为 2。

当 C1 = 0 时，粒子没有认知能力，具有扩展搜索空间的能力和较快的收敛速度，变为只有社会的模型 (social-only)，被称为全局 PSO 算法。但粒子缺少局部搜索能力，对于复杂问题比标准 PSO 更易陷入局部最优。

当 C2 = 0 时，粒子之间没有社会信息，模型变为只有认知(cognition-only)模型，被称为局部 PSO 算法。由于个体之间没有信息交流，整个群体相当于多个粒子进行盲目的随机搜索，收敛速度慢，因而得到最优解的可能性小。

最大迭代数：用于设置 PSO 运行的中止条件，也称为最大循环次数。

3.3 城市污水回用的不确定性量化分析

城市污水回用的最优分配涉及回用水量和水价，回用对象分为四大类，分别为自然环境、第一产业、第二产业和第三产业。为了了解城市水资源的循环经济发展机理，在模拟分析中，污水回用价格由模型进行分析计算，并对污水回用价格设置两个情景，一是所有回用水价格统一为常量，在模拟时可设置价格最高限；二是回用水价格不确定且随回用对象发生变化，模拟时仅设置各回用对象的价格大小关系，由 PSO 算法获取污水回用量的最佳分配值。

3.3.1. 污水回用的无惯性值粒子群优化分析

第一产业、第二产业、第三产业和自然环境的回用量分别用 x(1)、x(2)、x(3)、x(4) 表示，单位为亿吨，依据天津市 2016 年统计资料，污水回用量为 9.1798 亿吨，优化目标为污水回用量最大，且产业回用量总和小于自然环境回用量，自然环境的回用主要用于市政用水或补充地下水。

（1）模拟情景 1：污水回用水价为确定值，各种回用量不确定。

假定污水回用价为 x(5)，水价低于 3 元 / 吨，各种回用水的经济效益为：

y=x(5)*［x(1)+x(2)+x(3)+x(4)］；

回用水数量最大可表示为：x(1)+x(2)+x(3)+x(4) ≤ 9.1798

产业回用量总和小于自然环境回用量可表示为：x(1)+x(2)+x(3) ≤ x(4)；

在 MATLAB 环境下编制粒子群优化分析代码（代码参见附录 1），粒子群优化参数设置为：Vmax = 0.5; Vmin = -0.5; 预测变量最大值为 5; 最小值为 0，即 popmin = 0; 水价 x(5) 约束值分别设置为 5、4、3、2，模拟结果见表 3-1 从表可知，水价越高，污水的经济效益越大，而且污水回用价格非常接近于分析前设置的阈值（见表 3-1），因此，对于污水处理厂而言，污水售价越高收益越大，但对于回用对象而言，收益受单位用水经济效益值的影响较大，在水资源生命周期分析中，水价应为处理污水单位制定的水价。

表 3-1 水价为确定值时各种回用水量的预测数据

x(1)	x(2)	x(3)	x(4)	x(5)	水价约束值
1.97149	0	5.43118	1.77571	4.99562	x(5)≤5
2.14927	0	1.96776	5.05914	3.99413	x(5)≤4
0.82928	0	3.58964	4.75363	3.99822	
0	2.55235	1.30333	5.30698	2.99581	x(5)≤3
0.99376	3.54863	0	4.62966	2.99925	
1.97437	0.61659	1.95547	4.60527	1.98958	x(5)≤2

模拟过程图像见图 3-2，从图可知：模拟分析过程中，分别修改水价 x(5) 约束值，模型均能够快速收敛，模拟结果符合经济效益最大化目标，由于目标函数为线性函数，模拟的水量水价模拟分析中，各种回用对象的污水回用量均满足情景分析的设置条件。

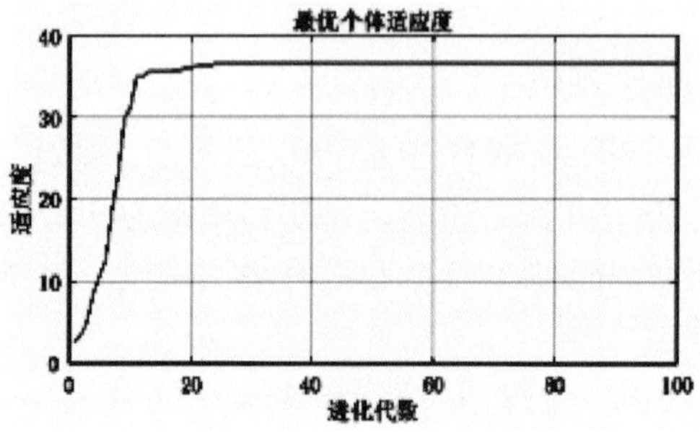

（a）

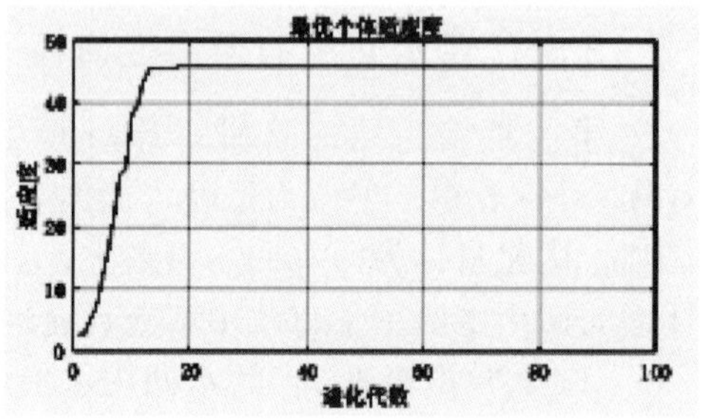

（b）

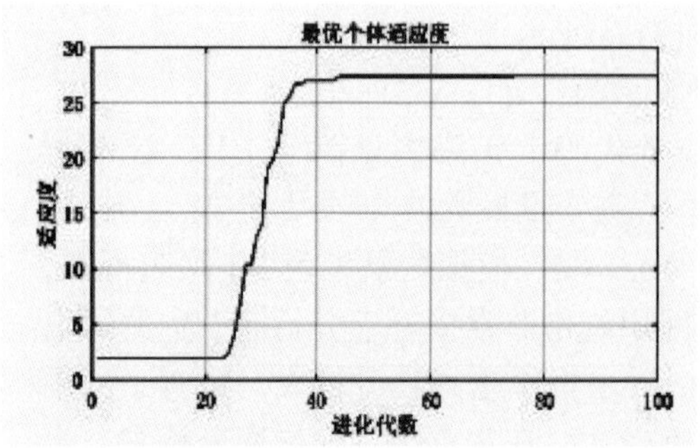

（c）

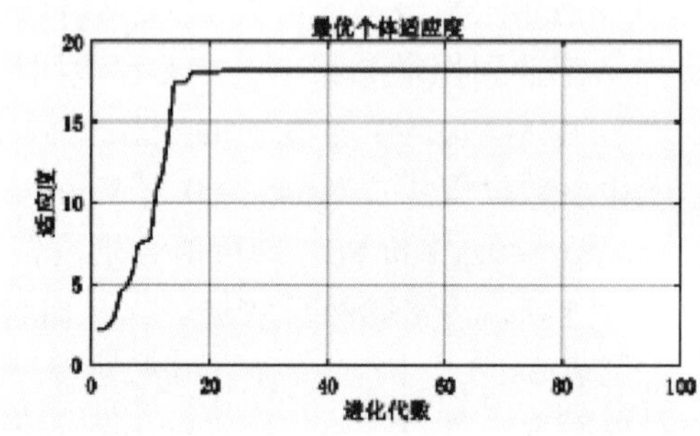

（d）

图 3-2 不同水价约束条件下的优化分析

（2）模拟情景 2：污水回用水价为不确定值，各种回用量也不确定。

假定各种污水回用对象的污水回用价分别为 x(5)、x(6)、x(7)、x(8)，水价单位为元／吨，各种回用水的经济效益为：

y=x(1)*x(5)+x(2)*x(6)+x(3)*x(7)+x(4)*x(8);

回用水数量最大可表示为：x(1)+x(2)+x(3)+x(4) ≤ 9.1798;

产业回用量总和小于自然环境回用量可表示为：x(1)+x(2)+x(3) ≤ x(4);

由于污水回用对象的经济效益差距很大，在模拟分析时可对不同回用水价的关系进行设置： x(5)<x(6); x(6)<x(7);x(8)<x(5)。

在 MATLAB 环境下编制粒子群优化分析代码（代码参见附录1），粒子群优化参数设置为：Vmax = 0.5; Vmin = -0.5; 预测变量最大值为 5，最小值为 0; 模拟结果见表 3-2。从表可知，模拟结果均为最佳分配方案，但回用水量和回用水水价差距很大，因此，面对具有很多不确定性的城市水资源循环经济发展模式，如何确定实施方案也需要多方面综合分析。

为了获取最大的污水回用效益，污水回用价格非常接近于分析前设置的阈值（见表 3-2），因此，污水处理单位的希望水价和用水单位的可接受水价存在差距，而且回用于自然环境的回用水社会效益巨大，可获取的经济效益很小，对管理者而言，就需要采取调控管理措施促进污水的全方位回用，通过税收手段或补偿措施激励污水处理企业将部分再生水回用于自然环境中，对地表水或地下水进行补充。

在模拟分析中，寻优过程与 Vmax 和 Vmin 的值存在关联，如果 Vmax 设置值过小，寻优过程将比较缓慢，本研究在 0.5 ~ 5 的范围内对其进行设置，基本都取得了满意的收敛效果（见图 3-3）。但由于粒子群优化算法本身的特点，每次模拟得出的最佳寻优值均存在差异，这也是水资源生命周期分析中，水量水价清单难以构建的原因。

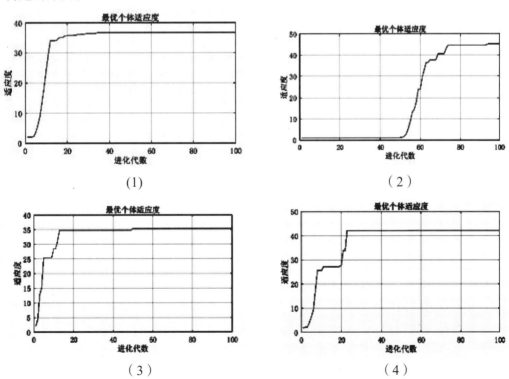

图 3-3 水价不定求处理污水的最优分配

表 3-2 水价不确定时各种回用水量的预测数据

x(1)	x(2)	x(3)	x(4)	x(5)	x(6)	x(7)	x(8)
0	3.01360	1.12655	5	4.92977	4.97311	5	4.92087
0.26726	2.77029	0.92684	5	4.21579	4.45587	4.6	3.50018
1.14783	0.27853	2.65825	5	4.07185	4.91445	5	3.37300
0.48882	1.92743	1.72409	5	3.95405	4.95110	5	3.89898
2.14357	0.36990	1.17659	5	4.14247	4.43726	5	3.1731

在情景 2 的模拟分析中，还可以直接对 x(5)、x(6)、x(7)、x(8) 的上限值进行设定，然后进行针对性的模拟分析，这样所得出的污水回用价格更接近管理者的意愿（代码参见附录 1），但在实际模拟中有时会陷入局部最优导致无法求解。

3.3.2. 基于惯性权重 w 的优化配置分析

在 PSO 的粒子更新速度公式中，惯性权重 w 是一个重要参数，Eberhart R C 和 Shi Y 首次将惯性权重引入粒子群算法中，通过调节惯性权重值进行最优解的搜索。惯性权重越大越有利于全局搜索，权重越小越有利于局部搜索。该改进办法有效解决了全局版粒子群算法易陷入局部最优的缺陷，提高了算法收敛的速度。每一维粒子的速度都会被限制在一个最大速度 Vmax 内，如果某一维更新后的速度超过用户设定的 Vmax，那么这一维的速度就被设置为 Vmax。Shi 和 Eberhart 指出，在全局搜索中，当 Vmax（粒子群搜索速度最大值）很小时，使用接近于 1 的惯性权重，即 w=1；当 Vmax 不是很小时，使用权重值 0.8 较好，即 w=0.8；如果缺失 Vmax 信息，也可使用 0.8 作为权重 (Eberhart R C，et al，2000)。而在局部搜索时，权重值 w=0.4 有利于快速搜索最优解，为了更好地平衡算法的全局搜索与局部搜索能力，其提出了线性递减惯性权重 LDIW（Linear Decreasing Inertia Weight），如下式所示：

$$w(k) = w_{start} - (w_{start} - w_{end})(T_{max} - k)/T_{max} \qquad (3)$$

其中，Wstart 为初始惯性权重，Wend 为迭代至最大次数的惯性权重，k 为当前迭代代数，Tmax 为最大迭代代数。一般来说，惯性权值取值为 Wstart=0.9、Wend=0.4 时算法性能最好。这样，随着迭代的进行，惯性权重由 0.9 线性递减至 0.4，迭代初期较大的惯性权重使算法保持了较强的全局搜索能力，而迭代后期较小的惯性权重有利于算法进行更准确的局部搜索 (Eberhart R C，et al，2000)。

为了实现惯性权重影响下的寻优分析，在 MATLAB 环境下编制代码（参见附录 1），实现粒子群优化分析的快速实现和模拟分析过程的参数修改。

同样采用 2016 年天津市的统计数据资料，依据污水回用总量，对回用水量和回用水价都不确定情景下的最佳分配进行模拟分析，模拟过程采用不同的 W 权重值进行分析计算，并对模拟结果进行记录。

（1）模拟参数设置为：W=0.4，Vmax=5，Vmin=0

在此参数下的模拟进行两次，一次成功收敛（见图 3-4），一次模拟失败（见

图 3-5），模拟成功的数据结果表明，粒子群优化分析可以解决不确定优化问题，能够依据分析时设定的参数关系获得计算结果。但模拟的假设情景过多或导致模拟陷入局部最优，预测结果明显不符合预期设想。

表 3-3 惯性权重 =0.4 情景下的模拟分析

x(1)	x(2)	x(3)	x(4)	x(5)	x(6)	x(7)	x(8)
0.078365	2.980711	0.942615	5	3.23115	4.948859	5	3.091901
0.793863	0.193021	0.090387	1.1	0.740958	0.923512	1.0	0.71156

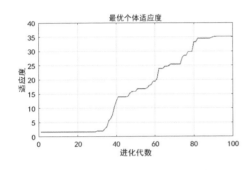
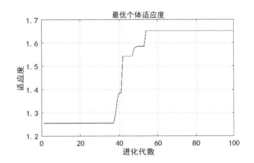

图 3-4 W=0.4 时的优化分析图　　　图 3-5 W=0.4 时的优化分析图

（2）模拟参数设置为：W=0.8，Vmax 可变，Vmin 可变

当模拟参数 W=0.8 时，取 Vmax=5，Vmin=0，对系统进行模拟，系统的收敛性很好，得出回用水量和水价（见表 3-4）；模拟时可调整 Vmax 和 Vmin 的数值以改变系统的模拟速度，避免陷入局部最优陷阱，据图 3-6、图 3-7、图 3-8、图 3-9 可知，Vmax 数值越大，寻优收敛速度越快。

表 3-4 惯性权重 =0.8 情景下的模拟分析

x(1)	x(2)	x(3)	x(4)	x(5)	x(6)	x(7)	x(8)	条件
1.461272	1.487386	0.84474	5	4.354529	4.843214	5	4.175015	Vmax=5，Vmin=0
0.281207	1.761813	1.985068	5	2.964566	4.878442	5	2.879618	Vmax=5，Vmin=0
1.279529	0.251268	2.457439	5	3.14431	3.353832	5	2.16283	Vmax=2，Vmin=0
1.571023	1.399817	0.851922	5	4.830703	4.883973	5	3.267378	Vmax=3，Vmin=0
0.791873	2.451664	0.965964	4.3	2.103874	4.871824	5	1.797758	Vmax=4，Vmin=0

依据模拟分析结果可知，污水回用量与模拟的约束条件非常一致，而不确定的水价则是趋于限定的最高值，这也说明在实践中污水回用价格的现实矛盾，一方面是污水处理单位希望水价越高越好，可用水单位则希望水价适度降低，并以回用水量作为应对措施，高水价将直接影响回用水量。为了提高污水处理率，管理部门采取一些激励措施以促进污水处理部门的工作效率，而经济收益却是处理单位的关

注点，在实际生活中将有大量的处理水被回用于地表水或地下水，这部分处理成本及效益必须由政府部门进行补偿，以实现城市水资源的循环经济发展。

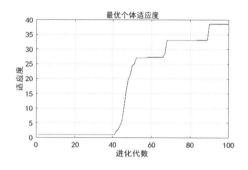

图 3-6 W=0.8 时的优化分析图 (0-5)

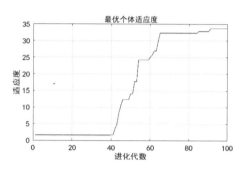

图 3-7 W=0.8 时的优化分析图 (0-4)

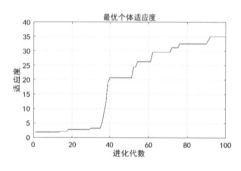

图 3-8 W=0.8 时的优化分析图 (0-3)

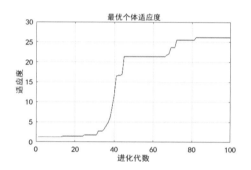

图 3-9 W=0.8 时的优化分析图 (0-2)

3.4 城市水资源的系统优化模拟分析

PSO 优化分析在水资源优化配置中的应用研究日益丰富，翁士创等（2018）以旱情紧急情况下骨干水库下游河道内生态环境需水与韩江流域各省用水总量为控制量，建立了基于粒子群算法的韩江流域水资源优化调度模型。结果表明，粒子群优化算法简单高效，具有强大的算法优势；通过优化调度，流域水量分配指标、生态目标、发电目标得到很好的实现；棉花滩水电站的综合效益及抵御干旱风险的能力进一步提高。宋培争等（2013）引入 " 压力 - 状态 - 响应 " 框架模型构建区域水资源安全定量评价的指标体系，采用逻辑斯蒂 (Logistic) 曲线模拟区域水资源安全评价，公式中的参数采用粒子群算法 (PSO) 进行优化，并用灵敏度分析的方法对公式进行了可靠性分析。评价结果表明，基于粒子群算法优化的 Logistic 指数公式用于区域水资源安全评价，具有合理性和可行性，能为区域水资源规划与管理决策提供科学依据。王战平等（2013）基于人类对水的需求量的增加和供水量减少之间的矛盾，用多目标规划理论建立了区域水资源可持续利用的多目标优化配置模型，该模型以社会、经济、环境的综合效益最大为目标，用粒子群算法求解，得到银川市规划年 (2020 年)3 种不同保证率下的优化配置方案，为银川市水资源管理问题提供了科学依据。结果表明，所建模型合理、可行，算法有效。陈晓楠等（2008）针对灌区水资源优化配置模型存在等式约束的特点，在分析粒子群算法寻优策略的基础上，建立了基于粒子群的大系统优化模型。同时，提出有效的控制粒子速度大小的方法，成功地将粒子群优化算法应用于作物灌溉制度的寻优中。利用此模型将有限的水资源分配到灌区中的不同子区、子区中的不同作物以及作物的各生育阶段，取得了较好的效果。罗志平等（2007）基于在水资源不充足的情况下，对都江堰灌区六大干渠水资源的合理分配，使农业效益达到最大。建立灌区优化配水模型，并将粒子群优化算法 (PSO) 及其改进的算法应用于该模型。分别对标准 PSO、两种改进 PSO(MPSO) 算法与遗传算法进行仿真对比，结果显示，采用 PSO 算法及其 MPSO 在农业经济效益上可获得更好的寻优效果，提高了水资源的利用率。

城市群在我国的经济发展中具有重要的战略地位，被列为十九大确定的四大发展战略之一，水资源短缺已成为城市群经济发展和战略功能发挥的核心制约因素，国内外学者对水资源合理配置的理论方法进行了大量研究，但在水资源优化配置模型中对生态环境需水量考虑不足，污水资源化的最优配置仍需要加强量化模拟分析研究，通过提高用水效率解决区域水资源的空间分布不均及水资源供需矛盾。

3.4.1 数据来源

京津冀城市群由北京、天津和河北省的石家庄、保定、唐山、廊坊、秦皇岛、张家口、承德、沧州、邯郸、邢台、衡水等市组成，在我国北方社会经济发展中具有重要的战略地位，而水资源已成为京津冀城市群高质量发展的核心制约因素，水资源匮乏、功能性缺水和人均水资源不足等问题非常明显。本研究以京津冀城市群为研究对象，以《北京市水资源公报》、《天津市水资源公报》、《河北省水资源公报》等有关京津冀城市群污水排放数据为基础，对城市群污水资源化的水量水价进行模拟分析，构建污水回用多目标优化模型，依据 PSO 算法，实现回用污水的最佳配置量化分析。

3.4.2 多目标优化模型的构建

城市群水资源的优化配置涉及因素多、用户多、水源多、目标多等，是一个结构复杂的大系统（郝芝建等，2018；付强等，2017），模型变量的模拟分析具有很大的不确定性，优化分析结果具有多维可变的特点，传统的方法已经不能很好地解决大系统多目标的问题（Davijani M H. et al. 2016）。

水资源优化配置的一般模型为：

$$\begin{cases} Z = \max \left\{ f_1(x), f_2(x) \right\} \\ \quad G(x) \leq 0 \\ \quad x \geq 0 \end{cases} \tag{4}$$

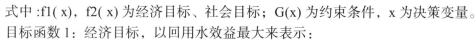

式中 :f1(x)，f2(x) 为经济目标、社会目标；G(x) 为约束条件，x 为决策变量。

目标函数 1：经济目标，以回用水效益最大来表示：

$$\max f_1(x) = \max \sum_{i=1}^{13} \sum_{j=1}^{4} Y_{ij} \times X_{ij} \tag{5}$$

式中：X_{ij} 为 i 城市回用水源向回用对象 j 的供水量（$10^8 m^3$）；Y_{ij} 为单位水的效益系数（元 /m^3）；

目标函数 2：社会效益，以回用水水量最大表示：

$$\max f_2(x) = \max \sum_{i=1}^{13} \sum_{j=1}^{4} X_{ij} \tag{6}$$

可以从社会、经济、水资源、生态环境的协调方面进行分析。

约束条件 1 为水源的可供水量约束：

$$\sum_{i=1}^{13} \sum_{j=1}^{4} X_{ij} \le W_i \tag{7}$$

式中，W_i 为 i 城市回用水源可提供的回用污水量。

约束条件 2 为决策变量非负约束：

$$x_{ij} \ge 0$$

由于回用水应用于生产实践的具体过程中，生态环境用水通常占比一半以上，而且第一产业用水大于第二产业用水，第二产业用水大于第三产业用水，在模拟时将此也体现在模型约束中进行优化分析。在具体模拟分析时，将京津冀城市群的各个城市进行独立建模，分别在多目标优化模型 (4) 至 (7) 中，以单一城市污水排放数据对模型的约束条件进行具体化，然后在 MATLAB 环境下进行模拟分析。

3.4.3 结果与讨论

京津冀城市群污水排放统计资料表明：京津冀城市群经济发展具有明显的空间差异，污水排放量差距很大，北京、天津、石家庄的污水排放量比较大，而河北的一些城市排放量则相对较小，考虑到京津冀城市群经济发展的差距和回用水价格的可接受水平，在编制软件实现优化分析时，对北京、天津、石家庄采用 3 元 /m^3 以内的回用水价格进行模拟，河北除石家庄外的所有城市采用 2 元 /m^3 以内的回用水水价进行模拟分析，同时在 MATLAB 代码中将回用水量最大目标采用不等式进行表示，并将回用水的价格限制在设置值以内，以回用水的经济效益最大为目标进行模拟。

1.PSO 优化结果

由于通用性好、搜索力高、适合于处理多种类型的优化目标及约束条件等特点，粒子群算法求解多目标优化问题具有很大优势。由于构成多目标优化问题的解一般是一组或者几组连续解的集合，因此，必须从 Pareto 解集中选择合理可用的优化分析解，然后从中优选出相对最佳的一组解。

以北京和秦皇岛为例，本研究首先从 8 次模拟分析结果中选择收敛效果明显的模拟值，依据综合经济效益最大和回用水量最大对模拟结果进行排序，选择首位的模拟分析数值作为可用解。北京的模拟结果见图 3-10，秦皇岛的模拟结果见图 3-11，第一产业、第二产业、第三产业和生态环境的回用量分别用 x1、x2、x3、x4 表示，单位为亿吨。由于秦皇岛的可回用污水数量非常小，在分析时先扩大 10 倍进行模型求解，最后再对结果数据缩小 10 倍进行还原，否则 PSO 参数设置容易陷入局部最优，很难实现全局最优搜索。

从图 3-10、图 3-11 可以看出，模拟结果中各产业及生态环境的回用量都呈高低起伏的不规则变化，这也说明污水回用优化配置的不确定性很大，如何从模拟分析结果中筛选可用方案，需要从管理决策者所侧重的发展目标进行筛选。在此以单位回用水的经济效益最大作为最佳方案的优选标准，然后对 8 次模拟分析结果进行分析计算，进而优选出最佳配置方案，单位回用水的经济效益值见图 3-12。

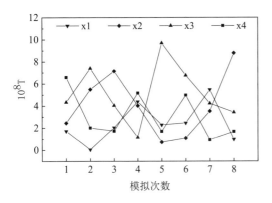

图 3-10 北京优化分析结果　　　　图 3-11 秦皇岛优化分析结果

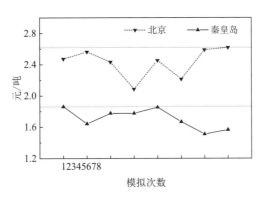

图 3-12 单位回用水经济效益

据图 3-12 分析可知，北京选择模拟 8 作为最佳回用配置方案，秦皇岛选择模拟 1 作为最佳回用配置方案，对于京津冀城市群其他城市的污水回用优化分析，可在多次模拟分析的基础上，依此原理确定污水回用的最佳优化配置方案，得出京津冀污水回用的多目标优化分析结果（见表 3-5）。

表 3-5 京津冀污水回用多目标优化分析 Pareto 最佳解

城市	x1	x2	x3	x4
北京	0.978807	8.783228	3.412991	1.673422
天津	2.553524	2.912715	2.827874	0.747145
石家庄	1.326637	1.906629	0.571863	0.121038
唐山	0.664503	0.622729	0.781557	0.004924
秦皇岛	0.241887	0.615809	0.41865	0.039636
邯郸	0.02315	0.346159	1.00000	0.096459
邢台	0.13222	0.084541	0.112431	0.031328
保定	0.288878	0.065496	0.693339	0.151157
张家口	0.061004	0.435799	0.066059	0.064142
承德	0.027344	0.161984	0.207373	0.097434
沧州	0.050331	0.05523	0.299458	0.016287
廊坊	0.084537	0.083609	0.118567	0.01969
衡水	0.099839	0.070205	0.091277	0.079453

2. 讨论

依据 PSO 算法和合理的参数设置，可以实现优化模型的量化分析结果，解决多目标优化的不确定性问题，京津冀城市群的模拟分析结果表明，城市群污水回用的配置具有很大的不确定性，北京、天津和石家庄三大城市的污水回用规律也差异很大（见图 3-13），北京的第二产业回用量很大，为 8.783228 亿吨，其次是第三产业回用水量，为 3.412991 亿吨，远低于第二产业回用量；而天津虽然第二产业回用量位居第一，但和第一、第三产业的差距不大，石家庄第二产业回用量位居第一，和第一产业差距不大，却和第三产业的差距较大，这说明污水回用和产业的关联具有随机性，城市群污水优化配置的管理决策具有很大的动态变化性。

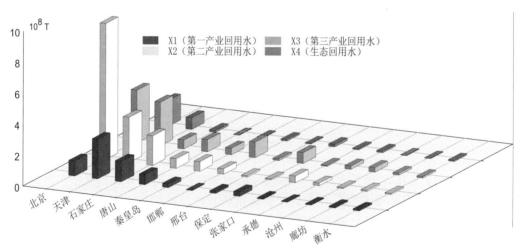

图 3-13 污水回用对象优化分析结果

回用水作为自来水的替代品，充分利用回用水资源是解决我国水资源短缺的最佳途径（朱薇等，2019）。依据京津冀城市群污水回用的最佳分配方案，可以确定污水的回用总量及优化配置方案，获取京津冀城市群污水处理厂的可得效益等分析结果（见图3-14），为了促进再生水充分的合理利用以及扩大再生水市场，在构建城市群多目标优化模型时，必须确定回用水的水量和水价约束条件，结合MATLAB模拟环境对城市群污水资源回用的合理配置进行量化模拟分析，可在多目标控制和条件约束下进行全局优化处理（王帝文等，2019），有利于确定管理调控措施和经济驱动政策，促进城市群污水资源的循环利用（Deng G. et al. 2016）。

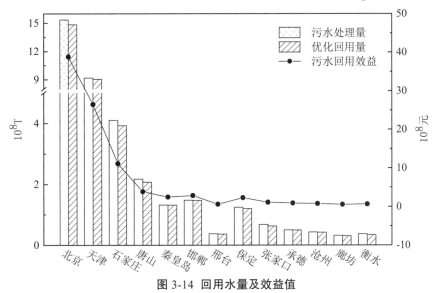

图 3-14 回用水量及效益值

依据模拟分析结果可知，模拟得出的污水回用量与模型的约束条件差距不大（见图3-14），模型分析结果具有一定的应用价值。但在实践中能否充分地利用回用污水资源，很大程度上取决于再生水价格的制定是否合理（杨树莲等，2018；Mycoo et al. 2011），模拟分析时模型已经设定了不确定的水价，同时规定区域限定的最高值作为约束条件，但在实践过程中还需要政府部门管理协调。为了提高污水处理率，管理部门应采取一些经济激励措施，提升污水处理部门的工作效率。通常污水处理单位希望水价越高越好，可用水单位则希望水价适度降低，这也说明在实践中污水回用价格所面临的现实矛盾。由于高水价将直接影响回用水量，经济收益是污水回用的关键点，在实践中将有大量的处理水被回用于地表水或地下水，这部分处理成本及效益必须由政府部门进行补偿，以实现城市水资源的循环利用。

模拟分析结果的优化选择随管理决策者的偏好而定，不同的管理出发点将直接影响最佳方案的确定，本文的方案优化以单位回用水的经济效益最大作为最佳方案的优选标准，还可以以回用水经济最大或回用水量最大作为模拟结果的优选标准。对不同城市而言，污水回用的在具体实践中可为管理者提供多种情景优化方案，这也说明污水回用的最优配置具有动态变化性和不唯一性，在具体实践过程中，应将所有优选标准及对应的优选方案提供给管理决策部门，由决策者依据城市群发展目标及长远规划确定可用方案。

污水回收利用不仅是一个优化管理问题，还需要回收利用管道工程的支持，许多城市的水资源利用率低，工程性缺水问题较为突出（Gadanakis Y. et al. 2015），城市群污水利用的引水工程是提高污水利用率的关键环节，在模拟分析中应结合城市群的空间格局和工程规模进行效益的综合分析，本文对引水工程的投资等因素在模型中未加以考虑，仍需结合管理部门的规划方案进行深入建模，以提高水资源的利用率和实践操作的可行性。

3.5 小结

城市水资源循环利用的生命周期分析，需要确定城市水资源在各产业中的回用量及回用水价格，而污水回用量和回用价格的确定由管理部门拟定或依据需水部门承受能力而定，具有很大的不确定性，为了促进城市水资源的循环经济发展，实现水资源的循环利用，采用优化配置研究方法进行量化分析更具可操作性和应用价值。本研究采用粒子群优化分析方法，在 MATLAB 开发平台上编制应用算法软件，实现污水资源化的优化配置。

随着城市群社会、经济的快速发展以及人口数量的急剧增长，水资源的需求压力越来越大，随着水资源供需矛盾的日益突出，提高城市群污水的处理率并回用于城市的社会经济发展具有十分重要的意义。城市污水回用的最优分配涉及回用水量和水价，回用对象分为四大类，分别为自然环境、第一产业、第二产业和第三产业。在实践中，影响回用水量和水价的因素很多，可采用 PSO 算法量化分析水量和水价。

基于惯性权重 w 的优化配置分析表明，通过合理设置模拟分析参数，污水回用的不确定性问题能够得以解决，模拟结果所得的污水回用量与模拟城市的污水排放总量非常接近，而不确定的水价则是污水回用区域设定的最高值。在实践中可通过经济手段如减税、政府回收等手段提高污水处理率，将大量的处理水回用于地表水或地下水等生态环境，这部分回用水的处理成本由政府部门进行补偿，既提高了生态环境的水资源承载力，也为城市污水资源的良性发展指明了方向。

对于多目标优化配置问题的求解，通常将多目标转化为单目标，再利用两步交互式算法求解单目标不确定规划问题，获取不同满意度下的优化配置数值。随着智能算法的深入研究，粒子群（PSO）优化分析方法、蚁群优化算法和遗传算法（Genetic Algorithm）等在解决多目标问题中被广泛应用。城市群回用水的多目标优化配置涉及诸多影响因素，配置目标以回用水量最大及经济效益最大为核心，是一个由环境经济多因子构成的复杂大系统，必须对环境经济等不确定性因素加以考虑，根据城市群各种回用水的经济效益最大来构建多目标回用水经济最优模型，利用 PSO 算法对模型进行求解，以 Pareto 最优解集为基础再确定回用水量的最佳分配方案。

【参考文献】

[1] R Eberhart， J Kennedy. A new optimizer using particle swarm theory. In: Proc of the 6th Int'l Symposium on Micro Machine and Human Science. Piscataway，NJ: IEEE Service Center， 1995. 39-43

[2]Eberhart R C， Shi Y. Comparing inertia weights and constriction factors in particle swarm optimization[M]. Sensors， 2000

[3] 翁士创，苏明珍，李捷. 基于粒子群算法的韩江流域水资源优化调度 [J]. 人民珠江,2018,39(02):82-85.

[4] 宋培争，汪嘉杨，刘伟，余静，张碧. 基于 PSO 优化逻辑斯蒂曲线的水资源安全评价模型 [J]. 自然资源学报,2016,31(05):886-893.

[5] 王战平，田军仓. 基于粒子群算法的区域水资源优化配置研究 [J]. 中国农村水利水电,2013(01):7-10.

[6] 陈晓楠，段春青，邱林，黄强. 基于粒子群的大系统优化模型在灌区水资源优化配置中的应用 [J]. 农业工程学报,2008(03):103-106.

[7] 罗志平，周新志，王标. 改进粒子群优化 (MPSO) 算法在动态配水中的应用 [J]. 中国农村水利水电,2007(06):43-45+48.

[8] 郝芝建,李嘉第,郑斌. 基于多目标决策分析的钦州市水资源承载力评价[J]. 人民珠江，2018,39(12):124-128.

[9] 付强，鲁雪萍，李天霄. 基于 NSGA-Ⅱ农业多水源复合系统多目标配置模型应用 [J]. 东北农业大学学报,2017,48(03):63-71.

[10] Davijani M H, Banihabib M E, Anvar A N， et al. Multi-objective optimization model for the allocation of water resources in arid regions based on the maximization of socioeconomic efficiency [J]. Water Resources Management， 2016，30(3)：1-20.

[11] 朱薇，周宏飞，柴晨好. 哈萨克斯坦水资源与人口、GDP 的时空匹配研究 [J]. 灌溉排水学报， 2019， 38（12）： 101-108.

[12] 王帝文,李飞雪，陈东. 基于 Pareto 最优和多目标粒子群的土地利用优化配置研究 [J]. 长江流域资源与环境,2019,28(09):2019-2029.

[13] Deng G, Li L, Song Y. Provincial water use efficiency measurement and factor analysis in China: Based on SBM-DEA model［J］. Ecological Indicators,2016. 69: 12-18

[14] 杨树莲，段治平. 再生水与城市自来水比价关系研究——以青岛市为例 [J]. 技术经济与管理研究， 2018(07):23-27.

[15] Mycoo， Michelle. Conflicting Objectives of Trinidad's Water Pricing Policy：A Need for Good Water Pricing and Governance [J].International Journal of Water Resources Development， 2011， 27(4)： 723-736.

[16]Gadanakis Y，BennettT R，Park J，et al. Improving productivity and water use efficiency: a case study of farms in England[J]. Agricultural Water Management，2015，160: 22-32.

第4章 城市水资源投入产出的系统优化分析

美国哈佛大学教授瓦西里·里昂惕夫（Wassily Leontief）于 20 世纪 30 年代开始进行国民经济投入产出模型研究，1936 年发表有关投入产出分析的首篇研究论文，拉开了投入产出研究的序幕，并因此获 1973 年诺贝尔经济学奖。

研究的最初阶段，投入产出分析主要侧重国民经济各个产业部门之间的联系，通过建立投入产出表，对各部门之间复杂的物质流关系以及主要比例关系进行深入分析，以揭示国民经济各部门之间的相互联系。投入产出分析方法以投入产出表为基础，采用线性代数等数学方法构建数学模型，据此进行各种经济数量关系分析；投入产出表也称部门联系表，它是根据一个经济系统各个部门之间在一定时期内投入来源和产出分配去向编制成的物流平衡表。

投入产出技术，无论是在理论方面，还是在实践方面都得到了很大的发展，取得了丰硕成果。早期的投入产出模型，只是静态的投入产出模型，随着研究的深入，开发了动态投入产出模型，投入产出技术由静态扩展到动态。近期，随着投入产出技术与数量经济方法等经济分析方法日益融合，投入产出分析应用领域不断扩大。

进行经济发展趋势预测，是投入产出法最广泛的应用，与此同时，研究特定经济政策的实施将导致社会经济如何变化，以及产生何种影响，已经成为投入产出分析的重要应用领域。现在投入产出分析方法的应用范围和适宜对象不断扩展，可对一个地区、一个部门及企业的经济活动、环境经济损益评价、环保措施的经济可行性等进行分析。因此，投入产出分析方法在应用过程有很大的灵活性，既可解决具体的经济问题，也可对环境污染治理问题进行分析研究。

循环经济的水资源利用思想被世界各国普遍认同并在实践中加以推广，水资源的类型也从传统的新鲜水水资源扩充到雨水、再生水等各种可以回收利用的水资源，循环经济发展模式将影响各个产业部门对新鲜水资源的直接消耗。同时，企业内部的水资源循环利用、企业之间的再生水回用都将对区域水资源的合理利用及优化分配产生影响。以污水回用量最大和回用产生的经济效益最大为目标，建立了城市污水回用多目标分配模型，利用现代智能算法 NSGA-Ⅱ 对模型进行求解，获得了 Pareto 最优解集，模拟分析结果的回用污水总量和实际值存在微小差距。在 Pareto 最优解集基础上，依据经济收益最大和回用水量接近实际值来确定最优配水方案，优选出京津冀城市群污水回用优化分配方案。

4.1 水资源投入产出研究现状

20世纪70年代初期，里昂惕夫开始将投入产出分析方法应用在环境科学领域，拓宽了投入产出模型的应用范围，在他发表的有关环境影响和经济结构的两篇文章中，对投入产出表进行完善并做了修改调整，增加了污染物的产生与处理选项，增加了污染物处理的行业部门，对区域环境保护的经济损益进行量化分析。

汪党献等（2005）通过对区域水资源的系统分析，从水的自然循环和社会循环出发，构建水资源利用的投入产出表，对各经济行业的用水特性进行分析与评价，直接反映出各种经济活动中实际消耗的水量，并对水资源的行业关联分析提供了量化依据。

严婷婷等（2009）对国内外的水资源投入产出模型进行了分析归纳，将水资源投入产出表分为三大类：水资源利用投入产出表、水污染分析投入产出表和水资源投入占用产出表，对水资源投入产出模型的应用领域进行分析，认为目前的应用主要集中于生产部门的用水特性及关联分析、水资源配置分析、水价分析以及虚拟水贸易分析等方面。

王文静等（2012）基于投入产出技术，对2007年甘肃省的水资源消耗利用状况进行比较分析，其中直接用水系数反映了节水技术因素，完全需要系数反映了产业关联（间接拉动力影响）因素，最终需求代表了虚拟水战略的社会化管理因素。在此基础上，并对构建节水型社会的相关政策进行分析。

张宏伟等（2011）基于投入产出分析方法，选取2007年相关数据进行整理分析，比较我国第一、二产业中各行业水资源的直接消耗、完全消耗和间接消耗，研究了我国各行业间水资源消耗的间接拉动。此外，多区域投入产出分析（MRIO）的发展为解决内部技术假设问题提供了可能。多区域投入产出模型将区域内部生产技术系数矩阵和外部区域的进口产出系数矩阵相结合，形成一个更大的系数矩阵，可用于捕获分析各区域间的产品和服务交换的相互关系（谭圣林等，2013）。

水资源的持续开发与合理利用是环境经济可持续发展的保障和基础，多采用水资源的利用效率作为衡量指标进行分析评价。李志敏等(2012)利用主成分分析与DEA相结合的方法，对我国2010年31个省市的水资源利用效率进行了分析和评价，认为一个地区水资源利用效率的高低与经济发展水平没有必然的联系。在水资源利用效率分析的过程中，众多学者认为实物型投入产出表在资源环境研究领域具有更高的应用价值，更适合用于直接和间接资源需求的核算（马忠等，2014），由于实物型投入产出表的编制对统计基础、编制技术要求较高，目前尚无规范的理论和方法体系。

20世纪70年代，投入产出分析方法开始应用于资源的合理利用研究，创建混合型的投入产出表，从整个国民经济部门中分离出资源相关部门，在投入部分增加以实物单位计量的资源投入。水资源作为人类生产生活必需的自然资源，自然而然地成为研究的重点，水资源利用的投入产出表也在混合型投入产出表的基础上不断扩充发展。

黄晓荣等（2005）将传统的价值型投入产出表和水资源利用的实物型投入产出表相结合，通过乘数分析方法，研究宁夏各产业水资源产出的边际效应，以及水资源供给与需求对宁夏国民经济各部门的直接与间接影响。该方法克服了目前国内在对水资源需求的分析中主要计算各部门的直接用水系数，而不能揭示部门间的相互影响。

为了合理利用水资源，最大限度地提高水资源的利用效率，必须进行区域水资源的配置分析，通常采用省域或地区各经济部门的水资源投入产出系数等指标，分析各产业部门的用水特性，以水资源投入产出平衡关系为约束，设计发展情景和目标，对研究区域内未来的水资源情况进行预测，为水资源优化配置提供优化方案，这也是目前的研究热点，但需要将投入产出分析和多目标优化进行方法集成，综合分析区域水资源的最优利用方案。

依据目前的研究现状可知，投入产出技术在描述物质生产与流通方面具有明显的优势，对于量化分析区域水资源的利用效率及其经济效益非常重要，对产业部门的水资源调控及产业结构调控具有直接的参考价值，由于模型对技术进步和经济结构调整等因素不能直接体现，必须构建动态投入产出模型，及时调整模型中的投入产出数据，补充水资源环境及经济参数的最新数据，为量化分析宏观经济政策或产业结构变化对经济系统的影响提供技术支撑和决策依据。

4.2 基于投入产出表的基本模型

投入产出表采用矩阵形式，对研究区域各个部门的投入来源和产出去向进行二维表示；投入产出分析以投入产出表为基础，对矩阵数据进行核算并加以分析，揭示国民经济各部门间相互依存、相互制约的数量关系，投入产出模型的实质为一组线性代数方程，采用数学形式体现投入产出表所反映的经济内容。

各个生产行业在其发展过程中，不同程度地需要消耗水资源，产业对水资源的直接消耗会产生对水资源产生直接拉动效应，这部分水为直接用水。此外，还需要其他行业的产品作为中间投入，这部分产品在生产过程中需要消耗一定的水资源，因此，这部分水以产品为载体在行业之间实现水资源的需求转移，许多研究称之为虚拟水（Wang Z Y, et al. 2013）。由于产品生产中需要中间投入，而中间投入产品也存在水资源的直接消耗，便产生了行业之间的投入产出关系，导致行业对水资源的间接需求。直接需求与间接需求之和等于完全需求。因此，在建立水资源的平衡关系时，直接消耗和间接消耗都应在模型中加以考虑并进行分析计算。

假设有 n 个经济部门，X_i 为部门 i 的总产出；X_{ij} 为部门 j 单位产品对部门 i 产品的消耗；Y_i 为外部对部门 i 的需求；N_j 为部门 j 新创造的价值。下标 i 表示产出部门所在行的位置，j 表示投入部门所在列的位置；投入产出表的简化形式见表4-1。

采用双线将投入产出表分成四部分，按照左上、右上、左下、右下的排列顺序，分别称为第Ⅰ、第Ⅱ、第Ⅲ象限、第Ⅳ象限。

第 I 象限是表的基本部分，由名称相同、排列顺序相同、数目一致的 n 个产品部门纵横交叉而成的，其主栏为中间投入，宾栏为中间使用（汪党献等，2011）。矩阵中每个数字 x_{ij} 沿行和列方向的意义不同：沿行方向表明 i 产品部门生产的产品或服务提供给 j 产品部门使用量；沿列方向反映 j 产品部门在生产过程中消耗各 i 产品部门生产的产品或服务的数量。第 I 象限充分揭示了国民经济各部门之间相互依存、相互制约的技术经济联系，是投入产出表的核心。

第 II 象限主栏与第 I 象限主栏相同，同为 n 个产品部门；这部分反映各产品部门生产的产品用作最终产品的数量及各项最终产品的实际部门构成。

第 III 象限是第 I 象限在垂直方向上的延伸，主栏是劳动者报酬、固定资产折旧、利润和税金等各种最终投入；宾栏与第 I 象限的宾栏相同，它反映各产品部门最初投入的构成情况。

表 4-1 投入产出简化表

投入 \ 产出		中间使用				最终使用	总产出
		1	2	…	n	合计		
中间投入	1	x_{11}	x_{12}	… x_{1n}		W_1	Y_1	X1
	2	x_{21}	x_{22}	… x_{2n}		W_2	Y_2	X2
	…	…		…		…	…	…
	n	x_{n1}	x_{n2}	… x_{nn}		W_n	Y_n	Xn
	合计	C_1	C_2	…	C_n	W	Y	X
最初投入	折旧	D_1	D_2	…	D_n			
	劳动者报酬	V_1	V_2	…	V_n			
	利润和税金	Z_1	Z_2	…	Z_n			
	合计	N_1	N_2	…	N_n	N		
总投入		X_1	X_2	…	X_n	X		

第 I 和第 II 象限联结在一起组成的横表，反映国民经济各部门生产的产品和服务的使用去向。

第 I 和第 III 象限联结在一起组成的竖表，提供了国民经济各部门在生产经营活动中的各种投入来源，反映各经济部门产品或服务的价值构成。

（1）投入产出表的行模型

投入产出表的行模型是根据投入产出表的第一象限和第二象限而建立的经济数学模型，其经济含义是揭示国民经济各部门生产和分配使用间的平衡关系，行模型的经济含义为：

中间产品（作为系统内个部门的消耗）+ 最终产品（外部需求）= 总产品

其数学表达式（用投入产出简表中的符号表示）为：

$$\sum_{j=1}^{n} x_{ij} + Y_i = X_i$$

(i=1，…，n)

X_i 为部门 i 的总产出；x_{ij} 为部门 j 单位产品对部门 i 产品的消耗；Y_i 为外部

对部门 i 的需求;

　　（2）投入产出表的列模型

　　投入产出表的列模型是根据投入产出表的第一象限和第三象限的列关系而建立的经济数学模型，其经济含义是揭示国民经济各部门生产经营过程中发生的各种投入，列模型的经济含义为:

　　中间投入＋增加值＝总投入

　　其数学表达式（用投入产出简表中的符号表示）为:

$$\sum_{i=1}^{n} x_{ij} + N_j = X_j \ (j=1, \cdots, n)$$

　　（3）总量平衡关系

　　总投入 = 总产出

4.3 水资源投入产出分析参数

　　依据水资源投入产出表，能够对区域水资源的均衡状况进行量化分析，在投入产出表中，行平衡、列平衡和总量平衡为区域水资源投入产出的基本等量关系，根据这三个平衡关系，可以对水资源的用水效率及用水效益进行分析，用水效率采用取水系数进行分析，用水效益采用产出系数进行分析。通过用水效率分析，可以确定各部门的取水量及用水特性，明确不同行业用水量之间的关系;而用水效益主要对各部门的直接经济效益及用水变化导致的经济波动进行分析。

　　不同部门的用水效率可以采用投入系数即取水系数来分析。取水系数主要由直接取水系数、完全取水系数和取水乘数组成，可分别反映经济部门单位经济量的直接取水量、经济部门取水量与整个经济系统取水量之间的关系以及经济部门取水量的乘数效应。

4.3.1 直接用水系数

　　直接消耗系数，也称为投入系数。直接消耗系数体现了里昂惕夫模型中生产结构的基本特征，是计算完全消耗系数的基础。采用直接用水系数可反映各行业生产活动对水资源的依赖程度，对于确定行业的节水对象非常有用。直接用水系数能够反映各行业在生产本行业产品过程中的直接用水效率。该系数是指各行业在生产一单位产品的过程中所投入的自然形态的水资源量，其计算公式为

　　A ＝W/X　　　　　　　　　　　　　　　　　　　　　　　　　（1）

　　其中，A 为直接用水系数，W 为用水量，X 为总产出。

　　假设将经济系统分为 n 个行业，公式（1）中 W ＝（ w_1, w_2, $\cdots$, w_n）为经济系统内各行业的直接用水量，X ＝（ x_1, x_2, $\cdots$, x_n）为各个行业的总产出。

　　将直接用水系数表示成行向量的形式，记为: A ＝（ A_1, A_2, $\cdots$, A_n）

　　依据天津市 2011-2014 年的经济统计数据，可以确定第一产业、第二产业和第三产业的经济收入值，依据 2011-2014 年的天津市水资源公报，可以检索各产业

的用水量，据此可以计算出不同年份的第一产业、第二产业和第三产业的直接用水系数。

表 4-2 第一产业、第二产业和第三产业的直接用水系数

时间（年）	2010	2011	2012	2013
第一产业（kg/元）	76.93364	73.87929	68.14627	65.95789
第二产业（kg/元）	1.033009	0.887267	0.804328	0.777225
第三产业（kg/元）	0.356246	0.256742	0.184568	0.168356

依据直接用水系数可知，第一产业用水明显高于第二产业用水，约为第二产业用水的 70 倍以上，第二产业用水高于第三产业用水。因此，发展循环经济的重点应聚焦于农业生产，避免漫灌，同时应修建蓄水池，对灌溉用水进行就近收集，同时应改变种植结构，降低灌溉用水量；由于农业用水最终进入地下水或以地表径流的方式进入水循环中，对区域水环境的总量影响较小，但需要注意的是农业用水在灌溉后会对地表水造成污染，进入蓄水池会造成氮磷富集，导致水体富营养化。对于第二产业用水，在企业层面实施减量化和再利用，降低污水排放量，不断改进生产工艺，在生产环节实施水循环。第三产业用水量虽然相对第一、二产业不大，但用水后污染物质相对较少，非常适宜在企业范围内进行净化处理，并在企业内部实施二次利用，可降低新鲜水的使用量。

4.3.2 完全用水系数

直接用水系数的计算主要考虑各行业的直接用水量和经济效益，在实际生产过程中，所有产业生产一单位产品对水资源的需求量都大于该单位产品的直接用水量，原因在于在该产品的生产过程中需要一定数量其他行业的产品作为中间投入，而作为中间投入的这部分产品在生产过程中也需要消耗水资源，这部分发生在其他行业的用水即为间接用水。因此把中间投入的这一部分产品所含的水（虚拟水）量也计入该部门的水资源消耗总量当中，即行业的直接用水量加间接用水量等于完全用水量。用完全用水系数来表示经济系统各行业为生产单位最终产品消耗的直接用水和间接用水的总量（刘冠飞，2009）。其计算公式为

$$d_j = q_j + \sum_{i=1}^{n} d_j a_{ij} \tag{2}$$

d_j 表示 j 行业的完全用水系数；

q_j 表示 j 行业的直接用水系数；

a_{ij} 为 j 行业生产单位产品所直接消耗的 i 行业产品的数量，即直接消耗系数，$a_{ij} = x_{ij} / X_j$，a_{ij}—直接消耗系数；x_{ij}—i 行业对 j 行业的投入；X_j—j 行业的总产出。该系数反映了行业之间的生产技术联系。公式（2）右端第一项为单位产品的直接用水，而第二项则为各种中间投入含水量的合计，即单位产品的间接用水；两项相加，得到单位产品的完全用水。

采用矩阵形式，式（2）可以写为

$$D= Q+ DA \tag{3}$$

其中，D 为完全用水系数行向量，表示为满足 j 行业增加一单位最终需求所需要的直接用水量与间接用水量之和，即 j 行业的水资源含量；Q 为直接用水系数行向量；A 为直接消耗系数矩阵。

完全用水系数向量 D 的计算公式：

$$D= Q(I-A)-1 \tag{4}$$

其中，I 为单位矩阵。(I-A)-1 为里昂惕夫逆矩阵。

与直接用水系数相比，完全用水系数可以更客观地衡量各行业对水资源的实际需求。直接用水系数的计算方法可不依赖于投入产出表，而完全用水系数需要通过投入产出表进行分析计算。

大量研究文献对各行业的完全用水系数进行分析，谢丛丛等（2015）对我国高用水工业行业的界定与划分进行了研究，将电力热力的生产和供应业、化学原料及化学制品业、黑色金属冶炼及压延加工业、造纸及纸制品业、纺织业、石油加工业、炼焦及核燃料加工业划分为高用水行业；张宏伟等（2011）在对城市水资源投入产出分析的基础上，认为第二产业中食品烟草加工业、纺织业、服装羽绒皮革及其制品业和木材加工及其家具制造业等轻工业完全用水系数高于其他行业，但是这些行业的直接用水系数不高，即主要以间接消耗为主；汪党献等（2011）对黄河流域 18 个经济部门的直接用水系数和完全用水系数进行了分析（见表4-3）（汪党献等，2011），其中纺织工业的直接用水系数小于化学工业，但其完全用水系数却高于化学工业，这对于筛选节水企业将造成直接影响，很容易被选择为中低耗水行业，但从水资源的生命周期来分析，纺织工业的中间投入原材料若从企业所在地获取，则必须将纺织工业作为缺水区域限制发展的行业。

表 4-3 黄河流域经济部门直接用水系数和完全用水系数前五位

分析参数	直接用水系数	完全用水系数
1	农业	农业
2	造纸工业	食品工业
3	电力工业	纺织工业
4	化学工业	造纸工业
5	食品工业	化学工业

完全用水系数的计算必须建立在区域或城市的水资源投入产出分析的基础上，我国目前公开发布了 2002、2007 年的城市投入产出表，已有研究主要依据这两个表来进行，核心在于计算里昂惕夫逆矩阵，从而实现完全消耗系数的计算。在进行天津市的水资源投入产出分析中，首先要获取各行业的准确用水资料，而现有文献资料表明，2007 年天津市各行业的用水量数据缺乏，这对完全用水系数的计算造成困难，相关研究多依据全国各产业用水量数据进行估算。由于产业行业的固有特性及用水

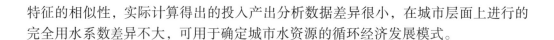

特征的相似性，实际计算得出的投入产出分析数据差异很小，在城市层面上进行的完全用水系数差异不大，可用于确定城市水资源的循环经济发展模式。

4.4 城市水资源发展循环经济的多目标优化分析

随着社会、经济的发展以及人口数量的快速增长，城市对水资源的需求量越来越大。在水资源供需矛盾日益突出的情况下，提高污水的处理率并回用于城市的生活经济发展具有十分重要的意义（邓光耀等，2017）。按照循环经济的理念，对城市生活污水和工业废水进行净化处理。降低污水排放量，构建节水型城市，不断推进污水资源化，严格管理控制排污现象，制定合理的用水价格，进而优化水资源的有效配置，合理利用水资源，促进城市水资源可持续利用的良性循环。

城市群水资源的优化配置，涉及区域地理环境范围内的众多城市，各城市的自然环境禀赋不同，具有明显的空间差异性，必须综合考虑水资源空间分布不均的现状及经济发展水平存在的差距，构建多目标优化配置模型并实现问题求解。已有研究文献所构建的区域水资源多目标模型，充分考虑研究对象的经济效益、社会效益和环境效益，模型的侧重点聚焦在区域水资源的可持续利用和规划管理上（吕素冰等，2016；Ghisellini P. et al.2016），能够有效解决多水源、多用户、多目标、多约束的水资源优化配置问题；也有的研究以三大效益中的社会效益和经济效益最大为目标，结合满足目标函数的各类约束条件，构建水资源优化配置模型（Pantelitsa Loizia， et al. 2019），目的在于实现区域水资源的环境经济协调发展，最大限度地开发利用水资源，促进区域经济的高质量发展（Makara A. et al.2016）。

根据京津冀城市群各种生产用水的投入产出数值来构建各类单目标或多目标回用水经济最优模型，利用现代智能算法 NSGA-Ⅱ对模型进行求解，以 Pareto 最优解集为基础进行回用水量来确定最优配水方案，基于 GIS 技术，采用空间分析方法实现空间上的优化配置可视化分析。

4.4.1 NSGA-Ⅱ在水资源优化配置中的应用

目前，NSGA-Ⅱ算法在水资源优化配置中得到广泛应用，沙金霞（2018）针对水资源求解多目标优化问题的方法存在的不足，在基本 NSGA-Ⅱ法的基础上，通过自适应动态调整方法对交叉率和变异率进行了改进，同时以社会效益和经济效益最大为目标，结合满足目标函数的各类约束条件，建立了邢台市水资源优化配置模型，将改进后的 NSGA-Ⅱ法应用于模型的求解，并与 NSGA 法和基本 NSGA-Ⅱ法求解结果进行了对比。结果表明，改进的 NSGA-Ⅱ法应用于求解多水源多用户多目标水资源优化配置可行，且能提高计算精度。原秀红（2017）在辽河流域水资源开采利用现状的基础上，采用优化处理技术和优化配置分区理论建立水资源优化配置模型。利用优化的 NSGA-Ⅱ方法对模型进行求解，探讨辽河流域在各领域的供水系统变化关系，并提出得到辽河流域在 2030 年的水资源综合管理配置的最佳分配方案。付强等（2017）基于多目标非支配排序遗传算法原理，建立佳木斯地区农业多水源灌溉系统多目标供水优化配置模型。运用非支配排序遗传算法求解，结果表明，模型可达到经济目标较大时环境目标较小效果。李承红等（2016）针对克拉玛依市白杨河流域水资源供需矛盾，基于目标遗传算法原理与水资源可持续发展理论，将遗传算法、多目标优化问题和Pareto非劣解集理论相结合，建立克拉玛依市水资源多目标优化配置模型。结果表明，通过NSGA-II遗传算法的计算，达到经济效益最大化，并且缺水量最小，具有较好的优化效果，结果合理可靠，可为克拉玛依未来城市规划和发展提供依据。李琳等（2015）以经济效益、社会效益和环境效益为目标函数建立了区域水资源优化模型，并应用改进的NSGA-II算法对不同规划水平年的水资源预测值进行优化配置，提出了采用配水系数进行染色体编码，并通过归一化处理使遗传个体满足水源供水量要求。结果表明，该模型和优化方法具有较强的适应性，有效解决了多水源、多用户、多目标、多约束的水资源优化配置问题，优化结果可作为区域水资源可持续利用和规划管理的决策依据。徐瑾等（2015）以城市水循环系统中的不确定性因素为主要研究对象，构建了城市水循环系统不确定规划模型，并利用改进型非支配排序遗传算法(NSGA-II)对该模型进行求解，以期提高我国城市水资源的开发利用效率。高雅玉等（2014）根据马莲河流域水资源总量极端贫乏、年际年内分配不均、常规水资源量低、水污染问题较严重等特点，利用系统分析理论和优化技术建立了流域的大系统、多目标水资源优化配置模型，并利用优化的NSGA-II方法进行求解，得到流域2020年期望水资源配置下的最佳分配方案。配置方案实现了流域内水资源的最佳分配，使宝贵、有限的水资源产生最大的社会、经济及环境效益，为流域经济、能源产业的快速发展提供水资源保障。刘士明等（2013）为缓解水资源短缺问题，以浐灞河流域为例，利用NSGA-II优化方法求解该地区水资源多目标优化配置模型，研究了该方法在水资源优化配置模型求解中的适用性。结果表明：该方法得到的水资源优化配置结果合理、可行。吴英杰等（2010）应用NSGA-II算法对锡林浩特市多水源工业供水进行多目标优化配置，设置了经济效益、社会效益和环境效益三个目标函数。通过计算得出一组各水源针对不同工业用户供水量分配的Pareto解集合。此方法处理多目标优化问题具有效率高、计算准确以及使用简便等特点，对于区域水资源优化配置具有较强的实用性。

4.4.2 多目标优化问题的 Pareto 最优解集

城市水资源的优化配置涉及因素多、用户多、水源多、目标多等诸多难点，是一个结构复杂的大系统，具有多目标、多层次、多要求、非线性等特点，传统的方法已经不能很好地解决大系统多目标的问题。

在大多数情况下，各个目标函数间可能是冲突的，这就使得多目标优化问题不存在唯一的全局最优解，使所有目标函数同时最优。但是，可以存在这样的解：对一个或几个目标函数不可能进一步优化，而对其他目标函数不至于劣化，这样的解称之为非劣最优解 (Pareto optimal).

线性加权法是根据权重系数将多目标问题转换为单目标问题而求解的优化方

法，该方法需要先对决策变量设定初始值，然后计算输出一组优化结果，所以不同的决策变量初始值将会直接影响模型优化结果，其结果也可能是目标函数的弱有效解而非 pareto 解。

由于多目标优化问题不存在唯一的全局最优解，所以求解多目标优化问题实际上就是要寻找一个解的集合 (Pareto 最优解集)。传统的多目标优化方法是将多目标问题通过加权求和转化为单目标问题来处理的，进化计算由于其是一种基于种群操作的计算技术，可以隐并行地搜索解空间中的多个解，并能利用不同解之间的相似性来提高其并发求解的效率，因此进化计算比较适合求解多目标优化问题。

由所有非劣最优解组成的集合称为多目标优化问题的最优解集 (Pareto optimal set)，也称为可接受解集或有效解集。相应非劣最优解的目标向量称为非支配目标向量 (non-dominator)，由所有非支配的目标向量构成多目标问题的非劣最优目标域 (Pareto front)。

1. 多目标优化及 pareto 最优解问题可描述如下：

$$\min \left[f1(x)，f2(x)，\cdots，fm(x) \right]$$

$$s \cdot t$$

$$lb \leq x \leq ub$$

$$Aeq \times x = beq$$

$$A \times x \leq b(1)$$

其中：

fi(x) 为待优化的目标函数 ;x 为待优化的变量 ;lb 和 ub 分别为变量 x 的下限和上限的约束；

Aeq × x = beq 为变量的线性等式约束；

A × x ≤ b 为变量的线性不等式约束。

Kalyanmoy Deb 带精英策略的快速非支配排序遗传算法 (nondominated sorting genetic algorithm Ⅱ，NSGA — Ⅱ) 是运用最为广泛最成功的一种。

2. 城市污水回用的多目标概念模型

水资源优化配置的一般模型为

$$Z = \max\{ f1(x)，f2(x) \}$$

$$G(x) \leq 0$$

$$x \geq 0$$

式中 :f1(x)，f2(x) 为经济目标、社会目标。G(x) 为约束条件 ;x 为决策变量。

水资源的开发利用通常以经济效益最优为唯一目标，但实际上水资源的开发利用会受到多种因素条件的制约，为综合协调这些因素的相互影响，在规划模型中就需要构建多目标函数并对其进行求解，属于多目标优化问题。由于城市水循环系统的复杂性，目标函数的解一般为多维向量，且各目标函数之间往往难于直接比较。非支配排序遗传算法 (NSGA) 及其改进型算法 (NSGA-Ⅱ) 的提出为求解这类不确定规划 (多目标规划) 模型提供了新的方法。非支配排序遗传算法 (NSGA) 由 Srinvas 和 Deb 于 1995 年提出，这是一种基于 Pareto 最优概念的遗传算法，是众多多目标优化遗传算法中体现 Goldberg 思想最直接的方法。实践证明，NSGA-Ⅱ 多目标优化算法具有全局搜索性、大规模处理、较高的通用性、并行性以及一次可以得到多个 Pareto 最优解等特性，并且避免了早熟收敛。

4.4.3 城市水资源的多目标优化分析

城市群水循环系统的不确定规划模型为多目标优化问题，其目标不是追求单一的经济效益最好，而应追求经济、社会、环境的综合效益最大，并力求保持系统的良性发展。为此，将城市群划分为 J 个用水区域，用水区域 j= 1，2，3，…，J；各用水区域内的水资源用途分为 K 类，用途 k = 1，2，3，…，K。以 j 用水区域分配得到 k 用途的水量 x_{jk} 作为决策变量，则决策变量为：

$$X = \begin{pmatrix} x_{11} & K & x_{1k} \\ M & O & M \\ x_{J1} & L & x_{jk} \end{pmatrix} \tag{5}$$

目标函数 f1(X)：表示经济效益，以污水回用效益最大表示：

$$\max f_1(x) = \max \sum_{j=1}^{J} \sum_{k=1}^{4} (b_{jk} - c_{jk}) x_{jk} \tag{6}$$

式中：x_{jk} 为向用户 j 分配的 k 用途的水量（m³），在此包括第一产业、第二产业、第三产业、生态环境回用量；b_{jk} 为效益系数（元 /m³）；c_{jk} 为费用系数（元 /m³）；

目标函数 f2(X)：表示社会效益最大，以回用水水量最大表示：

$$\max f_2(x) = \max \sum_{j=1}^{J} \sum_{k=1}^{4} x_{jk} \tag{7}$$

可以从城市第一产业、第二产业、第三产业、生态环境的污水回用量进行分析。

约束条件 1：k 用途的可供水量约束。

$$\sum_{j=1}^{J} \sum_{k=1}^{4} x_{jk} \leqslant W \tag{8}$$

式中，W 为 k 用途的可回用水总量，由城市排放的污水总量来确定。

约束条件 2：决策变量非负约束。

$$x_{jk} \geq 0$$

该模型的特点：

1）多目标：模型中包含环境经济效益最优的目标，经济和社会等目标均求极大值，各目标之间相互矛盾、相互竞争，通过模型可得到相应的水资源分配方案。

2）不确定性：考虑城市各用水区域回用水量的不确定性，回用水水价不确定性，建模时仅用阈值对模型参数进行约束。

3）系统复杂：决策变量之间相互关联。模型中存在多用水区域、多用途用水，不仅模型规模比较大，而且决策变量多关联、多约束。

4.4.4 NSGA-Ⅱ算法的运行过程

在 MATLAB 开发环境下构建 NSGA-Ⅱ算法代码，在命令行通过运行 NSGA-Ⅱ算法，可以计算得到规划模型的 Pareto 解集。由 Pareto 解集原理可知，NSGA-Ⅱ算法的解为多个可行解的集合，即算法只需运行一次即可得到多组决策变量备选方案，可根据规划的不同要求和城市的具体情况对方案进行优选，NSGA-Ⅱ算法流程图见图 4-1。

NSGA-Ⅱ算法的运行步骤：

① 编码；② 适应度；③非支配排序方法相关处理；④采用二元锦标赛方法进行个体选择；⑤交叉，即 NSGA-Ⅱ算法每次从交配池随机选择两个父代个体 x1 和 x2，采用模拟二进制交叉算子，产生两个子代个体 y1 和 y2；⑥变异。

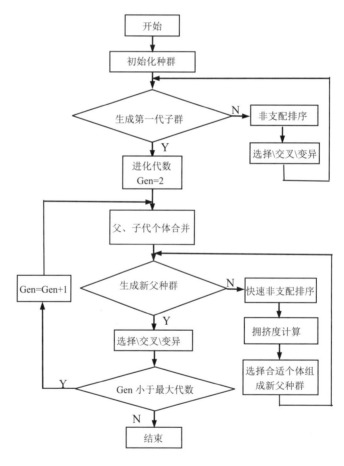

图 4-1 NSGA-Ⅱ算法流程图

4.5 京津冀城市群回用水多目标优化分析

4.5.1 多目标模型参数

在多目标优化分析建模中，以回用水的经济效益最大为第一目标，同时以水资源的回用量最大为第二目标。模型中的可回用水量为各城市污水排放量，单位回用水的经济效益由京津冀统计年鉴数据计算可得，原始数据见表4-4；第一产业、第二产业、第三产业及生态环境用水为污水回用的主要对象，优化后的各产业污水回用量及生态环境用水量将由模型求解而得。

表 4-4 产业增加值及用水量的关系

城市	第一产业增加值（亿元）	第二产业增加值（亿元）	第三产业增加值（亿元）	工业用水量（亿 m³）	农业用水量（亿 m³）	服务业用水量（亿 m³）
北京	129.6	4774.4	19995.3	3.8	6	1.337
天津	220.22	8003.87	9661.3	5.5	12.049	1.255
石家庄	480.9	2638	2738.9	1.2605	3.9799	0.7751
唐山	599	3411.2	2296	1.5499	5.2308	1.1772
秦皇岛	195.94	461.62	681.98	0.6758	2.0812	0.3235
邯郸	417.2	1576.4	1343.5	0.6351	0.1457	0.1895
邢台	269.7	904.9	780.2	0.257	0.1972	0.035
保定	367.5	1543.5	1199.4	0.5428	0.3406	0.204
张家口	266.02	543.17	651.86	0.7066	1.7891	0.1112
承德	237.8	654.1	541	0.4034	0.1588	0.1503
沧州	308.6	1748.7	1476.1	0.223	0.1286	0.1648
廊坊	198.3	1192.7	1315.3	0.2753	0.8814	0.2639
衡水	184.3	662.9	566.2	0.4048	0.1	0.1474

4.5.2 多目标优化配置结果

在京津冀城市群回用水多目标优化分析中，由于13个城市目前仍以行政区域实施水资源的管理调控，所以分别建立每个城市的多目标优化分配模型，目标函数为：

$$\max f_1(x) = \max \sum_{k=1}^{4} b_{jk} x_{jk} \tag{9}$$

式中：X_{jk}为 j 城市分配的 k 用途的水量（m^3），k 用途分别为第一产业、第二产业、第三产业和生态环境用水；b_{jk}为 j 城市 k 用途水的效益系数（元 /m^3），由表 1 数据计算获取，生态环境效益系数以 1.5 元 /m^3 计算，费用系数暂不考虑。

目标函数 $f_2(x)$：以回用水水量最大表示：

$$\max f_2(x) = \max \sum_{k=1}^{4} x_{jk} \tag{10}$$

约束条件1：各种用途可回用水总量约束。

$$\sum_{k=1}^{4} x_{jk} \leqslant W \tag{11}$$

W 为各城市的可回用污水总量。

约束条件3：第一产业回用水量不小于第二产业。

$$x_{j1} \geq x_{j2}$$

约束条件4：第一产业回用水量不小于第三产业。

$$x_{j1} \geq x_{j3}$$

约束条件5：生态环境回用水量不小于第一产业。

$$x_{j4} \geq x_{j1}$$

约束条件6：决策变量非负约束。

$$x_{jk} \geq 0$$

依据模拟多目标模型，在 MATLAB 环境下构建模型的 M 函数，输入模型应用参数，运行后得出京津冀各城市污水回用的 Pareto 最优解集（见图 4-2）。依据模型分析结果，在多个最优结果中，按照污水回用量最大、回用水的经济效益最大选择最优满意度指标值，结果见表 4-5。表中的 X1、X2、X3、X4 分别表示第一产业回用量、第二产业回用量、第三产业回用量、生态环境回用量。

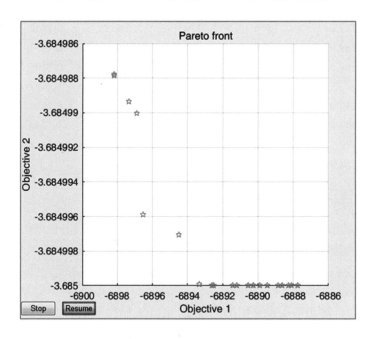

图 4-2 Pareto 最优解集软件求解过程

表 4-5 各产业污水回用的 Pareto 最优解

城市	X1	X2	X3	X4
北京	4.915	0.607	4.911	4.924
天津	2.773	0.861	2.772	2.774
石家庄	1.213	0.454	1.211	1.230
唐山	0.546	0.546	0.537	0.547
秦皇岛	0.390	0.148	0.389	0.394
邯郸	0.391	0.311	0.383	0.390
邢台	0.122	0.006	0.122	0.122
保定	0.332	0.233	0.325	0.351
张家口	0.218	0.024	0.218	0.219
承德	0.165	0.005	0.165	0.165
沧州	0.108	0.106	0.107	0.108
廊坊	0.081	0.081	0.072	0.082
衡水	0.106	0.049	0.105	0.107

4.5.3 城市水资源的空间优化分析结果

依据优化分析结果，在 GIS 环境下，将京津冀城市群的回用量输入到数据库中，通过空间优化分析模块，实现各种回用量的空间数字化分析，运用等高线描述各种回用量的空间变化趋势，结合 GIS 的分级显示专题图制作方法，对京津冀城市群污水回用量的空间回用量进行可视化显示，根据空间分布图对污水回用量的特征进行分析。

1. 第一产业回用量空间分析

依据京津冀城市群 NSGA-Ⅱ污水回用优化分析结果，采用 GIS 空间分析方法，对第一产业回用水进行空间分析，采用等高线对空间分布的趋势进行描述，见图 4-3 中的（1），运用分级评价法，对回用量的空间分布特征进行分析，见图 4-3 中的（2）。

第一产业回用量北京的数值最高，一方面源于北京可用污水量数额巨大，另一方面说明北京的农业产值很高，单位用水的经济效益明显，天津和石家庄属于同一水平，回用水量明显高于河北其他城市，在河北除石家庄外的城市中，第一产业回用量属于同一水平，因此，京津冀城市群第一产业的回用量可分为三大类。为了推行第一产业回用水的有效实施，目前最大的问题就是空间上输水管网的可达性，而构建从污水处理厂到农业生产基地的水网，最大的困难在于资金的支持。由于投资的效益不明显且周期较长，目前在输水管网建设方面比较缓慢。随着城市的不断扩展及人口经济的增长，污水回用量呈逐年上升趋势，因此，管网建设应由管理部门进行统一规划并实施，促进污水回用的良性发展。

 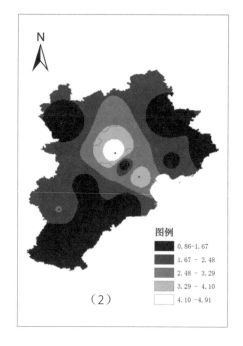

图例
—— 等高线

（1）

图例
0.86-1.67
1.67－2.48
2.48－3.29
3.29－4.10
4.10－4.91

（2）

图 4-3 第一产业污水回用量等高线及空间分级图

2. 第二产业回用水水价空间分析

依据京津冀城市群 NSGA-Ⅱ 污水回用优化分析结果，采用 GIS 空间分析方法，对第二产业回用水进行空间分析，采用等高线对空间分布的趋势进行描述，见图 4-4 中的（1），运用分级评价法，对回用量的空间分布特征进行分析，见图 4-4 中的（2）。

第二产业回用量以北京天津为一类，作为京津冀城市群的两核，城市污水排放量巨大，可回用量也排在京津冀城市群的首位，由于两城市工业生产产值较高，优化分析中的回用量占比也较高，河北省的所有城市中，石家庄、邯郸和唐山属于同一类别，这说明这三个城市的工业生产产值比较高，经济发展对城市污水的消耗具有促进作用，对于以上这些城市，工业生产处于良性发展之中，必须采取措施确保生产循环用水的顺利实施，促进循环经济的快速发展，使城市的发展水平不断提升，降低水资源短缺的压力。而对于河北省第二产业回用水最低的一类城市，首先要提高城市工业生产水平，在城市污水排放量总体较小的基础上，不断调整产业结构，降低新鲜水的需求量，增加回用水的使用量。

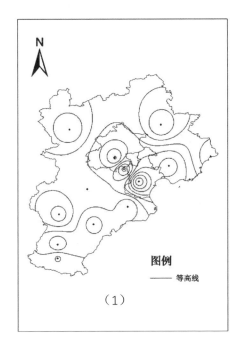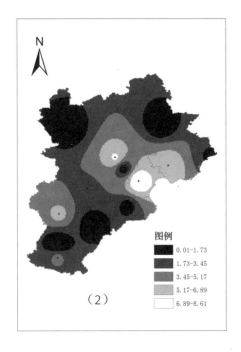

图例
—— 等高线

（1）

图例
0.01-1.73
1.73-3.45
3.45-5.17
5.17-6.89
6.89-8.61

（2）

图 4-4 第二产业污水回用量等高线及空间分级图

3．第三产业回用水水价空间分析

依据京津冀城市群 NSGA-Ⅱ污水回用优化分析结果，采用 GIS 空间分析方法，对第三产业回用水进行空间分析，采用等高线对空间分布的趋势进行描述，见图 4-5 中的（1），运用分级评价法，对回用量的空间分布特征进行分析，见图 4-5 中的（2）。

对于第三产业回用水，北京可回用污水量的数额巨大，而且第三产业的 GDP 产值较高，在回用污水的优化分析中，回用量排在首位，而天津和石家庄位列第二，这说明这两个城市的第三产业水平比较接近，如果考虑天津污水量大于石家庄很多这一现实，应该什么石家庄的第三产业较天津更发达，因此，第三产业的污水回用，在空间上仍以北京、天津和石家庄为核心，三城市在第三产业上的快速发展，对水资源的需求也将不断扩大，因此，应在三城市加大循环经济发展的力度，促进第三产业的水资源循环利用。对于河北省除石家庄外的其他城市，第三产业回用水量相差不多，这与城市本身的经济发展水平相关，应在提升城市快速发展水平的过程中，及早考虑第三产业的回用水问题，为城市未来的可持续发展创造条件。

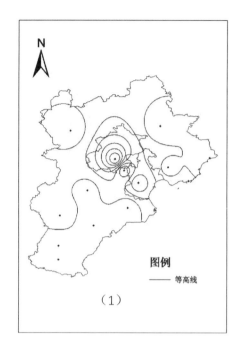
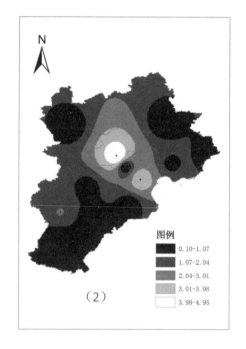

图 4-5 第三产业污水回用量等高线及空间分级图

4．生态环境回用水水价空间分析

依据京津冀城市群 NSGA-Ⅱ污水回用优化分析结果，采用 GIS 空间分析方法，对生态环境回用水进行空间分析，采用等高线对空间分布的趋势进行描述，见图 4-6 中的（1），运用分级评价法，对回用量的空间分布特征进行分析，见图 4-6 中的（2）。

依据模拟分析的约束，京津冀城市群可回用污水的一半量用于补充地下水或用于环境生态用水，根据模拟分析结果，京津城市的生态补偿回用量占据首位，这与京津的污水处理量大有关系，石家庄的污水回用于生态环境的量并不大，除石家庄外的城市污水回用率很小，也就是说，处理污水排放到生态环境中，补充地下水是污水回用的重要方式，但实施的难点在于这部分回用量并未给污水处理企业带来经济效益，必须有政府部门进行环境监督，同时采取经济补偿措施，促进企业积极实施污水处理。

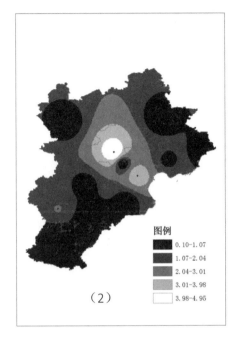

图例
等高线

（1）

图例
0.10—1.07
1.07—2.04
2.04—3.01
3.01—3.98
3.98—4.95

（2）

图 4-6 生态环境污水回用量等高线及空间分级图

4.5.4 讨论

为了解决淡水资源枯竭和水质恶化问题，再生水、微咸水和雨水等已成为一种新的水资源开发利用方式，为农业灌溉提供了可靠且稳定的补充水源，因此，本研究将第一产业作为城市群回用水的主要对象，可以实现农业生产的开源节流，而张倩等在重庆市水资源可持续利用分析中，更加明确地指出第一产业和第二产业是用水量的主要回用对象，为了实现水资源的可持续开发利用，应加大对重庆市生活污水的处理率，将发展重心移至第三产业（张倩等，2019），这对未来不断提高污水回用提供了正确导向。

区域社会经济的高质量发展，离不开水资源的高效利用，而生产用水量和生活用水量的时空差异已成为研判水资源管理调控的关键因子，本研究中将污水回用对象分为两大类，产业回用水和生态环境回用水，产业用水的第一产业需水主要形式为农业灌溉，第二产业需水为工业生产用水，第三产业则侧重服务业和建筑业用水。目前许多研究在用水量时空差异分析中，均以生产用水和生活用水为核心（张陈俊等，2019），与本研究所考虑的用水对象相一致。

为了进一步确定用水总量的时空差异，张陈俊等在长江经济带用水量时空差异的驱动效应研究中，采用 LMDI(Logarithmic Mean Divisia Index) 方法，将驱动因子分解为生产强度效应、产业结构效应、经济规模效应、生活强度效应和人口规模效应，认为农业、工业经济增长都促进了用水总量增加，倡议继续降低产业用水

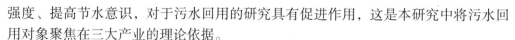

强度、提高节水意识，对于污水回用的研究具有促进作用，这是本研究中将污水回用对象聚焦在三大产业的理论依据。

在确定污水回用多目标优化模型时，目标的确定是回用量优化配置的依据（Generowicz A. et al. 2015），本研究以回用水的经济效益最大化为目标，与黄河流域农业系统水资源价值分析的观点比较接近，农业系统水资源价值空间变化的主要影响因素为 GDP、海拔、用水量，提高价值引导水资源分配，研究结果认为增加流域中下游农业用水有助于提高流域整体水资源农业生产效益，对于城市群而言，本研究所提出的污水回用最大化目标对于促进经济发展同样具有重要价值。朱薇等在哈萨克斯坦水资源利用与经济社会发展的匹配关系中提出，不同部门用水量与 GDP 匹配度的波动变化大于其与人口的匹配度，水资源利用总量与人口的匹配水平空间相关性不显著，与 GDP 的匹配水平空间相关性较显著，这也是本研究中对回用水优化配置的出发点，回用水的经济效益是模型构建的关键，只有以经济效益为目标的分配才具有可实施性。

NSGA-Ⅱ方法在解决多目标优化配置问题时具有非常高的精度，通过 NSGA-Ⅱ遗传算法的计算，达到经济效益最大化，并且缺水量最小，具有较好的优化效果。模型结果由 Pareto 非劣解集组成，研究时可依据多目标的具体数值要求，从中进行最优结果的筛选（王帝文等，2019），而水资源优化配置模型是一个结构复杂的综合系统，传统的优化方法难以求得模型的全局最优解，采用 NSGA-Ⅱ方法得到的水资源优化配置结果合理可行。本研究模拟可得出污水回用的最大经济效益（MAX，10^8 元），而模拟分析得出的污水回用总量（TOT 模拟值，10^8 m³），其模拟数据值和"可回用水量"列的原始污水总量非常接近，数据误差极小（见表 4-6 的误差值）。

表 4-6 污水回用的最大经济效益值及模拟结果

城市	MAX	可回用水量	TOT 模拟值	误差值
北京	74303.03	15.356	15.357	8×10^{-4}
天津	22656.06	9.18	9.181	9.7×10^{-4}
石家庄	5374.874	4.107	4.107	2.2×10^{-4}
唐山	2312.654	2.175	2.176	7.8×10^{-4}
秦皇岛	958.6843	1.319	1.32	1×10^{-3}
邯郸	4603.245	1.475	1.476	9.9×10^{-4}
邢台	2914.461	0.373	0.373	-1.9×10^{-4}
保定	2933.755	1.241	1.242	1×10^{-3}
张家口	1329.327	0.678	0.679	1×10^{-4}
承德	846.738	0.499	0.499	1×10^{-4}
沧州	2055.451	0.429	0.43	1×10^{-4}
廊坊	726.54	0.316	0.316	1×10^{-4}
衡水	680.574	0.368	0.368	-2.9×10^{-4}

吕素冰等（2016）认为城市化发展与水资源利用存在较强的联动关系，研究得出中原城市群城市化水平与工业和生活用水量均呈显著对数增长关系，与单方水GDP呈显著线性增长关系，这是研究污水回用的重要依据，本研究在确定构建经济最优目标时，同样采用各产业的单方水GDP作为配置依据，利于实现污水资源化，减小水资源对城市化发展的制约。

4.6 小结

在经济社会系统中，循环经济的水资源利用思想被世界各国普遍认同并在实践中加以推广，水资源的类型也从传统的新鲜水水资源扩充到雨水、处理后的污水（也称为再生水）等各种可以回收利用的水资源；在进行水资源的投入产出分析时，将获取、处理和消耗水资源的过程看作一个完整的生产系统，在系统内部，新鲜水从供水部门以水源的方式持续进入经济社会各部门，水资源部门主要负责取水及向生产和消费供水，生产部门则向其他部门提供产品和服务；同时对生产过程中排放的污水进行处理和回用，回用水回到水资源部门待分配，其余处理污水排入水体回到水文循环。另一方面，从区域间水资源流动情况来看，把研究区以外的区域看作外部区域，外部区域同样存在着与内部区域相同的水资源投入产出过程。区域间通过水资源的调入调出以及最终产品的进出口建立相互联系，最终产品出口主要用于其他区域的生产和直接消费，区域水源间的水量交换则反映了跨区域的水资源配置情况。因此，循环经济发展模式将影响各个产业部门对新鲜水资源的直接消耗，同时，企业内部的水资源循环利用、企业之间的再生水回用都将对区域水资源的合理利用及优化分配产生影响。

依据循环经济的三R原则，首先对城市水资源实施减量化，重点放在直接用水系数高的行业上，研究表明，第一产业的直接用水系数远远高于二、三产业，因此，节水的重点应侧重农业生产，积极推广农业节水技术，同时对农业用水实施再循环，结合农业面源污染防治技术，提高循环用水的水质；由于第三产业直接用水量非常小，所有城市都在大力发展第三产业，这对缓解城市水资源的紧张压力非常有效，但必须注意三产中的住宿和餐饮业直接用水及间接用水量都较大，在产业行业用水量位置靠前，这样的行业应加强再循环，尤其是洗浴行业，应在企业或产业集聚区域进行膜处理，直接将处理水用于再循环的过程中；对于第二产业，直接用水系数和间接用水系数都位于第一产业和第三产业的中间位置，由于排放水污染物成分复杂，处理难度较大，应推广污水集中处理的方法，采用集中处理的理念，对于第二产业整体而言，应逐渐淘汰直接用水系数高的企业，鼓励支持低完全用水系数行业的发展，逐步降低高完全用水系数行业所占比重。

由于产品的生产过程需通过大量的中间投入来进行，而中间投入产品的生产也需要消耗水资源，因此，生产企业对水资源的需求不仅仅依靠直接用水，间接用水也应在产品的生命周期中加以考虑，分析指标依靠完全用水系数来进行量化分析。根据各行业完全用水系数，可测定隐蔽耗水量大的行业并进行产业结构调整，对中间投入产品进行外购，减少本地的需求量，缓解城市水资源的压力。在缺水城市重点发展直接用水系数和完全用水系数双低的工业，逐步降低高直接用水系数的行业在产业中的比重，对完全用水系数高的行业进行严格监控，鼓励企业从富水地区或国外购置中间投入产品，降低本地水资源的消耗，同时鼓励企业进行绿色生产，提高产品部件的回用率。从国内现状来看，应加快电子、仪表业直接用水强度、完全用水强度都相对较小的企业快速发展；降低化学工业、食品制造及烟草加工工业和纺织、服装业用水强度较大的行业在工业中的比重。

利用投入产出模型对区域经济系统内部水的迁移特征进行分析，采用直接或完全用水系数部门用水特性进行分析判别，确定高用水产业并对其生产规模及原材料进行调整，可以满足制定企业水资源循环经济发展的需要。由于产业关联分析常用直接用水系数和完全用水系数作为判断指标，并未与行业的最终需求建立联系，分析计算数据依据中间投入过程的矩阵表，不可能完全反映各产业部门之间的用水关联，即使采用 Leontief 逆矩阵获取的完全用水系数，虽然对生产部门的最终需求进行了全面考虑，但对不同产业生产过程中水资源需求的相关关系未能进行剖析，以其作为产业结构调整的依据仍需进行深入研究。

根据城市水资源的投入产出分析，可以确定单位水资源的 GDP 增加值，这也是构建污水回用经济效益最大的重要参数，依据污水回用量最大化和回用产生的经济效益最大构建城市污水回用多目标分配模型，利用现代智能算法 NSGA-II 实现了模型的分析求解，在 MATLAB 环境下获得了 Pareto 最优解集，模拟分析结果的回用污水总量和实际值差距微小，说明模拟算法可行且精度较高。

依据 Pareto 最优解集，优选出京津冀城市群污水回用最优分配方案。将污水回用分配数据与京津冀城市群建立关联，对各种回用水量的空间分布特征进行分析，结果表明：第一产业回用量北京的数值最高，天津和石家庄属于同一水平，在河北除石家庄外的城市中，第一产业回用量属于同一水平；第二产业回用量以北京天津为一类，作为京津冀城市群的两核，城市污水排放量巨大，可回用量也排在京津冀城市群的首位；对于第三产业回用水，北京可回用污水量的数额巨大，而且第三产业的 GDP 产值较高，在回用污水的优化分析中，回用量排在首位，而天津和石家庄位列第二；京津城市的生态补偿回用水量占据首位，这与京津的污水处理量大有关，而石家庄回用于生态环境的回用量并不大，除石家庄外的城市污水回用量均很小。

运用 GIS 的空间分析功能，对京津冀城市群污水回用的空间现状进行分析，确定城市群污水回用的空间量化关系，对促进空间优化结果的实施提出建议，以经济效益为核心，以未来城市的发展趋势为目标，提出未来社会经济发展态势下污水资源化的管理设想及应对措施。但在多目标优化分析中，对污水处理厂的运行费用及管网建设投资未加考虑，导致污水回用的经济效益数值偏大，但并不影响污水回用收益的大方向，政府管理部门应针对污水处理厂的实际运行状况，采取经济补偿或减免税收等手段促进污水处理率不断提高。

【参考文献】

[1] 汪党献，王浩，倪红珍等．国民经济行业用水特性分析与评价 [J].水利学报，2005，36(2):167-173.

[2] 严婷婷，贾邵风．水资源投入产出模型综述 [J].水利经济，2009，27(1):8-13.

[3] 王文静，石培基，马忠．基于区域投入产出模型的甘肃省水资源状况分析 [J].水土保持通报，2012，32(6): 296-300.

[4] 张宏伟，和夏冰，王媛．基于投入产出法的中国行业水资源消耗分析 [J].资源科学，2011，33（7）：1218-1224.

[5] 谭圣林,刘祖发,熊育久等．基于多区域投入产出法的广东省水足迹研究 [J].生态环境学报 2013， 22(9): 1564-1570.

[6] 李志敏，廖虎昌．中国 31 省市 2010 年水资源投入产出分析 [J].资源科学，2012，34（12）：2274-2281.

[7] 马忠，李丹，王康．张掖市水资源实物型投入产出表的编制应用 [J].中国沙漠，2014,34(1):284-290.

[8] 黄晓荣，汪党献，裴源生．宁夏国民经济用水投入产出分析 [J].资源科学，2005，27(3)：135-139.

[9] Wang Z Y，Huang K，Yang S S，et al. An input output approach to evaluate the water footprint and virtual water trade of Beijing，China[J]. Journal of Cleaner Production，2013，42: 172 – 179.

[10] 汪党献，王浩，倪红珍等．水资源与环境经济协调发展模型及其应用研究 [M].中国水利水电出版社，2011.

[11] 天津市统计局编．天津统计年鉴 [Z].北京：中国统计出版社，2014.

[12] 刘冠飞．基于投入产出模型的天津市虚拟水贸易分析 [D].天津大学,2009: 42-49.

[13] 谢丛丛，张海涛，李彦彬．我国高用水工业行业的界定与划分 [J].水利水电技术,2015: 46(3):7-11.

[14]Srinivas N, Deb K. Multibojective function optimization using non-dominated sorting genetic algorithms[J]. Evolutionary Computation,1995,2(3):221- 248.

[15] 邓光耀，韩君，张忠杰．中国各省水资源利用效率的测算及回弹效应研究 [J].软科学，2017, 31(01): 15-19.

[16] 吕素冰，马钰其，冶金祥，等．中原城市群城市化与水资源利用量化关系研究 [J].灌溉排水学报，2016, 35(11): 7-12.

[17] Ghisellini P, Cialani C, Ulgiati S. A review on circular economy: the expected transition to a balanced interplay of environmental and economic system[J]. Journal of Cleaner Production, 2016, 114:11–32.

[18] Pantelitsa Loizia, Niki Neofytou, Antonis A. Zorpas. The concept of circular economy strategy in food waste management for the optimization of energy production through anaerobic digestion[J]. Environmental Science and Pollution Research, 2019, 26: 14766–14773.

[19] Makara A, Smol, Kulczycka J, Kowalski Z. Technological, environmental and economic assessment of sodium tripolyphosphate production–a case study[J]. Journal of Cleaner Production,2016, 133:243–251.

[20] 沙金霞 . 改进的 NSGA- Ⅱ法在邢台市水资源优化配置中的应用 [J]. 水电能源科学 ,2018,36(05):21-25.

[21] 原秀红 . 优化的 NSGA- Ⅱ方法在辽河流域水资源综合管理中的应用研究 [J]. 水利规划与设计 ,2017(12):24-27.

[22] 付强 , 鲁雪萍 , 李天霄 . 基于 NSGA- Ⅱ农业多水源复合系统多目标配置模型应用 [J]. 东北农业大学学报 ,2017,48(03):63-71.

[23] 李承红 , 何英 .NSGA- Ⅱ在克拉玛依市水资源优化配置应用初探 [J]. 地下水 ,2016,38(02):126-129.

[24] 李琳 , 吴鑫淼 , 郄志红 . 基于改进 NSGA- Ⅱ算法的水资源优化配置研究 [J]. 水电能源科学 ,2015,33(04):34-37.

[25] 徐瑾 , 钟炜 , 马啸雨 , 等 . 基于 NSGA- Ⅱ的城市水循环系统不确定规划研究 [J]. 中国给水排水 , 2015, 31(01): 72-76.

[26] 高雅玉 , 张新民 , 谭龙 . 优化的 NSGA- Ⅱ方法在马莲河流域水资源综合管理中的应用研究 [J]. 水文 ,2014,34(05):61-66+44.

[27] 刘士明 , 于丹 . 基于第二代非支配排序遗传算法 (NSGA- Ⅱ) 的水资源优化配置 [J]. 水资源与水工程学报 ,2013,24(05):185-188.

[28] 吴英杰 , 刘廷玺 , 刘晓民 . 基于 NSGA- Ⅱ算法的锡林浩特市多水源工业供水优化配置 [J]. 中国农村水利水电 ,2010(08):95-98.

[29] 朱薇 , 周宏飞 , 柴晨好 . 哈萨克斯坦水资源与人口、GDP 的时空匹配研究 [J]. 灌溉排水学报 , 2019, 38（12）: 101-108.

[30] 张倩 , 谢世友 . 基于水生态足迹模型的重庆市水资源可持续利用分析与评价 [J]. 灌溉排水学报 , 2019, 38(02): 93-100.

[31] 张陈俊 , 吴雨思 , 庞庆华 , 等 . 长江经济带用水量时空差异的驱动效应研究——基于生产和生活视角 [J]. 长江流域资源与环境 , 2019, 28(12): 2806-2816.

[32] Generowicz A, Henclik A, Kulczycka J, Kowalski Z. Evaluation of technology solutions for municipal waste incineration using LCA results and multi-criteria analysis[J]. Journal of environmental management, 2015, 3:169–180.

[33] 王帝文 , 李飞雪 , 陈东 . 基于 Pareto 最优和多目标粒子群的土地利用优化配置研究 [J]. 长江流域资源与环境 , 2019, 28(09): 2019-2029.

第 5 章　城市水资源空间多目标优化分析

　　城市是由多种因素共同构成一个相互影响、相互作用的复杂系统，其空间结构广泛应用于建筑行业和区域规划领域。城市空间结构是人类经济、社会、文化活动的空间形式和城市自然、生态、社会、经济要素的空间组合关系，是城市土地利用结构、产业结构、经济结构、社会结构和人口结构的空间分布格局，是城市发展历程演变和城市化过程在时空上的表现。城市空间结构可分为内部和外部两种形式，在学科研究中主要指内部空间结构（张若倩，2007）。城市空间结构是一个动态的演变过程，每个城市均存在不同的历史背景、地域环境、自然因素和社会特征，因此不同城市的空间结构既存在共性又表现出独特性，在时空上具有一定的继承性。为实现城市各功能区和谐统一，促进城市功能发挥最大效益，构建合理的城市空间结构成为学者研究的热点。目前城市内部结构布局日趋复杂，而合理有序的城市空间结构有利于促进城市社会环境、经济环境的协同发展，因此研究城市空间结构具有重要的理论意义和实践价值。

　　城市的发展会导致城市空间结构的改变，随着城市化的快速发展，城市人口和城市用地规模迅猛增长，城市地域范围扩大，城市空间结构演变更加明显。而城市空间结构研究能够揭示城市空间的演变规律和内在机制，有利于合理规划城市布局，协调城市各功能区的发展。因此，本研究从城市空间结构应用研究的现状出发，对城市空间结构的研究方法进行分析，对城市空间结构的外观模式及演变的研究趋势进行探究，提出已有相关研究中存在的不足之处，为未来我国城市空间结构的理论方法研究提供参考。

5.1 城市空间结构现状分析方法及趋势

5.1.1 GIS 技术应用

　　在城市空间结构应用研究中，由于其空间格局、时间序列演变数据繁多和所选取指标因子较多，因此使用 GIS 技术对研究工作非常重要。GIS 技术具有强大的数据处理、分析和展示功能，合理高效地利用 GIS 获取、制图和空间分析等功能为科学研究做支撑，广泛应用 GIS 技术以增加我国城市空间结构应用研究的科学性。叶强等（2012）利用 GIS 空间相关性分析方法和克里金插值方法，对长沙居住区与商业区的空间关系进行研究，结果表明二者既存在相关性也存在不匹配现象。吴必虎等（2012）利用 GIS 技术探讨我国历史文化名镇名村的空间分布规律，并揭示其形成的历史原因。王承云等（2012）利用 GIS 技术，分析长三角地区研发产业的现状、影响因子、空间格局和影响，并对今后该地区的发展提出建议。田朝晖（2012）以长沙市为例，利用元胞自动机 CA、遥感和 GIS 技术分析长沙都市区空间形态的特征和演化。这些研究都非常成功地采用 GIS 技术对城市空间结构进行了刻画分析，揭示了空间结构的影响因素及相关关系。

5.1.2 模型方法应用

数理统计方法在城市空间结构应用研究中应用比较广泛，主要有回归法、主成分分析法、空间自相关分析法和聚类分析法。张莉等 (2010) 采用回归分析法对长江三角洲各个地区生产总值进行预测，进而探讨"点—轴系统"在该地区的空间演化。伍世代等 (2011) 在测算城市工业化综合水平中采用的是客观性比较强的主成分分析法。王静等 (2011) 利用 Moran's I 指数和 Getis-Ord G*i 空间自相关方法分析新疆县域经济空间格局演化。王承云等（2012）采用聚类分析模型，依据长三角地区 16 座城市研发产业综合实力整体得分而进行聚类分析。

5.1.3 GIS 与模型的集成应用

目前在城市空间结构应用研究中，将数学模型和 GIS 集成进行城市空间结构的综合分析成为研究的热点。董冠鹏等（2011）利用特征价格模型、空间扩展模型和 GWR 模型研究北京城市居住用地价格影响因素在空间的异质性。周彬学等（2013）在 Lowry 模型的基础上研究北京市的城市空间结构。王坤等（2013）以长三角为例，将修正的 DEA 模型、空间计量模型和 ESDA-GIS 方法引用到旅游效率空间特征和溢出效应的研究中。WangKaiyong 等（2014）应用修正的重力模型和 GIS 技术研究中国四种城市群类型的特点，并进一步探究其空间演变机制。

分形理论是一种新理论，以自相似为核心，常用各种分形维数来研究和解决实际应用问题。分形方法在城市空间结构研究的应用，如赵萍等（2003）在绍兴市城镇体系空间结构特征和形态特征的研究中，利用分形方法探讨城镇体系演化。徐梦洁等（2011）为分析行政区划调整对城市群空间分布产生的影响，使用 GIS 计算长三角城市群 2000 年—2009 年城市群分形维数。WangShijun 等（2014）使用 GIS 和分形方法描述吉林市中心城市在不同层次中城市空间结构集聚和空间模型的特征，结果表明：虽然事实与经典中心地理论六边形模型不符，但仍有助于研究区域的空间结构。

5.2. 空间结构发展演变研究

5.2.1 城市空间结构动态演化分析

城市空间结构是在城市范围内各功能区地理位置和分布的空间组合关系，在短时期内这种组合关系是保持不变的，随着城市经济和社会发展，较长时期内这种关系将处于动态演变之中，我国城市目前处于迅速发展期，加速了城市空间结构的演变。

城市空间结构演变的研究主要有以下四个方面：其一，城市空间形态演变。柳泽（2010）通过对大庆市空间形态演变、特征及影响机制的探讨，得出初始、起步、扩张和聚集四个城市形态阶段的演变模式。秦志琴等（2012）指出辽宁沿海城市带20年（1990-2010年）空间结构演变过程分为点式扩张、点环扩张、点轴扩张和未来区域一体化4个阶段，最终向"点—轴"模式发展。LiuHailong等（2013）通过分析河西走廊从1987—2011年城市空间扩展特点，表明其扩展速率和强度呈现增加趋势，城市空间形态趋于简单，土地利用密集，在此基础上为合理的城市空间扩展提出相应措施。其二，城市人口空间分布演变。刘望保等（2010）分析广州市自改革开放以来人口在空间分布上表现出"高高集聚、低低集聚"的演化规律。高翔等（2010）通过对兰州市少数民族人口空间行为特征和动力机制的研究，得到在空间布局上来源地呈现"核心-边缘"结构而居住地则是"大杂居、小聚居"的地缘结构模式。其三，城市产业空间布局演变。王承云等（2012）指出长三角地区研发产业的空间格局由2000年单极空间模式演变为2007年多极分散的空间模式。吴建楠等（2013）研究南京市从1980-2010年生产性服务业的空间格局模式从单核心集聚到次一级中心集聚再向多核心集聚演变。其四，城市用地空间格局演变。熊黑钢等（2010）运用GIS技术分析1970—1993年乌鲁木齐城市用地时间上的演变、空间结构的改变和空间格局的演变规律。张晓平等（2013）以北京市20年城市发展历程为基础，得出办公用地投标租金在空间上表现出从中心向外围衰减规律，进而表明城区是由单中心向多中心演变。

5.2.2 城市空间结构演变的驱动机制分析

城市空间结构的形成是由多种驱动机制共同作用的结果，包括自然、历史、经济、政治和社会因素。其中自然和历史因素是基础，经济因素起主要作用，政治因素起导向作用，社会因素有不可忽视的内在作用。

空间结构的驱动机制对城市格局具有重要影响，魏冶等（2011）以煤炭工业城市阜新市为例，认为人口转移、铁路、资源开发阶段性、城市经济转型、生态环境和职业分化体制等因素促成了阜新独特的城市空间结构。黄孝艳（2012）通过对重庆市主城区城市用地扩展研究，指出影响重庆市城市扩展演变的因素分为内部和外部驱动因素，其中内在驱动因素有：自然和集聚扩散因子；外部驱动因素有：地方经济、交通、政府决策和社会文化因子。吴晓舜等（2013）研究辽西地区21个中心地，指出其空间结构形成机制主要为海洋切割作用、区域外部联系和宏观政策引导三方面。

空间结构的驱动机制对城市旅游景区的空间布局影响巨大，如毛小岗等（2011）分析北京市A级旅游景区在空间布局上呈现出"哑铃结构"，是由于受到资源驱动和市场驱动的影响。吴丽敏等（2013）认为江苏省A级旅游景区演化主要受到外生和内在动力的影响，其中外生动力包括经济、市场、政府调控力和交通四大驱动力，内在动力包括资源、品牌和科技三大驱动力。空间结构发展机制在城市经济、产业格局方面的应用，靳诚等（2009）指出影响江苏省区域经济格局演化的驱动力有历史发展基础、经济区位和区域发展政策三个方面。Zhang Xiaoping 等（2013）采用 GIS、核心密度评价和 Ripley 的 K 函数方法，研究北京高新技术产业的空间布局主要受高等教育机构和政府市场机制的影响。

5.3 空间结构模式研究

城市的发展不是杂乱无章的，是呈现一定的布局规律，城市内部的空间结构对城市规划具有重要意义。著名的城市空间结构模式有圈层模式、扇形模式和多核心模式，进入现代社会，城市功能不断丰富完善，逐渐演变为多种模式共存的现状。

5.3.1 同心圆结构

1925 年，美国芝加哥大学伯吉斯教授提出同心圆模式，指城市发展围绕中心向外扩展形成同心圆结构，这个传统的发展模式对于中国城市在居住、产业和经济等空间结构方面同样适用（见表 5-1），我国城市空间结构布局以圈层模式为主。

表 5-1 城市空间的圈层结构模式

作者	年份	方法	结论
王茂军等	2003	因子分析方法 多元回归方法	大连市居住环境：不规则的双核心四圈层结构模式
蒋芳等	2005	GIS 的 Kriging 插值法	北京市地价分布：圈层式结构模式
吴一洲等	2010	空间自相关分析； 空间密度分析	杭州写字楼：由中心向外梯度递减格局
伍世代等	2011	主成分分析法 探索性数据分析	海西城市群制造业：核心 -- 边缘圈层空间结构
王静等	2011	探索性数据分析法 Kriging 插值法	新疆经济热点区：以奎屯—克拉玛依—乌苏区域为核心的圈层结构

5.3.2 扇形模式

扇形模式的提出者美国土地经济学家霍伊特认为，城市发展从市中心向外沿主要交通干线延伸。交通体系在城市发展中发挥着不可估量的作用，高速铁路、城际轨道大大促进城市之间的联系。便利的交通体系影响着城市各功能区的布局和规划，进而促进城市空间结构的改变（见表 5-2）。

5.3.3 多核心模式

多核心模式理论认为在城市中除了有一个中心之外，随着城市规模和交通体系的快速发展，还会有次一级的中心存在，而且城市中的次中心会越来越多。为满足现实发展的需要，中国很多城市在今后发展会更倾向这种多核心的结构模式（见表5-3）。

表 5-2　城市空间的带状结构模式

作者	年份	方法	结论
熊剑平等	2006	聚类分析方法	武汉市住宅小区：放射扇面拓展空间结构
柳泽	2010	统计分析	大庆市：独特的"大院式"空间结构
刘辉等	2013	O-D 成本矩阵；引力模型	京津冀都市圈：由"多中心"向"带状"结构演变

表 5-3　城市空间的多核心结构模式

作者	年份	方法	结论
何丹等	2008	遥感	天津市空间布局：双中心组团式演化模式
廖邦固等	2008	聚类分析 地理形态分析法	上海城区居住空间结构：由组团加圈层向扇形、圈层和组团综合模式演变
王承云等	2012	聚类分析	长三角地区研发产业布局：由单级向多级演变
张晓平等	2013	地理加权回归模型	北京市城区空间格局：由单中心向多中心转变
吴建楠等	2013	空间点模式方法	南京市生产性服务业布局：由单核心向多核心集聚演变

5.3.4 其他模式

和谐的城市空间结构要求城市内各要素在空间布局和规划上能够相互补充相互促进，以实现城市和谐统一和可持续发展。随着城市发展，城市功能越来越丰富，在时空范畴内城市演变不再仅仅局限于某种固定的结构模式，因此城市空间结构组合模式将呈现出多样化和新颖化，这些新型的城市空间结构研究极大丰富了相关研究领域，不断扩充研究思路并提高解决问题的精确性（见表5-4）。

表 5-4　城市空间结构的其他模式

作者	年份	方法	结论
陈忠暖等	2008	统计分析方法	广东省城镇走廊："飞机"型结构模式
董青等	2010	引力模型 探索性数据分析	中国城市群体系："泊松分布"结构模式
武文杰等	2011	Kriging 插值法 投标租金曲线模型	北京住宅用地投标租金：波动、递增、递减和"U"型等多种组合形态
张宇硕等	2011	因子分析法 相关系数矩阵	兰州—西宁城县域经济："金字塔"型模式转变成"纺锤形"结构模式

5.4 城市空间结构研究的不足分析

5.4.1 研究对象侧重经济发达的大城市

我国现有城市空间结构应用研究中，主要以典型大城市和著名城市群为主。近年来学者致力于北京的研究主要有居民时空间行为的日间差异（申悦等，2013）和城市空间结构模拟（周彬学等，2013）。上海相关研究有中心城区居住空间结构（廖邦国等，2008）。大连市相关研究有以大连市为例的区域开发强度测算研究（王利等，2008）。南京市相关研究有住宅地价时空分异（任辉等，2011）。重庆作为中央直辖市，近年来发展迅猛，高校较多，各方面的学术科研逐渐增加，其中相关研究有城市空间扩展及驱动力（黄孝艳等，2012）和城市用地扩展（黄孝艳等，2012）；对长江三角洲地区的研究侧重城市体系模式（周光霞等，2013）和研发产业空间结构（王承云等，2012）。也有研究主要集中在某个省份，如新疆人口时空变化及空间结构（左永君等，2011）和陕西省城市化时空演变与资源环境的耦合（赵安周，2012）等。

从以上研究来看，有关城市空间结构的研究对象主要集中在一些经济发达的大城市，其区域的选择主要集中在我国经济发达的重要城市或城市群，这些城市高校比较集中，而其他城市相关研究则比较少，存在研究区域单一的问题。目前研究涉及的单个城市、城市群和省份比较独立，它们之间相互联系比较缺乏，而城市空间结构的形成往往经历从小城市向大城市的演变过程，忽略小城市的研究则不利于对城市空间结构演变的空间关联进行分析。

5.4.2 对城市空间格局的社会影响关注不够

国内关于城市空间结构应用研究内容主要集中在旅游、城市交通网络、居民空间行为、地价空间分异、住宅空间格局、产业空间布局和城市空间扩展等方面。研究方向主要有城市空间结构模式、演变、特征、内在机制和结构优化等。在研究尺度上以具体某个城市和城市群视角为主。而国外的相关研究内容比较丰富，将人文因素也考虑在内，如 Sugie Lee（2011）在分析亚特兰大种族和分区的原因时，贫困现象从城市中心到郊区的扩展呈现出环状多中心格局，且集中于郊区。为解决贫困问题，公共政策需要关注低收入者就业和可支付房租的问题（Sugie Lee，2011）。Changjoo Kim 等（2014）以哥伦比亚为例，利用模糊分层次方法，从职业和性别对工作可行性的视角，讨论多中心城市形态存在就业中心分散和次中心分散在城市边缘的现象（Changjoo Kim 等，2014）。国外的研究视角独特，注重历史背景条件，如 D. J. du Plessis（2014）研究南非在后种族隔离时代针对影响城市空间规划的七大挑战，应用创新的空间统计分析并且提出国家发展计划的九项建议，这对改善南非城市空间规划进程和改变南非人居环境非常有利（D. J. du Plessis，2014）。

5.4.3 缺乏动态变化趋势的驱动机制研究

城市是人类主要聚集的地方，和谐的城市空间组合关系有利于城市社会经济的发展。目前有关城市空间结构的研究大多数还是分析其演变规律、演变模式、发展机制、模型和应用方法，针对具体案例问题提出优化对策与建议的研究相对较少。而基于城市研究其空间结构的布局和规划具有非常强的实用性，因此在有关研究当中不能只关注理论知识，要更多的联系所研究城市及区域的具体情况，分析其空间结构和布局的动态变化趋势，探究空间结构变化趋势的驱动机制，识别驱动因子，模拟分析驱动因子影响下的调控机制，据此提出促进城市空间结构优化建议，为城市合理规划奠定良好的理论基础。

5.4.4 研究方法的综合性不强

城市空间结构在时空上的演变是一个动态的复杂过程，其演变受到城市环境中人类社会发展的巨大影响。随着社会快速发展和新技术在研究领域的应用，城市空间结构逐步表现出多样化和复杂化的特点，并且涉及很多学科领域，其中包括经济学、城市规划学、地理学、社会学、经济地理学、计算机制图学等等。因此，具体到不同的城市和区域，必须对其自然条件、经济发展水平、政府政策、影响机制进行差异性分析，确立城市空间结构的影响因子，筛选主要因子并进行全面分析，加强不同学科之间的联系，全方位、多视角地进行城市空间结构的分析研究。

5.5 城市群污水回用的空间多目标优化配置及调控管理分析

在区域社会经济发展中，城市水资源需求量随区域人口的增加、经济的发展而不断增加，并因多水源供需分配的不合理导致空间差异加剧（张静，2018），水资源缺乏已成为经济快速增长的主要制约因素。面对水资源可利用量的不断减少，污水资源化将成为扩源增流的主要方式，如何构建多水源多目标优化分配模型进行水资源的空间规划及配置，成为目前的研究热点。

在区域水资源的优化配置分析中，构建多目标优化模型成为首要的量化方法。郝芝建等（2018）在进行钦州市水资源承载力的研究中，通过构建多目标模型实现了城市水资源的决策分析；同样，对于流域水资源的可持续利用，多目标优化模型也非常有利于实现多目标规划问题的求解，康宁等（2018）在黑河干流水资源的规划研究中，基于多目标多约束方程构建了水资源可持续利用规划模型，确立了中游盆地水资源可持续利用的用水方案。马林潇（2018）在县域农作物种植结构的优化分析中，基于多目标优化模型分析结果调整种植结构，合理实现水资源的优化利用与配置，利于缓解农业用水供需矛盾并促进农业可持续发展。

在污水回用的多目标优化模型构建中，各种回用水的价格是必须考虑的动态变化因子，而水价又与回用水的用途密切相关，不同用途决定回用水的价格。杨树莲等（2018）以青岛市为研究对象，对回用水与城市自来水的比价关系进行研究，针对再生水利用率较低问题，提出完善再生水价格的相关政策，旨在大幅拉开再生水与自来水的比价，促使再生水作为常用水源进入水资源市场，对再生水与城市供水比价关系的合理性提出相关政策建议。徐丹等（2018）在灌区水资源用途的多元化研究中，以农业、工业、生活以及城市生态环境用水为回用对象，以灌区内各用水户缺水率最小为目标，创建灌区水资源的优化配置模型，确定了不同降水年的灌区水资源配置方案。因此，在构建多因子、多约束的再生水配置多目标决策模型时，价格因素成为模型中的关键因子，而再生水的价格在不同区域具有动态变化性，成为模型中的不确定因素，给问题求解带来一定的难度。

对于多目标优化配置问题的求解，通常将多目标转化为单目标，再利用两步交互式算法求解单目标不确定规划问题，获取不同满意度下的优化配置数值。随着智能算法的深入研究，粒子群（PSO）优化分析方法、蚁群优化算法和遗传算法（Genetic Algorithm）等在解决多目标问题中得到广泛应用。

PSO 和 GA 两者算法类似，是一种基于迭代的优化算法。系统初始化为一组随机解，通过迭代搜寻最优值。首先对种群进行随机初始化，采用适应值进行寻优随机搜索，在实际应用过程在，不保证一定能够找到最优解。PSO 中的粒子寻优为单共享项信息机制，粒子仅仅通过内部速度进行更新，属于单向的信息流动，整个搜索更新过程是跟随当前最优解的过程，通过当前搜索到最优点实现信息共享，收敛速度比较快；在 GA 中，种群整体均匀地向最优区域进行移动，染色体之间均可共享信息。PSO 的优势在于简单容易实现并且没有许多参数需要调整。目前已广泛应用于函数优化，神经网络训练，模糊系统控制以及其他遗传算法的应用领域，但 PSO 相对于 GA，没有交叉和变异操作，在实际应用中需要对 PSO 寻优进行改进，增加交叉和变异功能。

对此，本研究在各种回用水多目标约束条件下，以不确定分析因子为动态变量，构建城市群再生水回用的空间优化配置模型，采用多智体粒子群优化算法，获取京津冀城市群的污水回用 Pareto 最优解集，以回用污水量最大及经济效益最大为目标，对各种最优解集进行优选分析，结合 GIS 空间分析技术，实现回用污水量及水价的空间可视化，依据空间分析结果提出城市群污水回用的空间管理调控对策及建议。

5.5.1. 多目标优化模型的构建

水资源的优化配置涉及因素多、用户多、水源多、目标多等，是一个结构复杂的大系统，具有多目标，多层次，多要求，非线性等特点，传统的方法已经不能很好地解决大系统多目标的问题。

水资源优化配置的一般模型为

$$Z = \max\{ f1(x) , f2(x) \} \tag{1}$$

$$G(x) \leq 0$$

$$x \geq 0$$

式中 :f1(x)，f2(x) 为经济目标、社会目标。G(x) 为约束条件 ;x 为决策变量。

目标函数 1：经济目标，以回用水效益最大来表示

$$\max f_1(x) = \max \sum_{i=1}^{13} \sum_{j=1}^{4} Y_{ij} \times X_{ij}$$

（2）

式中：X_{ij} 为水源 i 向回用对象 j 的供水量（$10^8 m^3$）；Y_{ij} 为单位水的效益系数（元 /m^3）；

目标函数 2：社会效益，以城市回用水水量最大表示

$$\max f_2(X) = \max \sum_{i=1}^{13} \sum_{j=1}^{4} X_{ij}$$

（3）

可以从社会、经济、水资源、生态环境的协调方面进行分析。

约束条件 1 为水源的可供水量约束：

$$\sum_{i=1}^{13} \sum_{j=1}^{4} X_{ij}^{\square} \leq W_i$$

（4）

式中，Wi 为水源 i 的可供回用水量，水源为城市可提供的回用污水量。

约束条件 2 为决策变量非负约束：

$$x_{ij}^{\square} \geq 0$$

该模型的特点：

1）多目标：模型中包含环境经济效益最优的目标，经济和社会等目标均求极大值，各目标之间相互矛盾、相互竞争，通过模型可得到相应的水资源分配方案。

2）不确定性：考虑城市各用水区域回用水量的不确定性，回用水水价不确定，仅用阈值对模型参数进行限定。

3）系统复杂：决策变量之间相互关联。模型中存在多用水区域、多水源、多用途用水，不仅模型规模比较大，而且决策变量多关联、多约束。

5.5.2. PSO 优化分析方法

粒子群优化算法 (PSO) 是一种进化计算技术，该算法最早由 Kennedy 和 Eberhart 在 1995 年提出，源于对鸟群捕食的行为研究，通过群体中个体之间的协作和信息共享来寻找最优解。PSO 能够同时学习历史最优值与全局最优值，设置参数较少，在寻优过程中能够依据现有寻优结果及时调整寻优策略，在研究多目标优化领域，粒子群算法成为研究的热点。PSO 中，每个优化问题的解都被看作搜索空间中的一只鸟，称之为"粒子"，所有的粒子都有一个由目标函数决定的适应值 (fitness value)，每个粒子通过飞行速度决定他们在空间搜索的方向和距离，然后粒子群就追随当前的最优粒子在空间中搜索最优解。

多目标优化模型是为了解决生活实践中相互作用且目标存在冲突的系统问题

而提出的量化分析方法，各个目标的协调统一被归纳为解决多目标优化问题的最佳路径。法国经济学家 Vilfredo Pareto 以政治经济学为基础，从经济平衡的角度出发，提出了多目标优化问题的最优解集概念，称为非支配解或 Pareto 解。对于多目标优化分析，通常情况下，各目标之间很难协调并无法达到集体最优。在获取的最优解集中，某个目标上的最优解，在其他目标上则不一定最优，因此，多目标优化问题的解不是唯一的。这些解在满足多个目标函数的同时，必然会削弱至少一个其他目标函数的最优值，一组目标函数最优解的集合称为 Pareto 最优集，最优集在空间上形成的曲面称为 Pareto 前沿面。

1879 年，意大利经济学家维弗雷多·帕雷托 (Villefredo Pareto) 提出：社会财富的 80% 掌握在 20% 的人手中，而余下的 80% 的人只占有 20% 的财富，称之为 Pareto 原则（Pareto Principle）。Pareto 最优就是以维弗雷多·帕雷托的名字命名的，他在经济效率和收入分配的研究中首次使用了这个概念，被广泛应用于经济学、工程学和社会科学等领域。

线性加权法是根据权重系数将多目标问题转换为单目标问题而求解的优化方法，该方法需要先对决策变量设定初始值，然后计算输出一组优化结果，所以不同的决策变量初始值将会直接影响模型优化结果，其结果也可能是目标函数的弱有效解而非 pareto 解。由于多目标优化问题不存在唯一的全局最优解，所以求解多目标优化问题实际上就是要寻找一个 Pareto 最优解集，传统的多目标优化方法是将多目标问题通过加权求和转化为单目标问题来处理的，因此，在求解多目标优化问题时，关键在于寻找一个最终的解。随着现代智能算法的深入发展，如何解决多目标优化问题的方法随此发生改变，利用进化算法、粒子群算法及模拟退火算法等在内的智能优化方法解决多目标优化问题的研究不断深入。由于粒子群算法是一种基于种群操作的计算技术，可以隐并行地搜索解空间中的多个解，并能利用不同解之间的相似性来提高其并发求解的效率，因此比较适合求解多目标优化问题。

回用水作为自来水的替代品，充分利用回用水资源是解决我国水资源短缺的最佳途径。然而，回用水资源能否被充分地利用，很大程度上取决于再生水价格的制定是否合理，基于此，为了促进再生水充分的合理利用以及扩大再生水市场，国内外学者对再生水价格的制定做出了大量的研究。

回用污水作为城市水源的重要组成部分，核心在于如何提高回用率，由于城市供水价格存在很多不确定的影响因素，如何确定回用水价格，对于提高回用水的回用率非常重要。管理部门在制定回用水的价格时，大多参照自来水价格，但在实践过程中，自来水价格与用途密切相关，居民生活用水价格与工业用水价格存在很大差别，因此，制定回用水价格时不仅要参考自来水价格，也要根据回用水的回用方式确定相应的价格。

有些城市虽然针对回用水制定了不同的价格，但具体的分质供水、分质定价的价格体系还没有形成，无法体现回用水的成本优势。因此，回用水生产企业无法得到应有的利润回报，阻碍了污水回用的可持续发展。

在确定京津冀城市群污水回用的优化模型后，在编制软件实现优化分析求解时，对北京、天津、石家庄采用 3 元 /m³ 以内的回用水价格进行模拟，河北除石家庄外的所有城市采用 2 元 /m³ 以内的回用水水价进行模拟分析，同时在 MATLAB 代码中将回用水量最大目标采用不等式进行表示，并将回用水的价格限制在设置值以内，以回用水的经济效益最大为目标进行模拟（MATLAB 代码见附件 2）。由于回用水应用于生产实践的具体过程中，生态环境用水通常占比一半以上，而且第一产业用水大于第二产业用水，第二产业用水大于第三产业用水，在模拟时将此也体现在代码中进行优化分析，并依据各回用对象的单位水 GDP 值，对回用水的价格进行限定，使生态环境用水水价最低，第一产业用水水价小于第二产业用水水价，第二产业用水水价小于第三产业用水水价。

5.5.3 城市群优化分析的 Pareto 解

由于通用性好、搜索能力高、易于结合传统优化算法以改进自身局限、适合于处理多种类型的优化目标及约束条件等特点，粒子群算法求解多目标优化问题具有很大优势，构成多目标优化问题的解一般是一组或者几组连续解的集合 (Shokrian and High, 2014)，因此，必须从 Pareto 解集中选择合理可用的优化分析解。

本研究首先进行 8 次收敛效果明显的模拟分析，然后从中优选出相对最佳的一组解，以北京和秦皇岛为例，北京的模拟结果见表 5-5，秦皇岛的模拟结果见表 5-6。指标 x1、x2、x3、x4 分别代表第一产业、第二产业、第三产业和生态环境的污水回用量，单位为亿吨；指标 x5、x6、x7、x8 分别代表第一产业、第二产业、第三产业和生态环境的污水回用价格，单位为元 /m³；tot 代表模拟分析所得出的回用污水总量；Emax 代表污水回用中污水处理单位所得的最大经济效益。

表 5-5 北京污水回用多目标优化分析 Pareto 解集

指标	模拟 1	模拟 2	模拟 3	模拟 4	模拟 5	模拟 6	模拟 7	模拟 8
x1	1.712486	0.052977	2.036262	4.383216	2.288321	2.456677	5.469899	0.978807
x2	2.451247	5.489108	7.145257	4.023755	0.731786	1.080214	3.518489	8.783228
x3	4.330873	7.40896	4.039185	1.16266	9.690492	6.74782	4.226033	3.412991
x4	6.583778	2.013793	1.719131	5.161646	1.697981	4.971098	0.926411	1.673422
x5	2.756267	2.464834	1.373289	2.830379	2.279064	2.453934	2.527054	1.564147
x6	2.827409	2.701225	2.750568	2.853536	2.560268	2.485282	2.667634	2.895494
x7	2.971583	2.917356	2.876786	2.979822	2.690017	2.649018	2.828416	2.924262
x8	1.938217	0.875485	1.313342	0.656073	1.284637	1.448935	1.546414	1.137606
tot	15.07838	14.96484	14.93983	14.73128	14.40858	15.25581	14.14083	14.84845
Emax	37.28109	38.33552	36.32756	30.73903	35.33767	33.79105	36.59436	38.84696

表 5-6 秦皇岛污水回用多目标优化分析 Pareto 解集

指标	模拟 1	模拟 2	模拟 3	模拟 4	模拟 5	模拟 6	模拟 7	模拟 8
x1	2.418867	2.461662	1.393721	0.057162	0.823175	2.979041	7.445148	0.948454
x2	6.158093	7.419755	1.591052	8.930704	4.013704	3.697937	1.905429	2.013669
x3	4.186497	1.728617	6.611949	2.822607	5.937365	5.635541	0.885972	0.89478
x4	0.396362	1.419909	2.476252	1.259255	2.300797	0.178406	2.39812	5.554979
x5	1.625057	1.357473	1.577646	1.789885	1.955454	1.512282	1.642064	1.815241
x6	1.893191	1.835798	1.989778	1.800201	1.959935	1.69671	1.718987	1.819134
x7	1.984553	1.853759	1.99853	1.86781	1.986809	1.743822	1.753614	1.970326
x8	1.513018	0.865596	1.153957	1.397376	1.282164	1.129414	0.840322	1.363709
tot	13.15982	13.02994	12.07297	13.06973	13.07504	12.49093	12.63467	9.411883
Emax	24.49727	21.39631	21.4363	23.21112	24.22269	20.80835	19.06966	14.72319

根据模拟分析所得的 Pareto 解集，北京选择模拟 4 作为最佳分配解，秦皇岛选择模拟 7 作为最佳分配解，依据就是综合考虑经济收益最大和回用水量最大并接近统计结果中的污水回用量值，依此原理选择其他所有城市的最佳解（所有城市的 Pareto 解集见附件 2），构成京津冀污水回用的多目标优化分析结果（见表 5-7）。

表 5-7 京津冀城市群污水回用多目标优化分析 Pareto 最佳解

城市	x1	x2	x3	x4	x5	x6	x7	x8
北京	4.383216	4.023755	1.16266	5.161646	2.830379	2.853536	2.979822	0.656073
天津	2.079138	1.497086	3.606093	1.983267	2.542751	2.845608	2.891241	1.57362
石家庄	0.844823	0.654923	2.236178	0.358015	2.574521	2.704858	2.875225	1.337796
唐山	0.486423	0.677054	0.871839	0.124823	1.838871	1.865733	1.962025	0.411171
秦皇岛	0.744515	0.190543	0.00886	0.239812	1.642064	1.718987	1.753614	0.840322
邯郸	0.505984	0.150375	0.420954	0.338884	1.410034	1.694156	1.939198	1.13576
邢台	0.105349	0.108891	0.122418	0.028593	1.133983	1.671761	1.983101	0.612199
保定	0.146767	0.337365	0.537549	0.195616	1.755703	1.849203	1.994948	0.747316
张家口	0.06902	0.152766	0.430924	0.022563	0.877508	1.546556	1.903158	0.717979
承德	0.140969	0.163055	0.152001	0.028993	1.354405	1.850588	1.965827	0.860661
沧州	0.125001	0.150922	0.120872	0.028036	1.554949	1.786897	1.976392	0.986837
廊坊	0.102928	0.111336	0.097696	0.003847	1.402892	1.732849	1.943386	0.887022
衡水	0.114565	0.148781	0.044419	0.051681	1.089193	1.894165	1.911259	0.885892

依据京津冀城市群污水回用的最佳分配表，可以获取京津冀城市群污水处理厂的可得效益、污水优化回用率等分析结果（见表 5-8）

表 5-8 京津冀城市群污水优化回用模拟分析结果

城市	污水处理量（$10^8 m^3$）	优化回用量	污水厂效益	优化回用率
北京	15.3564	14.73127762	30.73903468	95.92924
天津	9.1798	9.165583738	23.09384133	99.84514
石家庄	4.107	4.09393906	10.85495356	99.68198
唐山	2.1752	2.160139595	3.919565725	99.30763
秦皇岛	1.3194	1.183729429	1.767137537	89.71725
邯郸	1.4746	1.416197207	2.169417548	96.03941
邢台	0.3729	0.365249818	0.561773819	97.94846
保定	1.2406	1.217296774	2.100104685	98.12162
张家口	0.6784	0.67527411	1.13314394	99.53923
承德	0.4988	0.485018772	0.816438576	97.23712
沧州	0.4294	0.424831464	0.730610199	98.93607
廊坊	0.3162	0.315807213	0.530598941	99.87578
衡水	0.3684	0.35944719	0.537280815	97.56981

5.5.4 污水回用水量的空间分析

1. 第一产业回用水水量空间分析

依据京津冀城市群污水回用 PSO 优化分析结果，结合 GIS 空间分析功能模块，对第一产业回用水进行空间可视化分析，采用等高线对空间分布的趋势进行描述（见图 5-1 中的 5-1-1 ），依据空间数字化分析栅格图，生成分级专题图，对回用量的空间分布特征进行分析（见图 5-1 中的 5-1-2 ），结果表明：北京、天津的双核特征比较明显，回用水量高居首位，河北所有城市的第一产业回用量比较低，随着城市的不断扩展及人口经济的增长，污水回用量将逐年上升，北京天津应在管网建设方面加大力度，以满足不断增长的回用水的输送。对于河北城市而言，污水排放量与工业生产规模相关联，处理污水数量较小，在回用于第一水产业方面压力不大，应不断提高污水的处理率，促进污水回用的良性发展。

2. 第二产业回用水水量空间分析

依据京津冀城市群污水回用 PSO 优化分析结果，结合 GIS 空间分析功能模块，对第二产业回用水进行空间可视化分析，采用等高线对空间分布的趋势进行描述（见图 5-2 中的 5-2-1 ），依据空间数字化分析栅格图，生成分级专题图，对回用量的空间分布特征进行分析（见图 5-2 中的 5-2-2 ），结果表明：第二产业回用量北京的数值最高，一方面与北京可回用污水量较大有关，另一方面说明北京的工业产值很高，单位用水的经济效益明显，天津虽不如北京回用量大，但与石家庄等河北城市相比，回用水量明显高于河北其他城市，这说明工业生产的单位用水产值较大。从管理角度而言，第二产业对回用水的水质要求较严格，应参照优化分析结果，鼓励企业推行清洁生产制度，在企业内部较强水资源的循环利用，提高水资源的重复利用率，降低废水排放量，避免集中处理污水造成的高耗能。

5-1-1

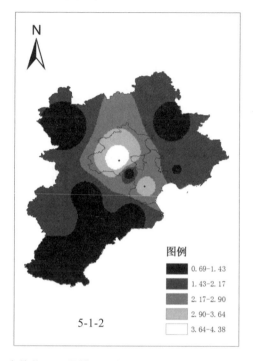

5-1-2

图例

■ 0.69-1.43
■ 1.43-2.17
■ 2.17-2.90
■ 2.90-3.64
□ 3.64-4.38

图 5-1 京津冀城市群第一产业污水优化回用量模拟分析结果

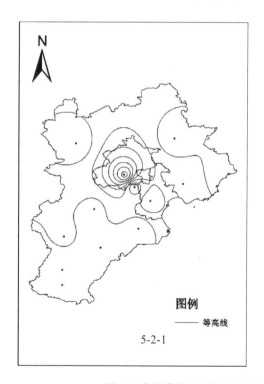

图例

—— 等高线

5-2-1

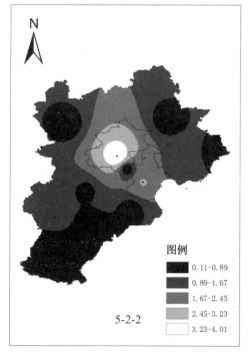

5-2-2

图例

■ 0.11-0.89
■ 0.89-1.67
■ 1.67-2.45
■ 2.45-3.23
□ 3.23-4.01

图 5-2 京津冀城市群第二产业污水优化回用量模拟分析结果

3. 第三产业回用水水量空间分析

依据京津冀城市群污水回用 PSO 优化分析结果，结合 GIS 空间分析功能模块，对第三产业回用水进行空间可视化分析，采用等高线对空间分布的趋势进行描述（见图 5-3 中的 5-3-1），依据空间数字化分析栅格图，生成分级专题图，对回用量的空间分布特征进行分析（见图 5-3 中的 5-3-2），结果表明：第三产业回用量天津的数值最高，一方面与天津可用污水总量位居第二有关，另一方面说明天津的第三产业单位用水产值较大，单位用水的经济效益明显，北京和石家庄属于同一水平，回用水量明显高于河北其他城市，因此，京津冀城市群第三产业的回用量可分为三大类。为了推行第三产业回用水的有效实施，天津的压力较大，因为第三产业对回用水的水质要求更高，污水处理成本将更高，因此，应加大第三产业的中水回用工程，就近实现污水的循环利用，降低从污水处理厂引水的数量，实现企业内部的梯级用水设计，提高水资源重复利用率。对于北京和河北城市而言，提高第三产业回用水的压力不大，只要严格推行企业的中水回用理念，管理上困难不大。

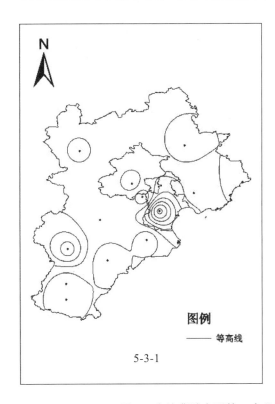

5-3-1

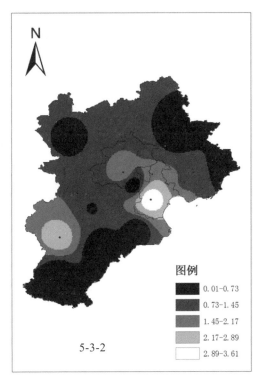

图例

■	0.01-0.73
■	0.73-1.45
■	1.45-2.17
■	2.17-2.89
□	2.89-3.61

5-3-2

图 5-3 京津冀城市群第三产业污水优化回用量模拟分析结果

4. 生态环境回用水水量空间分析

依据京津冀城市群污水回用 PSO 优化分析结果，结合 GIS 空间分析功能模块，对第一产业回用水进行空间可视化分析，采用等高线对空间分布的趋势进行描述（见图 5-4 中的 5-4-1），依据空间数字化分析栅格图，生成分级专题图，对回用量的空间分布特征进行分析（见图 5-4 中的 5-4-2），结果表明：生态环境污水回用量北京的数值最高，这对于北京这样的大城市而言，可广泛回用于市政建设和补充地表水，天津和北京一样，仅市政建设用水就可以消化回用水的数量，但由于北京、天津人口密度较大，必须注意回用水中对人体有害的指标数值，避免对居民健康造成危害。河北城市中，生态环境回用水的推广相对容易，城市人口相对较少，又有大量的市郊地表水体接纳回用水，可由管理部门进行全面规划并实施，促进污水回用的良性发展。

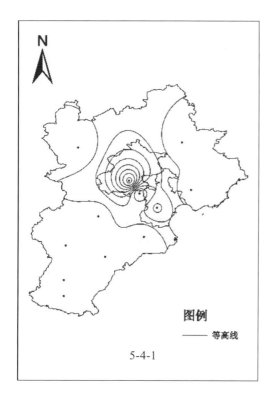

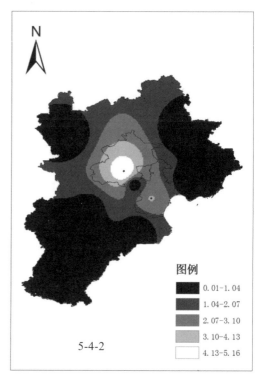

图 5-4 京津冀城市群生态环境污水优化回用量模拟分析结果

5.6 小结

　　城市是一个开放系统，随着城市化快速发展和城市规模的不断扩张，城市空间结构已成为研究的热点。其空间结构的研究视角应以城市或城市群为核心，将邻接区域作为一个整体，分析区域内空间结构的现状和演变规律，从时空的角度进行动态预测，依据未来城市空间结构的演变趋势，制定相应的调控机制。在城市空间结构的研究中，应注重多学科多角度多领域的综合交叉分析研究，随时将新方法新技术应用到城市空间结构研究中，提高空间结构分析的精确性。

　　城市是人口高度聚集的社会经济文化中心，水资源是城市良性发展的支撑点，如何实现城市水资源的循环利用，促进城市水资源的可持续发展，成为城市管理决策的重要内容。城市空间结构以城市各功能区布局在空间上的表现为核心，GIS 的空间分析功能利于确定城市的空间结构，成为空间结构分析方法的常用技术手段，空间结构的动态演变便于管理决策部门制定调控措施，实现城市社会经济的协调发展。本研究以城市水资源的循环利用为核心，以污水资源优化分配为计算目标，构建多目标优化分析模型，采用粒子群优化 (PSO) 算法对模型进行分析，编制 MATLAB 程序实现问题的快速求解，解决城市群区域回用污水的最优配置问题。

　　运用 GIS 的空间分析功能，对京津冀城市群污水回用的空间现状进行分析，确定城市群污水回用的空间量化关系，对促进空间优化结果的实施提出建议，以经济效益为核心，以未来城市的发展趋势为目标，提出未来社会经济发展态势下污水资源化的管理设想及应对措施。但在多目标优化分析中，对污水处理厂的运行费用及管网建设投资未加考虑，导致污水回用的经济效益数值偏大，但并不影响污水回用收益的大方向，政府管理部门应针对污水处理厂的实际运行状况，采取经济补偿或减免税收等手段促进污水处理率不断提高。

【参考文献】

　　[1] 张若倩 . 成都市城市空间结构优化问题探索 . 西南财经大学硕士学位论文 ,2007.

　　[2] 叶强，曹诗怡，聂承锋 . 基于 GIS 的城市居住与商业空间结构演变相关性研究——以长沙为例 [J]. 经济地理 ,2012,32（5）：65-70.

　　[3] 吴必虎，肖金玉 . 中国历史文化村镇空间结构与相关性研究 [J]. 经济地理 ,2012,32（7）：6-11.

　　[4] 王承云，张婷婷 . 长三角地区研发产业的空间结构演化 [J]. 地理科学进展 ,2012,31（8）：989-996.

　　[5] 田朝晖 . 基于元胞自动机的城市空间形态模拟与优化研究——以长沙市为例 . 湖南师范大学硕士学位论文 ,2012.

　　[6] 张莉，陆玉麒 . "点—轴系统"的空间分析方法研究——以长江三角洲为例 [J]. 地理学报 ,2010,65（12）：1534-1547.

　　[7] 伍世代，李婷婷 . 海西城市群工业空间格局与演化分析 [J]. 地理科学 ,2011,31（3）：309-315.

　　[8] 王静，张小雷，杜宏茹 . 新疆县域经济空间格局演化特征 [J]. 地理科学进展 ,2011,30（4）：470-478.

　　[9] 董冠鹏，张文忠，武文杰，郭腾云 . 北京城市住宅土地市场空间异质性模拟与预测 [J]. 地理学报 ,2011,66（6）：750-760.

　　[10] 周彬学，戴特奇，梁进社，张华 . 基于 Lowry 模型的北京市城市空间结构模拟 [J]. 地理学报 ,2013,68（4）：491-505.

[11] 王坤，黄震方，陶玉国，方叶林. 区域城市旅游效率的空间特征及溢出效应分析——以长三角为例 [J]. 经济地理,2013,33（4）：161-167.

[12] Wang Kaiyong, Deng Yu, Sun Daowei, Song Tao. Evolution and Spatial Patterns of Spheres of Urban Influence in China[J]. Chinese Geographical Science,2014,24（1）：126-136.

[13] 赵萍，冯学智. 基于遥感与 GIS 技术的城镇体系空间特征的分形分析——以绍兴市为例 [J]. 地理科学,2003,23（6）：721-727.

[14] 徐梦洁，陈黎，林庶民，王慧. 行政区划调整与城市群空间分形特征的变化研究——以长江三角洲为例 [J]. 经济地理,2011,31（6）：940-946.

[15] Wang Shijun, Wang Yongchao, Wang Dan. Spatial Structure of Central Places in Jilin Central Urban Agglomeration, Jilin Province, China[J]. Chinese Geographical Science,2014,24（3）：375-383.

[16] 柳泽. 资源型城市形态演变及机制研究——以大庆市为例 [J]. 经济地理,2010,30（11）：1827-1834.

[17] 秦志琴，张平宇，王国霞. 辽宁沿海城市带空间结构演变及优化 [J]. 经济地理,2012,32（10）：36-41.

[18] Liu Hailong, Shi Peiji, Tong Huali, Zhu Guofeng, Liu Haimeng, Zhang Xuebin, Wei Wei, Wang Xinmin. Characteristics and Driving Forces of Spatial Expansion of Oasis Citiesand Towns in Hexi Corridor, Gansu Province, China[J]. Chinese Geographical Science,2013,23（2）：1-14.

[19] 刘望保，闫小培，陈忠暖. 基于 EDSA-GIS 的广州市人口空间分布演化研究 [J]. 经济地理,2010,30（1）：34-39.

[20] 高翔，鱼腾飞，宋相奎等. 兰州市少数民族流迁人口空间行为特征及动力机制 [J]. 地理科学进展,2010,29（6）：716-724.

[21] 吴建楠，曹有挥，程绍铂. 南京市生产性服务业空间格局特征与演变过程研究 [J]. 经济地理,2013,33（2）：105-110.

[22] 熊黑钢，邹桂红，崔建勇. 基于 GIS 的乌鲁木齐城市用地空间结构变化研究 [J]. 地理科学,2010,30（1）：86-91.

[23] 张晓平，封强，李媛芳. 北京市办公用地投标租金空间分异与影响因素 [J]. 经济地理,2013,33（3）：73-78.

[24] 魏冶，张哲，修春亮. 煤炭城市转型中的社会空间结构——以阜新为例 [J]. 地理科学,2011,31（7）：850-857.

[25] 黄孝艳. 重庆市主城区城市用地扩展研究. 重庆师范大学硕士学位论文,2012.

[26] 吴晓舜，张紫雯，王士君. 辽西地区中心地等级关系和空间结构研究 [J]. 经济地理,2013,33（5）：54-59.

[27] 毛小岗，宋金平，于伟. 北京市 A 级旅游景区空间结构及其演化 [J]. 经济地理,2011,31（8）：1381-1386.

[28] 吴丽敏，黄震方，周玮，方叶林 . 江苏省 A 级旅游景区时空演变特征及其动力机制 [J]. 经济地理 ,2013,33（8）：158-164.

[29] 靳诚，陆玉麒 . 基于县域单元的江苏省经济空间格局演化 [J]. 地理学报 ,2009,64（6）：713-724.

[30] Zhang Xiaoping, Huang Pingting, Sun Lei, Wang Zhaohon. Spatial Evolution and Locational Determinants of High-tech Industries in Beijing[J]. Chinese Geographical Science,2013,23（2）：249-260.

[31] 王茂军，张学霞，栾维新 . 大连城市居住环境评价构造与空间分析 [J]. 地理科学 ,2003,23（1）：87-94.

[32] 蒋芳，朱道林 . 基于 GIS 的地价空间分布规律研究——以北京市住宅地价为例 [J]. 经济地理 ,2005,25（2）：199-202.

[33] 吴一洲，吴次芳，贝涵璐 . 转型期杭州城市写字楼空间分布特征及其机制 [J]. 地理学报 ,2010,65（8）：973-982.

[34] 熊剑平，刘承良，袁俊 . 武汉市住宅小区的空间结构与区位选择 [J]. 经济地理 ,2006,26（4）：605-609.

[35] 刘辉，申玉铭，孟丹，薛晋 . 基于交通可达性的京津冀城市网络集中性及空间结构研究 [J]. 经济地理 ,2013,33（8）：37-45.

[36] 何丹，蔡建明，周璟 . 天津开发区与城市空间结构演进分析 [J]. 地理科学进展 ,2008,27（6）：97-103.

[37] 廖邦固，徐建刚，宣国富，祁毅，梅安新 . 1947- 2000 年上海中心城区居住空间结构演变 [J]. 地理学报 ,2008,63（2）：195-206.

[38] 陈忠暖，曾庆泳，张立建，王思洁 . 广东 30 年城镇建设成就与城镇走廊演变 [J]. 经济地理 ,2008,28（5）：711-716.

[39] 董青，刘海珍，刘加珍，李玉江 . 基于空间相互作用的中国城市群体系空间结构研究 [J]. 经济地理 ,2010,30（6）：926-932.

[40] 武文杰，张文忠，董冠鹏，刘睿 . 转型期北京住宅用地投标租金曲线的空间形态与演化 [J]. 地理科学 ,2011,31（5）：520-527.

[41] 张宇硕，白永平，李慧 . 兰州——西宁城镇密集区县域经济差异的空间格局演化分析 [J]. 经济地理 ,2011,31（2）：183-188.

[42] 申悦，柴彦威，郭文伯 . 北京郊区居民一周时空行为的日间差异 [J]. 地理研究 ,2013,32（4）：701-710.

[43] 周彬学，戴特奇，梁进社，张华 . 基于 Lowry 模型的北京市城市空间结构模拟 [J]. 地理学报 ,2013,68（4）：491-505.

[44] 王利，韩增林，李博 . 基于 VM—MapInfo 的区域开发强度测算研究——以大连市为例 [J]. 地理科学 ,2008,28（6）：736-741.

[45] 任辉，吴群 . 基于 ESDA 的城市住宅地价时空分异研究——以南京市为例 [J]. 经济地理 ,2011,31（5）：760-765.

[46] 黄孝艳，陈阿林，胡晓明，李月臣，胡波 . 重庆市城市空间扩展研究及驱

动力分析 [J]. 重庆师范大学学报（自然科学版）,2012,29（4）：41-46.

[47] 周光霞，余吉祥. 长三角城市体系的"中心—外围"模式 [J]. 华东经济管理 ,2013,27（4）：68-72.

[48] 左永君，何秉宇，龙桃. 1949-2007 年新疆人口的时空变化及空间结构分析 [J]. 地理科学 ,2011,31（3）：358-364.

[49] 赵安周. 陕西省城市化水平的时空演变及其与资源环境的耦合关系研究 . 陕西师范大学硕士学位论文 ,2012.

[50] Sugie Lee. Analyzing intra-metropolitan poverty differentiation:causes and consequences of poverty expansion tosuburbs in the metropolitan Atlanta region [J]. Ann Reg Sci,2011,46：37-57.

[51] Changjoo Kim.Sunhee Sang，Hyowon Ban. Exploring job centers by accessibility using fuzzy setapproach: the case study of the Columbus MSA[J]. GeoJournal,2014,79：209-222.

[52] D. J. du Plessis. A Critical Reflection on Urban Spatial PlanningPractices and Outcomes in Post-Apartheid South Africa [J]. Urban Forum,2014,25：69-88.

[53] 张静. 邯郸市峰峰矿区多水源优化配置研究 [J]. 水利科技与经济，2018(11):11-17.

[54] 郝芝建，李嘉第，郑斌. 基于多目标决策分析的钦州市水资源承载力评价 [J/OL]. 人民珠江，2018(12):1-5

[55] 康宁，崔虎群. 黑河干流中游水资源可持续利用多目标规划模型研究 [J]. 水文地质工程地质，2018，45(06):15-22.

[56] 张倩. 水环境承载力研究方法及发展趋势分析探讨 [J]. 化工管理，2018(31):101-102.

[57] 马林潇，何英，林丽，彭亮. "三条红线"约束下的种植结构多目标优化模型研究 [J]. 灌溉排水学报，2018，37(09):123-128.

[58] 杨树莲，段治平. 再生水与城市自来水比价关系研究——以青岛市为例 [J]. 技术经济与管理研究，2018(07):23-27.

[59] 徐丹，付湘，谢亨旺，靳伟荣，万小丽. 考虑城市生态环境供水的灌区水资源配置 [J]. 中国农村水利水电，2018(07):62-64.

[60] R Eberhart，J Kennedy. A new optimizer using particle swarmtheory. In: Proc of the 6th Int'l Symposium on Micro Machineand Human Science. Piscataway, NJ: IEEE Service Center，1995. 39-43

第6章 城市水资源空间调控管理及优化分析

城市污水资源化是实现水资源发展循环经济的重要内容，工业污水的回收利用，已成为城市稳定的水源。工业废水、生活污水、雨水等被污染的水体，通过各种方式进行处理、净化，使其水质达到一定标准，满足一定用途的要求，从而作为水资源被重新利用（宋超等，2010）。污水经过处理后可转化为水资源进行再利用，成为城市发展循环经济的主要内容之一。

为了实现污水处理厂尾水的综合利用，泰州某城镇采用自清洗过滤器＋超滤＋反渗透＋消毒工艺，水质达到《城市污水再生利用工业用水水质》(GB/T 19923—2005) 的要求，应用于用作工业循环冷却水和洗涤工艺用水。又将反渗透出水与污水处理厂消毒池出水混合，经消毒后作为城市绿化浇洒用水，实现了再生水的回收利用（丁海燕，2021）。

城市污水的产生量约为用水量的 70% -80%，而城市用水量之中，为人们直接饮用和与身体密切接触的水量仅占全部用水量的30%，其余的均可为再生水所替代，这将有助于缓解水资源的需求压力（张杰等，2010）。目前，世界上许多国家和地区把城市污水再生利用作为解决水资源短缺的重要战略之一，纷纷建立污水回用工程，并取得了良好的效果（张杰等，2010）。水资源的利用模式不仅要适用于城市短时期内的运行，更要能够实现城市系统的长久运行，考虑城市长久发展的需求，综合考虑雨水、污水、给水，通过区域污染控制规划布局，实现水资源的合理调控及稳定运行（虞英杰等，2021）。

因此，城市水资源推行循环经济的发展模式，应从城市的雨水利用、污水的回收利用出发，将城市水资源的来源雨水和系统的排出物质污水为对象，确定循环经济的发展模式。

6.1 城市水资源发展循环经济的层次结构

6.1.1 城市水资源的循环经济发展理念

传统城市水资源利用模式，呈现为"水资源——水资源利用——废水排放"的单向流动，为了满足城市大规模的用水需求量，只有不断获取新的水资源来满足需要，这就增加了对新鲜水的持续消耗，造成水资源紧缺。目前，我国很多城市都面临着用水压力，水资源短缺造成的社会经济问题越来越严重，尤其是地处北方干旱区的大城市，对水资源的需求量更大，在水资源紧张的地方还不惜通过跨流域调水来充分保证城市的用水。这种用水的后果是降低了水资源的使用效率，浪费了水资源，更加加深了水资源的供需矛盾，制约了城市的可持续发展。

因此，必须改变城市的传统用水方式，提高城市水资源的利用效率，扩充城市水资源的开采方式，提高单位水资源量的重复利用次数，降低对水资源的不必要浪费，避免污水直接排放造成地表水污染，鼓励实施城市水资源的经济循环利用模式，完善城市水资源循环利用的结构体系。

城市水资源的循环经济利用，与传统水资源的单向流动模式有本质的差异，水资源在开发利用的过程中，遵循减量化、再利用、再循环的3R原则，实现"水资源——水资源开发利用——水资源回收处理——水资源"的循环利用模式。城市水资源的循环经济发展，应根据不同用水单位的用水需求和对水质的要求，将回收再利用的水资源进行再利用，提高水资源的多次使用效率，缓解水资源短缺对城市发展的制约，保护水资源，并通过对水资源的反复循环利用，降低污水的排放量。

6.1.2 雨水的循环经济利用模式

降水是城市水资源的稳固自然来源，降水的主要形式有降雨和降雪，由于降雪主要集中在北方地区，在转化为可利用的水资源时，需要温度和场地的支持，难以贮存和回收利用，而且降雪可转化的水资源数量非常有限，通常人们更多地关注雨水的利用。在城市化建设的迅速发展过程中，修建的道路、建筑群等导致地表硬化，阻止了雨水渗入地下并补充地下水，而地表径流迅速汇集，造成低洼区域大地面积水，污染物质也随雨水汇集在一起，最后随城市排水管网排出城市系统，仅有少量雨水被城市绿地利用（张炜等，2010）。而在德国，通过街道、停车场和通道收集的雨水通过雨水管道进入地下贮水池，经过简单处理后用于冲洗厕所和浇洒庭院。因此，城市水资源的循环经济发展模式，必须重视雨水的回收利用。依据城市道路和建筑的特点，雨水循环利用应以居民社区、交通道路和城市绿地三个对象为侧重点，确定相应的循环经济利用模式。

首先，要确定居民社区范围内的循环经济利用模式。对于居民社区而言，屋顶都有雨水排水管，在建造收集利用工程时，可以很方便地从排水管出口处对雨水进行收集，经栅格过滤、沉淀等简单处理而导入到储水池中，储水池的建设可在居民楼前的空地上修建，这样可以将每栋独立的居民楼范围内的雨水收集起来，收集的雨水可就近喷洒景观绿地、道路和补充地下水，也可用于居民庭院洒水、浇灌花草。

其次，应确定城市交通道路管网收集的雨水的循环经济利用模式。城市交通道路分布广泛，大量雨水随排水管网排放出城市系统，浪费了大量的水资源。通过管网收集的雨水数量巨大，必须建设污水处理厂进行集中处理。先通过管网对雨水进行收集，再将雨水引入到污水处理厂，实现雨水的统一处理，统一回用。由于污水处理厂占用一定规模的建设用地，可在城市的边缘进行选址，这样便于将处理后的雨水资源用作灌溉用水，避免采用地下水进行灌溉。处理后的雨水也可作为生态景观、市政建设用水，也可通过湿地处理后，用于补充地表水和地下水。

最后，应以城市绿地为对象，构建雨水的循环经济利用模式。城市绿地是城市空间区域的重要组成要素，镶嵌分布于城市的各种建设用地之间。对于城市绿地，由于植被用水是持续不断的消耗，水资源的需求数量巨大，虽然对水质要求并不高，但因和居民有一定的接触，又不能采用污水代替，因此通过雨水的回收利用加以解决就成为可行的途径。在绿地建设时，应采用蜂窝状的镂空砖铺设人行道，既不影响人行，有利于雨水下渗。还可采用栅栏进行场地隔离和绿地保护，尽量增加雨水的收集面积。雨水经过透水砖渗入地下，能够直接增加地下水的储存量。在建设大面积草坪绿地时，可围绕草坪周围建造"M"形、"凹"形或锯齿形的绿地景观（见图6-1），合理架构草本植物和落叶乔木的空间格局，充分利用阳光并增加绿地面积，也可将草坪地面降低，做成下凹式绿地，用于承接汇集的雨水，实现雨水的储存及下渗（潘倩等，2011）。

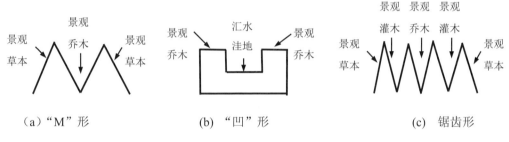

图 6-1 城市绿地利用雨水模式图

6.1.3 生活污水的循环经济利用模式

1. 生活用水的梯级利用

生活饮用水对水质的要求较高，通常无法替代，但在日常家庭生活中，自来水在经过一次使用后，虽然水质变差，但仍可进行家庭生活范围内二次使用，如自来水在清洗蔬菜后，可用于浇花或冲洗厕所，这种循环使用水资源的方式，被称为水资源的梯级利用，即按照水质的不同，对水源进行多次循环利用。由于生活中的用水主要集中于洗衣做饭和冲洗厕所，因此，在使用自来水的过程中，可收集洗菜用水进行简单过滤，然后应用于浇灌花草；收集洗衣、洗澡水用于冲洗卫生间，提高自来水在家庭生活中的重复使用率。

2. 生活污水的集中处理

生活用水是城市自来水的主要消耗方式，在利用大部分水资源满足生活需要的同时，也产生了大量的生活污水。必须将生活污水收集起来，通过建造生活污水处理厂进行集中处理，实现水资源的循环利用。在一些大型居民区，也可依据居民区的分布范围，对生活污水进行划片分散收集，建立小型中水处理厂，处理后的中水可用于洗车，也可用于小区景观用水，喷洒道路，避免污水管道和回用水管道的建设，就近对生活污水进行回收利用，降低了投资成本，也方便了处理后排水的回收利用。处理后可作为水资源回用于工业用水、城市景观用水、市政用水及农业灌溉等。

6.1.4 工业污水的循环经济利用模式

工业是经济发展的重要基础，发展工业必须有充足的水资源作为保障。工业生产不仅需水量大，而且造成的污染也比较大，废水排放量也很大，已有的污水处理厂需要扩建，对城市水资源的保护带来压力，因此，发展工业用水的循环经济利用模式不仅重要而且紧迫。在发展工业时要推行循环经济的发展理念，将其作为城市水资源循环利用的重要环节，不仅在企业内部和企业之间构建循环利用模式，而且还要将工业污水收集起来进行集中处理，获取可循环利用的再生水，降低城市生态系统对自来水的需求压力，实现城市水资源的可持续发展。依据国内外的研究现状，工业污水的循环经济利用模式主要有六种途径，即生态景观、市政用水、工业再利用、农业用水、补充地表水、补充地下水。

1. 城市生态景观用水和市政建设用水

城市景观建设及改造是生态城市建设的重要内容，生态景观用水成为城市水资源消耗的重要因素之一。城市生态景观用水对水质的要求较低，工业污水经过污水处理厂的处理后，就可作为城市生态景观用水。城市生态景观用水通常不会被二次污染，景观用水经使用后以蒸发和下渗的方式回归自然，实现了回用水的净化处理，增加了城市生态系统内的水资源量。

市政建设是城市发展中的一个重要的组成部分，随着我国城市功能的提升和改造，尤其是城市范围的不断扩张，市政设施的建设与维护和居民的生活越来越密切。为了满足市政建设用水的需求，又不耗费大量的纯净水源，可将工业污水资源化后补充到市政建设用水中，在充分利用再生水资源的基础上，降低对纯净水资源的摄取，减少用于开采水资源的经济投入，缓解城市水资源的紧缺。

城市工业污水资源化后，具体可用于园林浇灌、喷洒马路、补给市政景观水域和冲洗用水（如洗车、厕所的冲洗）（刘洪彪等，2013；聂振龙等，2011）。虽然回用于市政建设和生态景观的用水对水质的要求较低，但不能直接接触人体，因为水中的污染物质会在接触人体时经过皮肤或呼吸道对人造成影响，因此，采用处理后的工业污水进行道路喷洒或园林浇灌时，一定要选择夜间或公园关闭的时间段进行作业，避免对人体造成危害。

为降低再生水回用于城市景观水体时的生态环境风险，可采用生态集成技术对再生水进行净化及自然修复，这种技术方法在实践中取得了很好的效果，不仅实现了主要水质指标的稳定，降低了再生水水质毒性，而且河道底栖动物物种丰度及生物密度也明显增加，有效降低了再生水补水时的生态风险，保障了城市内河的生态安全（余颖男等，2021）。

经过污水处理厂处理后的污水，可采用膜技术进行深度处理，提高处理水的水质，以便在进行园林浇灌时，降低对人体健康的影响，不足之处是处理成本较高，经济可行性比较小。

2. 用于工业生产

工业生产不同阶段产生的污水可依据生产工艺的不同，在生产过程中进行梯级回收利用。采用这种循环利用方式，可缓解工业用水矛盾，特别是循环用水，占工业用水 70% ~ 80%，如电力、化工等行业冷却水占 90% 以上（刘洪彪等，2013）。在企业内部或生态工业园内，不同的生产阶段对水质的要求也不尽相同，工业污水可直接回用于工业生产过程，也可经过简单处理后回用于生产过程，降低对自来水的需求量。

对于未能利用的生产过程的污水，经过收集后进入污水处理厂进行集中处理，污水处理后可重新用于工业生产中，减少了对水资源的开采和浪费。如果工业生产对水质要求较高，污水处理厂的出水难以满足水质要求时，可采用膜技术进行二次处理，通常情况下，膜技术处理后的再生水可满足大部分工业生产的需求。

3. 用于补充地下水

许多城市曾由于过量开发地下水资源，造成地下水位下降，甚至形成大面积的地下漏斗，产生地面沉降、海水倒灌等环境灾难。对工业污水进行收集处理后，可通过湿地进行二次处理，然后用于补充地下水，进行水资源的地下回灌处理，实现水资源的自然净化处理，用于补充地下水，防止地面沉降或海水入侵，实现抬高地下水位的目的，对保护地下水资源，增加区域水资源的储量具有重要的战略意义。

城市污水经过多次强化处理后，可就近排入市区边缘或市郊的湖泊、水库，通过地表水渗漏的方式二次净化水资源，并来补充地下水以防止地下水位下降，并为合理的地下水开采提供保障。如天津市地下水开采量在 6-9 $\times 10^8 m^3$/ a 之间，年均（1991-2006 年）地下水开采量 7.0 $\times 10^8 m^3$/ a，从区域上看基本没有超采，2002 年后开采还逐年下降（聂振龙等，2011）。如果对地下水资源不断进行补充和限量开采，可有效解决地面沉降等问题。

4. 用于补充地表水

对于处理后的工业污水，当水质达到标准后可返还河流，补充地表水，如果河流距离水源较近，则慎重采用此种处理方法，避免对水源造成污染。此种方法使水资源在自然状态下进行水资源循环，强化对水源的补充，但必须确保污水进行处理达标，必要时可采用湿地进行处理，然后排入河流之中。由于补充地表水没有任何经济效益可言，不利于投资方持续进行污水处理，通常很少采用此种方法进行水资源的回收利用。

5. 农业用水

农业用水的主要方式就是灌溉，灌溉用水对水质具有一定的要求，经过污水处理的出水可考虑回用于灌溉。采用处理后的工业污水进行灌溉，水质必须满足灌溉水质标准，污水中所含的有机质及其他肥料成分有利于作物的吸收生长，而且成本低廉，但必须注意，灌溉用水必须满足灌溉水的水质标准，不能将处理不达标的排水用于灌溉，造成土壤环境的污染，严重时会污染地下水资源。

工业污水经过处理后回用灌溉时，也可将其储存起来，建造污水回用管道及储存池，以确保灌溉的用水需求能够得到满足，必要时也应考虑采用节水型喷灌或滴灌技术（刘洪彪等，2013）。灌溉后的污水经过土壤处理后深入地下，同样起到了补充地下水的作用。

6.2 城市水资源发展循环经济的问题分析

6.2.1 雨水回用的问题分析

1. 水质问题

通常情况下，雨水与城市污水相比，水质要好一些，但绝不能认为雨水没有污染物，可以放心使用。首先，大气中的硫氧化物、氮氧化物等污染物会在降雨过程中溶于水，形成酸性污染物质；其次，地表径流会将地表的污染物冲刷到雨水中，造成雨水的污染。这样一来，收集的雨水就不可避免地存在水质问题。因此，在雨水的回收利用时，一定要避免与人直接接触，在进行景观的浇灌及农田喷洒时，也要尽量采用滴灌和浇灌，不要使用雾化喷洒的方式，以免进入人的呼吸道，对人的身体健康造成危害。

2. 缺少收集管线及设施问题

城市在雨水资源综合利用方面，首先缺少雨水收集系统，不具备相应的雨水收集管线和设施，导致部分天然雨水直接流入污水管线，不仅加大污水处理难度，而且增加了污水的处理量（信欣，2009）。此外，大部分雨水因迅速汇集，导致交通受阻，排水部门会直接抽水排入城市泄洪渠而被浪费。因此，在城市基础设施建设规划中，必须重视雨水的收集、输送及处理设施的建设。

6.2.2 生活污水回用的问题分析

1. 城市生活污水再生利用规划

目前，我国的城市建设总体规划，都进行了城市的供水及排水规划，但缺乏对城市污水处理后的再利用管网规划，不利于污水的循环经济发展。同时，城市污水管网设施老旧现象司空见惯，污水外溢及跑漏事件多有发生，严重滞后于城市发展。大量的城市居民生活污水、工厂企业生产废水、机关单位生活污水、公共服务设施污水混在一起，大部分通过城市综合污水排放管网直接排放河流，小部分经过城市污水处理厂处理排入河流，污水回用率很低（杨钢，2005；信欣，2009）。由于负责居民用水的水务部门和处理水污染的环保部门之间的职责不清晰，水务协会、水公共事业和市政部门的界限不明确，管理体制不明确而导致的水资源相关问题时有发生（肖易漪等，2013）。针对此问题，应明确生活污水的管理部门，实行管理问责制，并积极规划生活污水的收集管网和回用管网，同时，应广泛进行公众意见的征集，取得居民的认可，因为双管道的建设必须得到公众的接受（B. Mainali et al，2013）。

2. 缺乏对生活污水回收利用的激励措施

生活污水的家庭梯级利用，对自来水的节约具有重要意义，但目前这种循环经济的节约行为只能由居民自发实施，并没有相应的激励措施。为了更好地鼓励居民节约用水，强制性地管理措施不具有可实施性和法律依据，只能通过经济杠杆进行调节，可行的方法就是制定阶梯用水水价，将居民用水量划分几个级别，不同级别的用水量采用不同的水价，用水量跨级时会因水价的提高需要付出更多的水费，间接鼓励居民实施自来水的梯级利用，降低对自来水的需求量。

6.2.3 工业污水回用的问题分析

1. 缺少工业污水再生利用管网的规划建设

城市污水的处理与收集是城市污水再生利用的前提条件，和生活污水的回收利用一样，工业污水再生利用也缺少管网的规划建设，而且城市污水管网建设严重滞后于城市发展，不少地方政府对污水再生利用的重视不够，面对缺水困境总希望通过调水来解决问题。在一些城市的污水处理厂的规划、设计中，往往将达标排放作为处理目标，并未考虑污水的大规模再生利用，处理后的污水多被排入地表水体重。因此，城市工业污水再生利用应纳入城市总体规划以及城市水资源的循环经济发展规划中，促进水资源的循环利用。

2. 价格体系不合理

市场经济条件下，必须通过价格来调节和引导居民的消费行为。长期以来，由于自来水水价低，而质量相对较差的再生水则由于净化成本高，价格比自来水还高，导致许多工厂企业宁可使用物美价廉的自来水，也不愿意使用再生水，直接影响了再生水的再利用。据文献调查结果可知（郭宇杰等，2012）：全国各地再生水价格差异较大，如江苏省工业用再生水定价 6.10 元，为全国最高，其次天津开发区工业再生水定价 5.5 元，甘肃张掖工业再生水定价 0.2 元，为工业用水中最低，乌鲁木齐市农业再生水价格为 0.1 元，为全国再生水价格中最低，其他一般均在 0.5~1.8 元，城市景观用水一般为 0.4~1.0 元。面对不定的再生水价格，如何合理确定城市的水资源价格体系，还需要具体分析研究，以保证再生水被利用，通过污水再生实现水资源的持续利用。

3. 城市污水再生管理体系不够健全

目前，我国城市供水和污水分属不同的管理部门，各部门之间的协调渠道不畅，导致不同的规划、政策法规和管理体系共存的局面，对城市污水的处理和回收利用带来困难，不利用城市工业污水的回收利用（肖易漪等，2013），而国际上发达国家均实施水资源的统一管理，必须对有关管理部门进行功能整合，建立城市统一的水管理部门，统一规划城市的供水、排水和再生。

4. 缺乏对污水水质的监管

污水的回收利用，对于缓解水资源的紧缺，促进水资源的持续发展具有重要意义，但目前对回用水水质监测并存在漏洞，监管不严，这将导致更大的水污染事件发生，影响城市区域水环境的安全。要解决此问题，必须健全并严格执行城市污水处理回用的各种法规，制订有关污水处理排放和回用方面的水质标准，做到有法可依，并对污水处理后的水质进行动态监测，确保水质达标。同时对水质进行随机分析，对回用水中的化学物质、有毒物质、微生物进行风险评价（Meng Nan Chong, et al, 2013），避免对人体健康造成危害。

对于排入地表水或地下水的处理污水，一定要保证排放水的水质符合要求，避免造成天然水环境的二次污染，合理利用水环境的自净能力，严格进行水质监测。目前国内对于再生水用于地下水回灌的安全性研究开展较少，对于长期的生态安全没有明确的结论，若地下水环境不存在大型的缺水漏斗，尽量避免采用再生水回灌地下水。

对于再生水灌溉问题，必须注意对水源的污染问题。美国环保署建议：在使用再生水灌溉直接食用的作物时，灌溉区与饮用水井的距离应在 15 m 以上，而在灌溉非直接食用的作物时，灌溉区与饮用水井相距 90 m 以上，当采用喷灌方式进行灌溉时，必须远离公共可接触区 30 m 以上（陈卫平等，2012）。如果灌溉后的排水进入天然地表水环境，一定要对排水进行水质监测，避免对河流或湖泊的水环境造成污染。

6.3 城市水资源发展循环经济的驱动机制

对于城市水资源而言，要实施循环经济的发展模式，就要进行城市水循环的系统分析，以城市取水、用水、排水三个关键环节为对象，依据水资源从源到汇的过程路径，对水资源推行循环经济发展模式的措施和方法进行研究（邵益生，1996）。国内将城市水资源的回用对象分为：生活用水、工业用水、景观用水、市政建设用水、灌溉用水和补充地下水等，根据各回用对象对水资源质量的不同要求，合理分配城市中各种来源的水资源，促进水资源的"利用—回收—处理—再利用"的闭环流动。

为了促进城市水资源的循环经济发展，实现城市水资源高效、有序、可持续的循环利用，必须健全城市水资源循环利用系统，同时要具备促其顺利实施的驱动机制。这些驱动机制，涉及城市的各个层次和领域，还需要公众的广泛参与，同时，由于驱动机制包含因素众多，为了确保城市水资源的经济循环利用，必须建立健全各种保障机制。目前，促进城市水资源循环利用的驱动机制可概括为政策机制、经济机制、法律机制、宣传教育机制、技术机制和信息机制等六个方面（刘洪彪等，2013），共同促进城市水资源的循环经济利用。

6.3.1 城市水资源发展循环经济的驱动特点

城市水资源发展循环经济的驱动机制通过各种驱动手段而实例化，各种驱动手段的出发点和驱动对象都不相同。经济手段、行政手段和法律手段在我国环境管理中一直处于主导地位，在当前所使用的城市环境管理手段中占绝对地位，具有强制性的特点，直接对城市水资源的循环利用进行调控，约束企业、公众的行为，促进水资源的循环利用；技术手段具有持续性，随时间的推移会不断更新；宣传教育手段则只是一种辅助手段，旨在普及循环经济的发展理念，引导公众自觉自愿节约

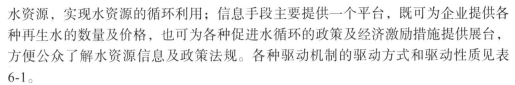

水资源，实现水资源的循环利用；信息手段主要提供一个平台，既可为企业提供各种再生水的数量及价格，也可为各种促进水循环的政策及经济激励措施提供展台，方便公众了解水资源信息及政策法规。各种驱动机制的驱动方式和驱动性质见表6-1。

法律手段是世界各国进行环境管理的基本手段，立法驱动循环经济发展的主要特点是强制性和不可抗拒性。由于法律的强制性作用，制定法律条文就必须具有针对性和明确性。2002年6月29日，《中华人民共和国清洁生产促进法》获得通过，并于2003年1月1日起施行，开启了立法推动我国循环经济发展的新纪元。

在保证城市水资源的经济循环利用过程中，政府起着主导作用。为保证其能顺利实施并得到广泛推广，利用水资源的政策体系应遵循生命周期的要求，按照从源到汇的思路，严格规定水循环不同阶段的水质标准，明确污水处理再回收利用的水质要求，促进水资源的循环利用。此外，需要制定严格的奖惩措施，奖励积极推广和使用水资源循环利用的企业单位，鼓励更多的企业参与到水资源的循环经济利用中。处罚过度使用清洁水源和消极使用再生水的企业单位，利用政策保障城市水资源的回收利用。

表 6-1 城市水资源循环利用的驱动机制分析

驱动手段	驱动方式		驱动性质	
	直接驱动	间接驱动	强制性驱动	辅助性驱动
行政手段	√	×	√	×
法律手段	√	×	√	×
经济手段	√	√	√	×
技术手段	×	√	×	√
教育手段	×	√	×	√
信息手段	×	√	×	√

循环经济的技术驱动机制，并不直接驱动城市水资源的循环利用，而是辅助循环经济的发展，为城市水资源的循环利用提供技术支持，实现污水的处理净化而被二次利用。宣传教育和信息手段属于典型的辅助性驱动手段，可结合技术手段实现城市水资源发展循环经济的间接驱动，促进水资源的循环经济发展和持续利用（荆平，2015）。

6.3.2 经济为核心的强制性驱动机制

依据循环经济的驱动特点，最为直接和有效的方式就是采取强制性驱动机制，以促进城市水资源的循环经济发展模式的推广和应用。各种强制性驱动机制以经济为核心，并通过经济手段实现对水资源回收利用的有效驱动。政策手段通过行政管理来实施，通过经济手段实现调整。技术和经济手段可通过相应的政策进行制订和实施，随着法规体系的逐步健全和完善，政策手段将被法律手段所替代。政策主要包括政府奖励、税收、政府采购、财政投资等形式；法律手段目前主要通过制定环境标准，采用排污收费制度、污染物达标排放等来实施。城市水资源循环利用的各种强制性驱动手段见表 6-2。

表 6-2 城市水资源循环利用的宏观强制性驱动手段

经济手段	过度用水（自来水）	采用再生水
税收手段	超量过度用水征税；按照超额量增加税率	减免税费；减免企业税收；节水进行税费补偿
价格调整	提高自来水水价或阶梯式递减再生水价	阶梯式递增自来水水价或调低再生水水价
财政补贴	取消财政补贴	适度财政补贴
政府优先采购	——	政府购买企业产品
政府奖励与处罚	降低低息贷款及财政支持，加收税费	经济奖励；提供低息或无息贷款；减免税费

税收政策可分为加税和减税两个方面。加税政策的制定是为了降低自来水的使用量，促进再生水的回收利用，减税政策主要针对大量使用再生水的企业，实行减税或免税的政策。如美国的亚利桑纳州，对分期付款购买回用再生资源及污染控制型设备的企业可减 10% 的销售税；在日本，对废塑料制品类再生处理设备，在使用年度内进行普通退税，此外还按购买价格的 14% 进行特别退税等等。

在政策法规方面，阶梯水价是提高用水效率并降低水资源浪费的常用措施，我国的许多城市如北京等也开始对阶梯水价进行公众听证会，为推进阶梯水价做准备。澳大利亚、加拿大、以色列等国都对城市居民用水采取累进水价政策，先给每户每月用水规定一个基本量，未超额则按优惠价格收费，对超出部分按较高价格收费（肖易漪等，2013）。

在收费政策方面，除继续推行排污收费外，还应加收污水治理费等。我国的排污收费政策及排污交易制度等，已经成功推行并在环境保护方面取得成效。国外则将污水治理费合并在水费中一并收取，如德国居民的水费就包含污水治理费，市级政府必须向州政府交纳污水治理费，污水治理没达到要求的企业要承担巨额罚款。

在政府奖励政策方面，推行资源回收奖励制度，鼓励企业回收使用再生水。通过改变政府的购买行为，影响消费者和企业的生产方向，从而促进循环经济的发展。如美国的"总统绿色化学挑战奖"和英国的"Jerwood-Salters 环境奖"，对研发具有实用价值的化学工艺方法进行资助，美国几乎所有的州均有对使用再生材料的产品实行政府优先购买的相关政策或法规。在政府采购政策方面，对于大量使用再生水或回用水超过特定比率的企业产品进行优先采购，鼓励企业推行水资源的循环经济发展模式。

6.3.3 以技术为核心的辅助性驱动机制

城市水资源的循环经济发展需要技术的支撑，通过技术实现污水的处理，达到一定的水质标准，为二次利用提供保障。技术支撑是实现城市水资源循环经济利用的前提，通过技术才能保证污水处理后的水质要求，使水资源得到良性循环并满足用户要求。在微观层次上，要求企业从生产流程及工艺角度出发，分析各环节用水的水质要求，不断研制处理污水的新设备、新方法，实现生产环节排水的回收处理和再生；在宏观层次上，要求对污水进行集中收集和处理，并采用管道输送进行污水回用的统一规划，使水资源实现跨区域、跨行业循环利用（包晓芸等，2010）。

信息手段是传播环境管理的法律、政策及经济刺激方法的重要平台，随着互联网的迅速推广及应用，更多的企业、公众都通过各种信息平台获取消息，对政府环境信息和企业环境信息进行公开，目前在环境保护领域得到广泛应用。在城市水资源的循环利用方面，污水处理技术、再生水的数量和水质等主要信息可通过环境信息公开的方式向公众展示，并为企业提供循环利用的途径。也可利用环境信息公开的方式，对违反水资源的企业及团体进行及时预警，达到环境保护的目的。

污水处理后即使满足各种需水对象的水质要求，还必须得到公众、企业的认可，教育手段是获取公众认可的最佳方式，结合信息手段和技术手段，让公众积极参与到水资源的循环利用之中，并通过技术参数使公众了解再生水的处理方法及出水水质，将回用水的水质参数面向社会进行宣传，鼓励企业积极使用再生水。政府应通过官方媒体不断加强循环经济发展理念的舆论宣传，使节水意识深入人心，同时将水资源的循环利用纳入到中小学的教育中，使中小学生养成节约用水的好习惯，减少对水资源的浪费，提高城市水资源的利用效率。

6.4 城市水资源发展循环经济的空间调控与管理

6.4.1 调控管理的理论基础

城市水资源发展循环经济的调控管理，应建立在量化分析与评价的基础上，依据评价结果的分级判断，选择发展水平偏低的区域制定针对性的调控措施，实现区域的整体协调发展。在区域循环经济评价过程中，首先应对研究区域进行范围界定，确定区域内的自然环境及社会经济环境现状，采用环境系统的层次分析法，注重多因素多样性，采用综合评价模型对区域环境要素进行系统分析，量化衡量区域环境质量现状，实现大系统的环境质量评价，结合时序变化数据，能够预测区域环境质量的演变趋势。

模型预测分析对环境要素及社会经济要素的空间特征考虑不足，忽略了环境空间的客观性和因地制宜的哲学思想，必须以区域环境要素的空间演变为基础，结合空间分析方法，实现区域环境经济协调发展的空间评价，并运用分级评价的思想，从空间上实现区域环境要素的可视化分析，从现状评价和预测分析两方面，刻画区域环境经济变化轨迹，直观服务于管理调控。

区内调控政策，以区内分析结果为依据，实现系统内可行的一体化调控措施，对于区间调控政策，要结合空间分析的空间溢出或涓滴效应，提出实现两区域的跨区调节措施。政策的制定还需要双方不断协调，结合区间的变化特征，实施空间路径的调整措施，必要时由上级行政主管部门确定双方的调控措施，并随时实行动态调节。

政策的制定需要确定实施区域的环境特征，由于环境的空间异质性，环境政策必须与环境特征相匹配，同时依据环境的变化进行政策调整，管理者必须及时解决政策的自适应及空间匹配问题。

经济的空间差异要求管理调控注重空间变化，城市生态系统的良性发展必须合理利用水资源，实现城市水资源的循环利用，采取措施促进水资源的可持续发展，促进正向流动，抑制负向流动，提高城市水资源的重复利用率。

6.4.2 基于投入产出分析的城市水资源管理调控机制

通过直接用水系数和间接用水系数可间接确定区域内的水资源密集型产业，这些产业与区域水资源的持续发展密切相关，产业结构的调整将对区域水资源的循环发展产生积极影响。通常情况下，这些产业的直接用水系数或间接用水系数比较高，便于通过投入产出分析量化确定。

直接用水系数高的产业必须作为循环经济发展模式的重要部门，因为这些产业用水量大范围广，可依据用水地域范围的特点，直接在用水区域实施空间上的可持续循环用水设施，同时对用水方式进行系统分析，在产业内部实施小循环，目前我国的农业生产过程是无异议的直接用水系数高的产业，内部用水首先可实施梯级利用，农业浇灌从高处向地处进行绕行浇灌，这也是目前稻田和梯田流行的用水方式，而在平原地区，降低直接采用新鲜水的方法就是回用处理污水，实施污水灌溉；

从直接用水系数可确定回用水的首先回用对象，特别是企业内部的水循环应侧重直接用水较高的行业，从完全用水系数可判定回用水的群对象，即支撑该行业的间接用水单位作为水循环的主要对象，并按照间接回用水比率进行回用水的分配（田贵良，2009）。

直接用水系数大、间接用水系数小的产业部门，最为明显的是电力、火力生产和供应业，这些产业若能有效提高水资源的循环利用效率，将不会造成经济系统用水量的大幅增加。而直接用水系数小、间接用水系数大的产业部门，必须考虑产业直接用水系数和间接用水系数中一种用水系数较低、而另一种较高的情形，特别是间接用水系数大、直接用水系数比较小的情形，这种用水关系不易被直观发现，在界定高用水产业时常被人们所忽视。其中较为典型的产业部门有食品制造加工业，服装、鞋、帽制造业，木材加工及家具制造业，其他制造业，这些产业自身用水量都很低，但间接用水却是直接用水量的数十倍甚至百倍以上（田贵良，2009；刘冠飞，2009）。

依据投入产出分析而知的高间接用水行业，因其直接用水系数较小而具备隐蔽性，解决水资源压力的方法就是降低原材料的使用量，或采用新材料，采用用水量比较低的新材料。

6.4.3 基于优化分析的城市水资源管理调控机制

城市水资源的空间管理及政策建议,建立在城市范围内的水资源优化分配的基础上,在经济最优的情况下,实现水资源的循环利用。本研究采用多目标优化分析方法,依据 PSO 优化算法,在 MATLAB 环境下实现回用水量和回用水价不确定状态下的优化分析,获取水量水价的优化分析结果。而要实现优化分析结果的空间管理调控,需要在 GIS 软件的支持下,利用 GIS 空间分析功能,进行空间可视化分析并制定空间调控对策。

1. 第一产业回用水水价空间分析

依据京津冀城市群污水回用优化分析结果,实现第一产业回用水的空间优化分析,采用等高线对空间分布的趋势进行描述(见图 6-2 中的 E-1),运用分级评价法,对回用量的空间分布特征进行分析(见图 6-2 中的 E-2),结果表明:在制定区域水价的基调上,将北京、天津和石家庄分为同一类别,除石家庄外的其他河北城市分为一类,在空间上实现对经济发展水平进行人为区分。在模拟分析中,污水回用价格也以三城市价格最高,在同一价格水平的河北省城市中,也呈现近京津价格变化较快,远离则变化趋势放缓的特点,河北边缘城市污水回用价格最低,受经济快速发展的影响较小,空间溢出效应不明显。从管理上应结合第一产业空间分布的特点,对第一产业回用水价格按照北京、天津、石家庄统一定价,确保污水产出率高的大都市积极接受回用水,并从税收上给予减税支持,确保污水处理企业的经济收益,同时又提高了第一产业回用水的实施。

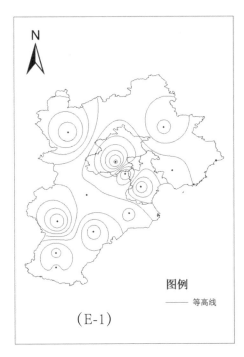

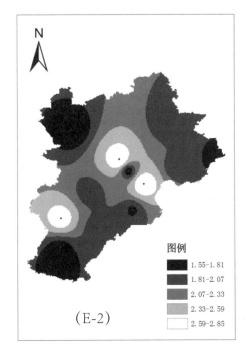

图 6-2 第一产业回用水的空间分布特征

2. 第二产业回用水水价空间分析

依据京津冀城市群污水回用优化分析结果，实现第二产业回用水的空间优化分析，采用等高线对空间分布的趋势进行描述（见图6-3中的F-1），运用分级评价法，对回用量的空间分布特征进行分析（见图6-3中的F-2），结果表明：第二产业GDP增加值以北京、天津和石家庄为首，其他城市均低于这三个城市，所以，回用水水价仍以这三个城市处于同一水平，其他城市中，回用水水价最低仍高于污水处理成本价，所以对于污水处理单位可不考虑进行经济刺激，而且污水回用价格均在2.3元/m³，企业的回用水水价与新鲜水水价存在较大差距，可以保障回用单位的经济收益。

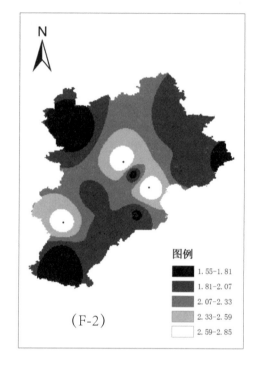

图6-3 第二产业回用水的空间分布特征

3. 第三产业回用水水价空间分析

依据京津冀城市群污水回用优化分析结果，实现第三产业回用水的空间优化分析，采用等高线对空间分布的趋势进行描述（见图6-4中的G-1），运用分级评价法，对回用量的空间分布特征进行分析（见图6-4中的G-2），结果表明：第三产业回用水价格，空间上仍以京津石家庄三城市为核心，且为同一级别，这说明第三产业在三城市中的经济收益均处于较高水平，在经济政策上可观察处理，暂不用推行调控措施，而在除北京、天津、石家庄外的其他城市中，由于三城市的极化作用，导致城市水价低于周边区域，这种逆差现象必须采取措施进行调控，以城市价格为依据，确定周边区域的价格略低于城市价格，而三产回用水的单位多聚集于城市，因此，在城市回用水水价的基础上，对回用水单位进行降税收或直接推行用水补偿。

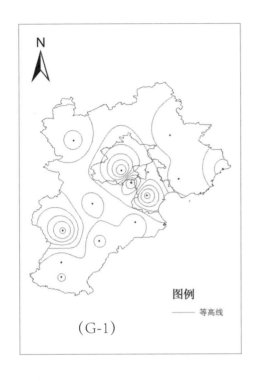

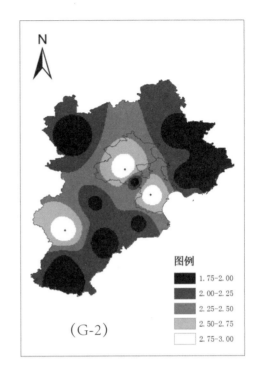

图 6-4 第三产业回用水的空间分布特征

4. 生态环境回用水水价空间分析

依据京津冀城市群污水回用优化分析结果，实现生态环境回用水的空间优化分析，采用等高线对空间分布的趋势进行描述（见图 6-5 中的 H-1），运用分级评价法，对回用量的空间分布特征进行分析（见图 6-5 中的 H-2），结果表明：回用水用于生态环境的补充时，水价总体限制在回用水价格的最低位，依据优化分析结果，天津和石家庄的价格最高，依据京津冀区域的空间分析结果可知，仅天津和石家庄的回用水水价接近污水处理成本，因此，政府部门按照污水处理价格对污水处理厂进行经济补偿，或依据此价格降低或免去污水处理单位的税收。对于其他城市，优化分析结果与污水处理成本差距很大，而较低的优化分析结果仍然由政府部门或管理部门对污水处理单位进行补偿，补偿额应采用回用量与污水处理成本的乘积来进行实际补偿。

优化分析的目标之一就是经济效益最大，当回用水价格较低时所得到的优化分析结果，表明污水回用的效益是最佳的，因此，政府部门在采取管理措施时，必须确保第一、第三产业的回用污水量能够顺利实施，否则将导致污水处理企业陷入困境。

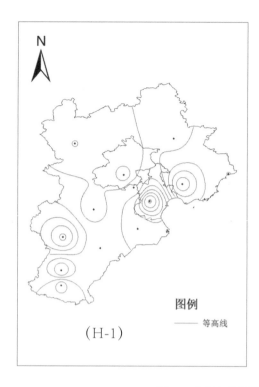

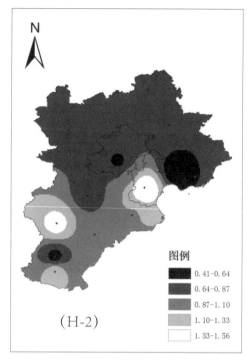

图 6-5 生态环境回用水的空间分布特征

6.4.4 城市水资源发展循环经济的空间调控

对于城市水资源的循环经济发展，必须依据污水处理单位的空间分布、污水回用量的空间分布以及污水回用管线的空间可达性来制定管理调控措施，采用宏观—微观多尺度的综合分析方法，集成模型模拟分析和 GIS 空间分析方法，对城市环境经济的空间结构特征、演变过程、驱动力和发展趋势进行可视化分析，依据城市的空间特征，提出利于水资源循环利用的调控政策手段和空间调控政策，通过要素空间优化配置，科学引导污水回用在空间优化分配的顺利实施，并为区域水资源的系统管理提供理论依据和决策支持。

对污水处理厂的空间布局进行合理化分析，确保排污区域和污水处理厂的空间匹配，对于污水处理能力不足的区域，尽快建设污水处理厂，城市污水处理行业由于其公益性特征，决定了政府补贴存在的必要性。从再生水的使用来看，大部分再生水最后主要用于生态补偿、城市绿化、地下水补水及景观补水等公益性领域，回用水的价格比较低、回用水量少且季节波动大等发展瓶颈，加上取水价格的差异性不明显，供需双方的积极性都不高。因此，推动再生水供给方面可以采取政府为主角的管理调控措施，加大政府对排水管网和再生水管网的投入，促进再生水在城市空间区域的输送和使用。

目前，我国再生水规模偏小，除了供给方面的约束外，消费不足也是一个突出特征。由于污水回用激励机制的缺乏，对污水回用在很多城市仅处于提倡阶段，多是市政部门自己使用，缺乏激励企业和个人使用回用水的各项优惠措施，致使污水回用市场难以形成和发展，回用水资源无法得到高效利用（司言武等，2018）。普通民众和相关企业对再生水的使用意识还很薄弱，清洁节能产品的消费意愿并不强烈，在市场机制中并没有形成有效需求。因此，政府在设计再生水补贴激励政策的对象时，首先应适当向再生水回用区域的消费者倾斜，对再生水处理厂附近的用水单位，加大购买补贴力度，引导"绿色消费"，以扩大再生水的需求市场。对使用再生水的企业和个人运用减免税收和污水处理费等，对因愿意使用再生水而需对现有供水系统进行改造的用户给予适当财政补贴，以减少污水回用产品与同类其他产品的价差，有效刺激公众的需求，鼓励消费者使用回用水的积极性。

我国政府虽然支持污水治理，但却没有直接的奖励政策来激励水污染的治理，各地的污水治理完全靠自觉。一些地方政府宣布了优惠扶持政策，但支持范围都很小，尤其是再生水使用的电价优惠政策、免征水资源费和污水处理费等政策只在极个别省份实施。政府规定相关职能管理部门在城市绿化、荒山绿化、市政景观等适当领域必须首先考虑使用再生水，通过政府支出来提升回用水的市场需求（发改委、环保部：《"十三五"全国城镇污水处理及再生利用设施建设规划》，发改环资【2016】2849号）。政府部门应依据各种回用水的空间分布，制定空间管网的长期性规划方案，逐步推进回用污水在城市区域的积极消化，降低污水排放量和地下水开采量，促进城市水环境的可持续发展，实现城市区域的水平衡。

6.5 小结

6.5.1 城市水资源的循环经济发展模式相关结论

城市水资源的循环经济发展是解决城市水资源供需矛盾的重要理念，必须改变城市的传统用水方式，推行循环经济的发展模式，提高城市水资源的利用效率，提高单位水资源量的重复利用次数，降低对水资源的不必要浪费，避免污水直接排放造成地表水污染，鼓励实施城市水资源的经济循环利用模式，才能实现水资源的可持续发展。

从城市水资源发展循环经济的理念特征入手，结合循环经济的3R原则，对城市水资源发展循环经济的层次结构进行分析，提出了三个层面发展循环经济的主要对象及特点。由于城市水资源具有物质流动的特性，水资源在其循环流动的过程中，和人类的生产生活活动密切联系，这三个层面的循环经济发展交织在一体，通过相互作用、相互影响改变城市水资源的利用方式。

6.5.2 城市水资源的循环经济发展驱动机制相关结论

城市水资源的循环经济发展，在进行水资源回收利用的同时，一定要重视循环经济发展模式中可能存在的问题，对于规划中存在的问题，应通过管理层面以法

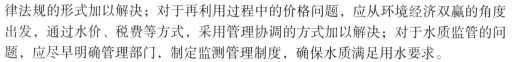

律法规的形式加以解决；对于再利用过程中的价格问题，应从环境经济双赢的角度出发，通过水价、税费等方式，采用管理协调的方式加以解决；对于水质监管的问题，应尽早明确管理部门，制定监测管理制度，确保水质满足用水要求。

推行城市水资源的循环经济发展模式，不仅要进行水资源循环利用工程的建设，还要对回用水的水质加强管理，加大保护水资源和再生水利用的宣传力度，提高企业、居民用水的利用率，提高城市各级部门的节水意识，制定合理开发利用水资源方案，保证城市用水的持续供给，同时要保证城市生态环境特别是水环境的安全。

由于我国在污水资源化利用方面尚未制定相关的具体条例，需要国家出台更加强硬的法律法规作为支撑和约束，应抓紧修订、建立和完善相应的城市污水回用法律、法规，在城市生态系统内，对污水回用的标准、回用率的最低阈值、排水水质要求等方面做出规定，使污水处理回用有法可依，并给予其政策导向。同时，不断加大污水处理技术投资，提高污水处理率，并增设循环经济信息发布平台，实现城市水资源交易信息数据的共享，及时公布相关优惠政策和行政管理条例。

6.5.3 城市水资源的循环经济发展空间调控相关结论

城市污水再生回用模式及经济可行性研究，涉及再生水的处理工艺、处理成本和运行费用等诸多因素，综合考虑污水再生处理、污水收集和再生水输送系统的工程投资和运行维护费，对推进再生水市场化运作的污水处理厂给予相应的政策优惠，以激励各污水处理厂积极开拓再生水市场，增加回用水的供给量。提高政府政策的支持力度和财政补贴力度，为再生水价格制定提供更大的空间。

政府应采取积极的鼓励政策，如对污水处理厂经营者给予信贷方面的优惠政策，减少经营者的经济压力，以此促进污水回收市场的发展；同时政府需要加大对污水处理厂的财政补贴力度，如对污水处理厂的经营者给予税收减免优惠政策，为再生水价格的制定提供更大的空间。

可通过政府制定的规范经济管理运转模式和建设污水再生利用的基础设施两方面促进污水回用优化分配方案的实现，从空间上保障污水处理厂的合理布局，促进污水管网的空间可达。为推动污水资源化的利用，除应进一步明确政府的角色定位、制定城市水资源的综合利用规划、完善相关法律法规、加强科技创新以及积极推进污水资源化的市场化进程外，还要进一步提高污水处理厂的生产效率，从而降低污水资源化的成本。

【参考文献】

[1] 宋超，吕娜，栾贻信等.水资源循环经济理论与实践研究——以山东省工业用水为例 [J]. 科技管理研究，2010，（7）：23-25.

[2] 丁海燕.城镇污水处理厂再生水回用工程实例分析 [J]. 中国资源综合利用 ,2021,39(09):191-193.

[3] 张杰，李冬．城市水系统健康循环理论与方略 [J]. 哈尔滨工业大学学报，2010,42(6):849-854

[4] 虞英杰，班玉龙，贾剑．城乡水环境综合管理策略探讨 [J]. 资源节约与环保 ,2021,(06):132-134.

[5] 张炜，李思敏，孙广垠．雨水回用对城市水循环和下游生态环境的影响 [J]. 水利水电科技进展，2010，30（3）：50-52.

[6] 潘倩．浅谈城市节水与雨水利用 [J]. 资源节约与环保，2011，（3）：48-49.

[7] 荆平．城市水资源的循环经济利用模式及问题分析 [J]. 科技管理研究 ,2015,35(07):223-227.

[8] 刘洪彪，武伟亚．城市污水资源化与水资源循环利用研究 [J]. 现代城市研究，2013，(1): 117-120.

[9] 聂振龙，陈江，王金哲等．地下水在京津唐区域社会经济发展中的作用 [J]. 干旱区资源与环境，2011，25（10）：75-79.

[10] 余颖男，孙丹焱，郑涛等．污水厂再生水回用于城市内河的生态修复效果及安全性评价 [J]. 环境工程 ,2021,39(06):1-5+26.

[11] 信欣．城市生态补偿与循环经济体系的建构 [J]. 经济学动态，2009，（6）：34-37.

[12] 杨钢．城市污水再生利用的问题及政策建议 [J]. 云南环境科学，2005，24(1)：27-29.

[13] 肖易漪，孙春霞．武汉市水资源危机与对策研究 [J]. 湖北社会科学，2013,(3):47-50.

[14] B. Mainali，Thi Thu Nga Pham, Huu Hao Ngo，et al. Vision and perception of community on the use of recycled water for household laundry: A case study in Australia. Science of the Total Environment . 2013，(463–464): 657–666

[15] 郭宇杰，王学超，周振民．我国城市污水处理回用调查研究 [J]. 环境科学，2012，33（11）：3883-3884.

[16] Meng Nan Chong，Jatinder Sidhu，Rupak Aryal，et al. Urban stormwater harvesting and reuse: a probe into the chemical, toxicology and microbiological contaminants in water quality. Environ Monit Assess . 2013, (185):6645–6652.

[17] 陈卫平，张炜铃，潘能．再生水灌溉利用的生态风险研究进展 [J]. 环境科学，2012，33（12）：4070-4080.

[18] 邵益生．中国城市水资源管理理论体系的框架研究 [J]. 城市发展研究，1996，（4）.

[19] 荆平．城市水资源的循环经济发展理念及驱动机制分析 [J]. 科技管理研究 ,2015,35(09):250-253.

[20] 包晓芸，石慧．循环经济理念下的城市污水处理浅析 [J]. 污染防治技术，2010，(2):16-18.

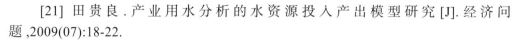
[21] 田贵良.产业用水分析的水资源投入产出模型研究 [J].经济问题 ,2009(07):18-22.

[22] 刘冠飞.基于投入产出模型的天津市虚拟水贸易分析 [D].天津大学 ,2009: 42-49.

第7章　城市水资源循环经济发展水平的空间评价与调控

　　水资源是工业、农业和城市发展的物质基础，是一个国家和地区经济发展、社会进步的重要支撑，可持续的水资源对城市的发展十分重要。随着人口的急剧增长和经济的快速发展，城市群水资源短缺和水资源污染问题日益突出，实施水资源循环经济发展模式极为迫切，必须对城市水资源的循环利用现状进行评价，识别障碍因子，便于采取管理调控措施，促进城市水资源的可持续发展。

　　水资源作为一种重要的自然资源，其利用效率是影响城市社会经济可持续发展的重要因素，对于城市水资源的量化评价分析研究，主要侧重城市水资源的承载力和利用效率两方面，模拟方法从综合指数法逐步过渡到空间分析评价法。孙雅茹等（2018）以盐城市为例，构建了水资源承载力评价指标体系，采用改进的 Topsis 法，结合组合赋权法对盐城市水资源承载力进行了评价，并采用障碍因子诊断模型识别出主要的影响因素，对了解区域水资源承载力状况和发展趋势提供参考；李玲玲等（2017）基于系统动力学方法，建立一套集成政策、水量、经济和人口指标的水资源承载力 Stella 动态模型，以北京市为案例，模拟有无政策干预下水资源承载力的响应特征，为水资源优化、保障城市水安全提供参考依据；刘雅玲等（2016）基于"压力—状态—响应"（PSR）模型框架，构建城市水资源承载力评价指标体系，其中压力类、状态类、响应类指标分别为7、5、7项。采用层次分析法（AHP）确定各项指标权重，引入指标综合评价法，结合中国城市发展现状及规划设置标准，对福州市水资源承载力进行分析评价。陈威等（2018）以水资源、资金和劳动力为投入要素，以经济效益为产出要素，建立全要素生产框架下的水资源利用效率评估模型。采用 DEA-Malmquist 模型对武汉城市群水资源利用效率、投入冗余率和全要素生产率进行研究，并用线性回归模型分析全要素生产率各分解指标对水资源利用效率的影响作用。韩文艳等（2018）基于数据包络分析（DEA）模型，对 2010—2014 年中国地级及以上城市水资源利用效率进行评价，并对其时空格局进行了分析，根据空间差异因地制宜，提高城市水资源利用率。在城市水资源的时空演变分析方面，高雅婵等（2018）基于城市水资源需求场理论，以 2002—2013 年浙江省 32 个城市为对象，定量计算了不同类型城市"水（需求）场"强度，绘制"水场"强度等值线图、"水场"强度演化趋势、"水场"方向分布图，并对城市"水场"强度时空演化特征进行分析，确定城市及其经济、人口发展演变规律。造成区域差异性形成的根本原因是自然要素和社会经济要素的空间不均衡所致，区域资源的分配常以经济活动与服务的效益最大化为目标进行空间配置，直接导致区域发展的失衡，并在经济效益最大化的发展中忽视生态环境的保护与建设。因此，必须依据循环经济的发展理念，对城市经济、社会和环境效益的共赢发展进行研究，积极探索经济与环境的可持续发展模式。

7.1 城市水资源循环经济评价现状

循环经济是一种科学的发展观，它通过生态学的规律对人类社会的经济活动进行指导，以资源的循环高效利用为目标，以"减量化、再利用、资源化"为原则，以低消耗、低排放、高效率为基本特征，实现社会经济与环境的可持续发展。随着循环经济的迅速发展，部分学者将循环经济的理论引入到了水资源的研究中，而对于水资源循环经济的定义，至今仍未有一个统一、准确的概念。吴季松（2003）是最早提出用循环经济的理念来防治水污染；李娜（2014）认为水资源循环经济是以遵循社会、经济的发展规律为前提，以水资源高效循环利用为中心，以减量化、再利用、再循环为原则，以低污染高能耗为特征，以经济、技术、管理和法律政策为手段，实现社会经济与自然环境和谐发展，可持续化的水资源开发利用。

虽然关于水资源循环经济的概念尚不明确，但对于其原则，目前公认的是 3R 原则，即减量化原则、再利用原则、再循环原则（荆平，2015）。减量化原则就是在生活和生产活动中，使水资源的投入量减少，排污量降低，从而实现节约和高效用水。再利用原则就是在生活生产过程中尽量的增大水资源的利用周期，做到多次循环利用水资源，提高水资源利用效率。再循环原则就是"变废为宝"，达到污水资源化的目的，从而实现"水资源 - 水资源开发利用 - 水资源回收处理 - 水资源"的循环利用模式。

随着工业化和城市化的快速发展，水环境污染、水资源短缺现象越来越突出，对社会经济发展的瓶颈效应日益明显。而循环经济不同于以往的物质、能量单向流动的传统经济，它是一种"资源 - 产品 - 再生资源"的闭环流动的模式，可以有效地缓解京津冀地区水资源短缺及水资源污染。水资源循环利用的评价方法有很多，如相关性分析、物质流分析、模糊评价法、层次分析法、关键绩效指标评价等。范琳（2017）基于经济的快速发展而造成的资源短缺和环境污染问题，以山东省为例，利用物质流分析方法，构建了区域循环经济评价指标体系，得出山东省的物质投入量逐年增加，在固体废弃物综合利用方面取得一定成果。李庆昕（2018）利用灰色三角白化权函数对水资源脆弱性评价中存在的不确定信息进行分析处理，并依据各评价指标的主客观影响因素对指标权重进行求解并完成评价模型的构建，最后利用所构建的模型对浑河流域水资源脆弱性进行综合评价分析，但在指标权重的改进算法研究中，主要采取叠加处理的方式，未对处理结果进行更深层次的理论分析和研究探讨。目前多数文献对评价指标权重的处理主要采用熵权法，弥补了主观赋权法分析结果的不确定性，增加了评价结果的客观性和准确性。对于循环经济发展水平

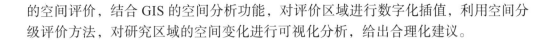

的空间评价，结合 GIS 的空间分析功能，对评价区域进行数字化插值，利用空间分级评价方法，对研究区域的空间变化进行可视化分析，给出合理化建议。

7.2 评价指标体系的构建

7.2.1 数据来源

京津冀城市群作为中国的"首都经济圈"（刘娜等，2019），位于华北平原中北部，目前已成为北方发展的重点和引擎。但是，随着工业化和城市化的快速发展，京津冀地区水环境污染、水资源短缺、水资源利用效率低等现象日益突出（余灏哲等，2020），对社会经济发展的瓶颈效应日益明显。京津冀城市群的国人均水资源量是我国最少的地区之一，其人均水资源量甚至还不到全国的七分之一，局部地区甚至已经与干旱地区的人均指标相当接近。同时由于水资源需求量远远大于本地水资源可供水量，已经致使部分地表河流长年断流，湖泊湿地面积正在不断缩小。京津冀地区的地下蓄水量已经超采严重，据有关资料显示可知，京津冀地区地下水的超采漏斗面积已经超过了四万平方公里。

数据主要来源于 2013-2017 年的《中国统计年鉴》《中国城市建设统计年鉴》《中国环境统计年鉴》《天津市水资源公报》《北京市水资源公报》《河北省水资源公报》以及京津冀各城市的统计年鉴等。

7.2.2 指标体系的选取

指标体系的建立应遵循层次性、科学性、可量化以及综合性原则，在充分考虑京津冀水资源供给和排放利用情况的基础上，通过对相关的指标进行筛选组合，构建了四类共二十二个指标评价体系。本文以京津冀水资源循环利用情况为目标层，以供水指标、用水指标、排水指标、循环利用指标为准则层，其中，供水指标包括供水总量、水资源总量、地表水资源量、地下水资源量、新水取用量等 5 个指标，用水指标包括用水量、工业用水量、农业用水量、城市公共用水量、居民生活用水量、城市环境用水量、人均日生活用水量等 7 个指标，排水指标包括污水排放量、工业废水排放量、排水管道长度等 3 个指标，再生回用指标包括重复利用量、重复利用率、污水处理量、污水处理率、再生水利用量、再生水生产能力、节约用水量等 7 个指标，由此构建了京津冀水资源循环利用情况评价指标体系。具体指标体系见表 7-1。

表 7-1 京津冀水资源循环利用情况评价指标体系

目标层	准则层	指标层
京津冀水资源循环利用情况	供水指标（B1）	供水总量 (C1)
		水资源总量 (C2)
		地表水资源量 (C3)
		地下水资源量 (C4)
		新水取用量（C5）
	用水指标 (B2)	用水量 (C6)
		工业用水量 (C7)
		农业用水量 (C8)
		城市公共用水量 (C9)
		居民生活用水量 (C10)
		城市环境用水量 (C11)
		人均日生活用水量 (C12)
	排水指标 (B3)	污水排放量 (C13)
		工业废水排放量 (C14)
		排水管道长度 (C15)
		重复利用量 (C16)
		重复利用率 (C17)
	再生回用指标 (B4)	污水处理量 (C18)
		污水处理率 (C19)
		再生水利用量 (C20)
		再生水生产能力 (C21)
		节约用水量 (C22)

7.3 研究方法

为了客观反映城市水资源循环经济发展水平，依据选择的评价指标，对评价指标的原始数据进行标准化处理，采用熵权法对指标体系的权重进行分析计算，避免人为因素对权重值的影响，然后采用综合评价指数法，对准则层和目标层的综合评价值进行分析计算，结合 GIS 的空间分析功能，对综合评价值进行空间数字化分析，再依据分级评价方式，生成京津冀城市群的空间评价分级图，依据可视化图形，对京津冀城市群循环经济发展现状进行分析，筛选影响发展的障碍因子，为调控管理提供依据。

7.3.1 熵权法

熵权法(Entropy Weight Method, EWM)最早由 Shannon 和 Weaver 提出（LI Q,et al. 2019），是一种客观赋权方法，主要依据指标的差异程度来确定权重（左其亭等，

2020）。熵权法是根据指标变异性的大小来确定客观权重。通常而言，通过熵权法确定权重时，某个指标的熵值与其提供的有效信息量及其权重成反相关的关系，即某个指标的熵值越大，意味着该指标的变异程度越小，提供的有效信息量越少，该指标的权重也越小，反之亦然（梁彩霞，2018；马冬梅等，2015）。熵权法作为一种客观赋权的方法，有效弥补人为原因造成的结果误差，可以使计算结果更加真实可靠。

熵权法确定权重的步骤如下：

（1）数据标准化

设有 m 个评价对象，n 个评价指标。则原始数据矩阵为 $X=(x_{ij})_{m \times n}$：

$$X = \begin{bmatrix} x_{11} & \cdots & x_{1n} \\ \vdots & \ddots & \vdots \\ x_{m1} & \cdots & x_{mn} \end{bmatrix}$$

对各指标数据进行标准化处理，得到矩阵为 $R=(r_{ij})_{m \times n}$：

$$R = \begin{bmatrix} r_{11} & \cdots & r_{1n} \\ \vdots & \ddots & \vdots \\ r_{m1} & \cdots & r_{mn} \end{bmatrix}$$

其中 r_{ij} 表示第 i 个评价对象在第 j 个评价指标上的标准值，且 $r_{ij} \in [0,1]$

对于高优指标而言，有 $r_{ij} = \dfrac{x_{ij}-(x_{ij})_{min}}{(x_{ij})_{max}-(x_{ij})_{min}}$；

对于低优指标而言，有 $r_{ij} = \dfrac{(x_{ij})_{max}-x_{ij}}{(x_{ij})_{max}-(x_{ij})_{min}}$。

由于评价时存在着高优指标与低优指标，且不同指标之间应该具有同趋势性，所以可以采用倒数法将低优指标转化为高优指标，之后进行统一的计算。

（2）确定熵值

$$e_j = -\frac{1}{\ln(m)} \sum_{i=1}^{m} p_{ij} \ln p_{ij}$$

其中，e_j 表示第 j 项指标的熵值，p_{ij} 表示第 j 个指标下第 i 个评价对象的贡献度，且定义 $p_{ij} = \frac{r_{ij}}{\sum_{i=1}^{m} r_{ij}}$，如果 $p_{ij}=0$，则令 $p_{ij} \ln p_{ij} =0$.

（3）确定指标权重

$$W_j = \frac{g_j}{\sum_{j=1}^{n} g_j}$$

其中，W_j 表示第 j 项指标的权重，g_j 表示第 j 项指标的差异系数，且定义 $g_j=1-e_j$。

通过熵权法的计算，可以得到 2012 年、2013 年、2014 年、2015 年、2016 年包括京津冀在内的 13 个城市的各项指标的熵值、差异系数、权重，具体如下表所示。由于篇幅限制，仅列出 2016 年的相关情况。

表 7-2 2016 年京津冀水资源循环利用情况指标层熵值、差异系数和权重

评价指标		熵值 e_j	差异系数 g_j	权重 W_j
	C1	0.585135	0.414865	0.290184
	C2	0.885608	0.114392	0.080013
B1	C3	0.882770	0.117230	0.081999
	C4	0.842883	0.157117	0.109898
	C5	0.373944	0.626056	0.437905
	C6	0.964136	0.035865	0.096998
	C7	0.927428	0.072572	0.196274
	C8	0.953681	0.046319	0.125270
B2	C9	0.933482	0.066518	0.179901
	C10	0.962165	0.037835	0.102328
	C11	0.955472	0.044528	0.120429
	C12	0.933889	0.066111	0.178800
	C13	0.849346	0.150654	0.172653
B3	C14	0.741686	0.258314	0.296034
	C15	0.536386	0.463614	0.531313
	C16	0.625040	0.374960	0.136909
	C17	0.777367	0.222633	0.081290
	C18	0.607357	0.392643	0.143366
B4	C19	0.927184	0.072816	0.026587
	C20	0.425954	0.574046	0.209601
	C21	0.396010	0.603990	0.220535
	C22	0.502337	0.497663	0.181712

表 7-3 2012-2016 年京津冀水资源循环利用情况准则层权重

年份	2012 年	2013 年	2015 年	2016 年
B1	0.246606	0.267726	0.318770	0.296865
B2	0.091856	0.069472	0.072746	0.101351
B3	0.323558	0.286106	0.231949	0.257749
B4	0.337980	0.376696	0.376536	0.344035

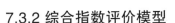

7.3.2 综合指数评价模型

通过熵权法确定了各项指标的权重以后，再利用加权综合指数法计算 13 个城市准则层和目标层的综合评价值，计算方法如下：

(1) 供水指标综合得分

$$F_{i1} = \sum_{i=1}^{13} \sum_{j=1}^{5} w_{ij} r_{ij}$$

式中：F_{i1} 为供水指标综合得分，w_{ij} 为第 i 个评价对象在第 j 个评价指标上的权重，r_{ij} 表示第 i 个评价对象在第 j 个评价指标上的标准值。

(2) 用水指标综合得分

$$F_{i2} = \sum_{i=1}^{13} \sum_{j=6}^{12} w_{ij} r_{ij}$$

式中：F_{i2} 为用水指标综合得分，w_{ij} 为第 i 个评价对象在第 j 个评价指标上的权重，r_{ij} 表示第 i 个评价对象在第 j 个评价指标上的标准值。

(3) 排水指标综合得分

$$F_{i3} = \sum_{i=1}^{13} \sum_{j=13}^{15} w_{ij} r_{ij}$$

式中：F_{i3} 为排水指标综合得分，w_{ij} 为第 i 个评价对象在第 j 个评价指标上的权重，r_{ij} 表示第 i 个评价对象在第 j 个评价指标上的标准值。

(4) 再生回用指标综合得分

$$F_{i4} = \sum_{i=1}^{13} \sum_{j=16}^{22} W_{ij} r_{ij}$$

式中：F_{i4} 为再生回用指标综合得分，w_{ij} 为第 i 个评价对象在第 j 个评价指标上的权重，r_{ij} 表示第 i 个评价对象在第 j 个评价指标上的标准值。

(5) 综合指数值

$$F_i = \sum_{j=1}^{n} w_j r_{ij}$$

其中，F_i 表示第个评价对象的综合得分，W_j 表示第 j 项指标的权重，r_{ij} 表示第 i 个评价对象在第 j 个评价指标上的标准值。

依据综合指数评价模型，可计算出 2012-2016 年京津冀水资源循环利用情况综合评价值，仅列出 2016 年的综合评价值（见表 7-4）。

表 7-4　2016 年京津冀水资源循环利用情况综合评价值

城市	供水指标 综合得分	用水指标 综合得分	排水指标 综合得分	循环利用指标 综合得分	总综合得分
北京	0.974	0.118	0.474	0.761	0.855
天津	0.296	0.239	0.557	0.331	0.509
石家庄	0.302	0.373	0.087	0.227	0.235
唐山	0.204	0.345	0.062	0.190	0.172
秦皇岛	0.151	0.487	0.173	0.036	0.161
邯郸	0.141	0.577	0.166	0.089	0.190
邢台	0.179	0.714	0.204	0.076	0.233
保定	0.219	0.644	0.064	0.203	0.222
张家口	0.133	0.742	0.088	0.119	0.182
承德	0.187	0.745	0.403	0.141	0.373
沧州	0.002	0.780	0.228	0.035	0.181
廊坊	0.006	0.803	0.176	0.014	0.148
衡水	0.002	0.911	0.330	0.016	0.242

7.3.3 障碍度评价模型

在京津冀水资源循环利用状况的评价中，不仅要对京津冀水循环水平进行测度，还要了解不同地区在水资源循环利用过程中的阻碍因素。因此，本文引入障碍度模型，对京津冀水资源循环利用状况展开研究，探寻其阻力因素。此模型通过计算因子贡献度、指标偏离度和障碍度 3 个指标进行分析（孙才志等，2014），具体公式如下：

（1）因子贡献度 F_j（即单个因素对总目标的贡献程度）

$$F_j = W_j \times P_{ij}$$

式中：W_j 为第 j 项指标的权重；P_{ij} 表示第 j 个指标下第 i 个评价对象的贡献度；

（2）指标偏离度 T_{ij}（单个因素指标与水资源循环利用目标之间的差距，即单项指标因素评估值与 100% 之差）

$$T_{ij} = 1 - r_{ij}$$

式中：r_{ij} 为单项指标的标准化值。

（3）障碍度 O_i、U_{ij}（分别表示单项指标和准则层指标对水资源循环利用的影响程度）

$$O_{ij} = \frac{T_{ij} \times F_j}{\sum_{j=1}^{n}(T_{ij} \times F_j)} \times 100\%$$

$$U_{ij} = \sum O_{ij}$$

表 7-5 2016 年准则层对京津冀水资源循环利用的障碍度

	B1	B2	B3	B4
北京	0.041699335	0.170486095	0.77823832	0.00957625
天津	0.594062338	0.134499405	0.048128149	0.223310108
石家庄	0.205194151	0.181703582	0.197338232	0.415764035
唐山	0.319760753	0.194669641	0.164172791	0.321396815
秦皇岛	0.174572637	0.306652372	0.41375404	0.10502095
邯郸	0.21806977	0.25710304	0.35665285	0.16817434
邢台	0.175963142	0.324758965	0.260975081	0.238302812
保定	0.233563779	0.257071932	0.136561672	0.372802617
张家口	0.268824858	0.299201199	0.130157718	0.301816225
承德	0.200442375	0.414343272	0.12001328	0.265201074
沧州	0.009086564	0.390969347	0.48902243	0.110921659
廊坊	0.066224472	0.7403334	0.057702368	0.13573976
衡水	0.011797162	0.250076288	0.662076404	0.076050146

同理依此可计算 2012-2015 年准则层对京津冀水资源循环利用的障碍度。

7.4 结果与分析

依据供水、用水、排水、再生回用四个维度指数评价结果，以及水资源循环经济发展水平综合指数结果，采用 ArcGIS 空间分析功能模块，对 2012~2016 年京津冀 13 个城市水资源循环经济发展水平进行空间分析，探究京津冀城市群水资源循环经济发展趋势。

7.4.1 京津冀水资源循环利用情况分析

1. 京津冀供水情况分析

供水指标层中各项指标都属于高优指标。各指标权重差异较大，权重最大的两个指标分别是新水取用量和供水总量，在 2016 年分别为 0.438 和 0.290，说明京津冀供水情况的差异主要受新水取用量和供水总量两个因素的影响，而水资源总量、地表水资源量和地下水资源量所占权重分别为 0.080、0.082 和 0.110，对其影响较小。

2012~2016 年北京市供水情况综合得分最高且呈稳定增长态势，其供水情况由2012 年的 0.892 稳升至 2016 年的 0.974，年均上升幅度达 2.22%，表明新水取用量和供水总量可以较好地满足城市发展的需要；天津市在 2012~2016 年供水情况综合得分呈波动下降趋势，由 2012 年的 0.384 降至 2016 年的 0.296，年均下降率达6.30%；河北省在 2012~2016 年增强与变弱趋势并存，其中，石家庄和保定的供水情况综合得分在 2012~2014 年有所下降，在 2014~2016 年有所回升，如石家庄在2012~2014 年由 0.221 降至 0.140，在 2014~2016 年又升至 0.302，原因为自然降水以及人为原因导致供水量发生变化；唐山、秦皇岛和承德的供水情况综合得分总体上呈下降趋势，分别由 2012 年的 0.421、0.393、0.282 降至 2016 年的 0.204、0.151和 0.187，说明新水取用量和供水总量对其制约作用有所上升。

从熵权法对京津冀供水情况的分析来看，指标层中的供水总量、水资源总量、地表水资源量、地下水资源量以及新水取用量都属于高优指标。各指标的权重差异较大，权重最大的两个指标分别是新水取用量和供水总量，说明京津冀供水情况的差异主要受新水取用量和供水总量两个因素的影响，而水资源总量、地表水资源量和地下水资源量对其影响较小。从评价结果来看，各地差异较大，北京市的供水情况综合得分最高，说明其新水取用量和供水总量明显优于其他城市，紧接着是天津、唐山、石家庄、保定和承德等市，最后是秦皇岛、邯郸、邢台、张家口、沧州、廊坊和衡水，这也与社会经济的发展现状相符合。从图中可以看出，北京和天津的供水情况相对较好且发展态势较为稳定。

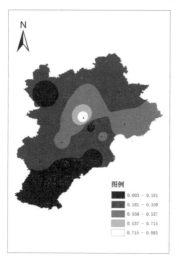
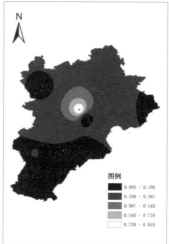
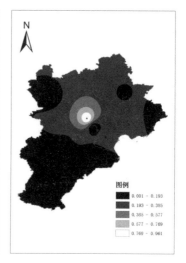

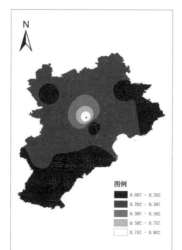
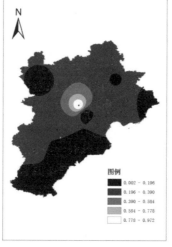

图 7-1 2012—2016 年京津冀供水情况

2. 京津冀用水情况分析

用水指标层中的各项指标均属于低优指标，各指标的权重差异不大，说明京津冀的用水情况受多种因素的综合影响。

2012—2016 年北京、天津和唐山的用水情况综合评价值较低且较稳定，分别介于 0.118~0.276、0.239~0.491 和 0.345~0.572 之间，表明其各方面用水量一直较高，这与人口数量多、工农业及第三产业的发排水指标中各指标权重的差异较大，排水管道长度的权重最大，约在 0.5 左右，其次为工业废水排放量，最后为污水排放量。

从 2012—2016 年京津冀城市群排水情况的纵向趋势来看，京津冀城市排水情况总体格局变动不大：北京、天津、廊坊和邢台的排水情况综合评价值呈增长趋势，分别由 2012 年的 0.306、0.436、0.131 和 0.085 增长至 2016 年的 0.474、0.557、0.176 和 0.204，年均增长率分别为 11.56%、6.31%、7.66% 和 24.47%；承德的排水情况波动较大，在 2013 年变差，之后在 2014 年有所好转，2015 年再次变差，但总体情况相对较好；其余城市在 2012—2016 年的排水情况综合评价较为平稳。展有着直接的联系；邯郸、保定、秦皇岛和承德的用水情况综合得分先表现为上升趋势之后转为下降趋势，但总体变动不大，如保定在 2012—2014 年由 0.797 升至 0.866，在 2014—2016 年又降为 0.644；石家庄、邢台和张家口的用水情况综合评价值在 2012—2016 年整体上呈下降趋势，分别由 2012 年的 0.726、0.969 和 0.905 降至 2016 年的 0.373、0.714 和 0.742，年均下降率分别为 15.34%、7.35% 和 4.84%，究其原因，与人口数量增加，致使居民生活用水量和城市环境用水量增加有关；除衡水外，京津冀城市群用水情况综合评价值在不断缩小，差距由 2012 年的 0.734 逐渐缩小为 2016 年的 0.685。

利用熵权法对京津冀用水情况进行分析，指标层中的各项指标均属于低优指标。各指标的权重差异不大，说明京津冀的用水情况受多种因素的影响。从评价结果来看，北京、天津、唐山的用水消耗量较大，故综合得分较低；石家庄、保定、承德、廊坊和秦皇岛等地的用水消耗量次之，综合得分相对较高；邯郸、邢台、衡水、沧州、张家口等地的用水消耗量最低，综合得分最高，这也与各地的人口以及三大产业的发展情况密不可分。从图 7-2 可以看出，北京和天津在 2012—2016 年间的用水消耗量均较高且变化较小。

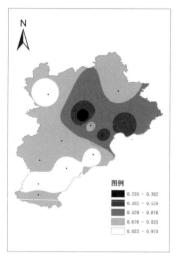
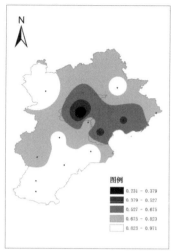
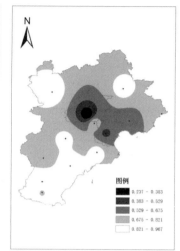
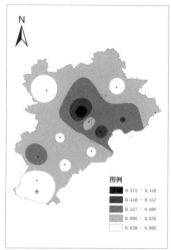
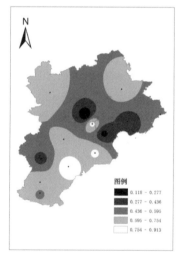

图 7-2 2012—2016 年京津冀用水情况

3. 京津冀排水情况分析

排水指标中各指标权重的差异较大，排水管道长度的权重最大，约在 0.5 左右，其次为工业废水排放量，最后为污水排放量。

从 2012—2016 年京津冀城市群排水情况的纵向趋势来看，京津冀城市排水情况总体格局变动不大：北京、天津、廊坊和邢台的排水情况综合评价值呈增长趋势，分别由 2012 年的 0.306、0.436、0.131 和 0.085 增长至 2016 年的 0.474、0.557、0.176 和 0.204，年均增长率分别为 11.56%、6.31%、7.66% 和 24.47%；承德的排水情况波动较大，在 2013 年变差，之后在 2014 年有所好转，2015 年再次变差，但总体情况相对较好；其余城市在 2012—2016 年的排水情况综合评价较为平稳。

利用熵权法对京津冀排水情况进行分析，指标层中的排水管道长度为高优指标，而污水排放量、工业废水排放量均为低优指标，因此可通过倒数法将其转化为高优指标，从而进行统一化的分析。经过分析可知，各指标权重的差异较大，排水管道长度的权重最大，约在 0.5 左右，紧接着为工业废水排放量，最后为污水排放量。从评价结果来看，北京、天津、承德的排水情况较为乐观，排水情况较差的有唐山、张家口、石家庄、邯郸等，这与工农业的发展以及基础设施的建设水平的综合影响紧密相关。从图 7-3 中可以看出，邢台从 2014 年开始情况有所好转，衡水在 2013—2014 年状况较差，2012—2016 年北京、天津两地的排水情况发展较好且有稳步提升的趋势。

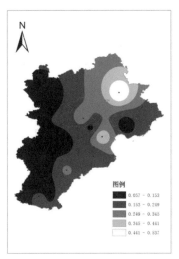
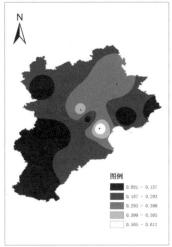
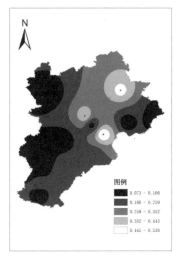
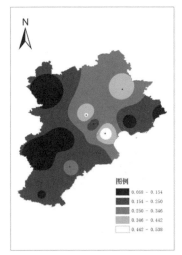
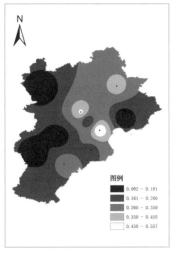

图 7-3 2012—2016 年京津冀排水情况

4. 京津冀再生回用情况分析

再生回用指标层中的各项指标均为高优指标，各指标权重的差异较小，说明京津冀水资源的再生回用受到多种因素的共同影响。

北京在 2012—2016 年的水资源再生回用综合评价值较高且变化不大，介于 0.719~0.839 之间，这源于北京市较高的污水处理量、较多的再生水利用量以及节约用水量等因素共同作用，说明北京市经济技术发展水平高且节水意识强；天津和石家庄在 5 年间水资源再生回用综合评价值先有所下降而后上升，但整体情况较为乐观；唐山和邯郸于 2012—2016 年的水资源再生回用情况总体呈下降趋势，分别由 2012 年的 0.345 和 0.265 降至 2016 年的 0.190 和 0.089，年均下降率分别为 13.85% 和 23.87%，这种情况的出现受到水资源的重复利用量和节约用水量降低的影响；保定在 2012—2016 年水资源再生回用情况总体呈上升趋势，由 2012 年的 0.133 升至 2016 年的 0.203，年均增长率为 11.15%，这与污水处理量、再生水利用量和再生水生产能力的提高有关；其他城市 2012—2016 年水资源再生回用综合评价较差且较平稳。

从熵权法对京津冀水资源的再生回用情况分析来看，指标层中的重复利用量、重复利用率、污水处理量、污水处理率、再生水利用量、再生水生产能力和节约用水量均为高优指标。各指标权重的差异较小，说明京津冀水资源的再生回用受到多种因素的共同影响。从评价结果来看，近几年京津冀水资源的再生回用存在着较大的差异，水资源再生回用综合得分较高且相对稳定的有北京、天津、唐山；再生回用情况较差的有廊坊、张家口、承德、沧州、衡水和邢台。从图 7-4 中可得知，北京在 2012—2016 年间水资源的再生回用状况相对稳定且保持在较为乐观的状态，天津市除 2013 年整体情况较好，而河北省的城市群除石家庄和邯郸这两个城市外，其他城市变化情况较小。

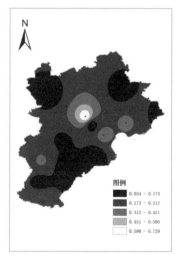
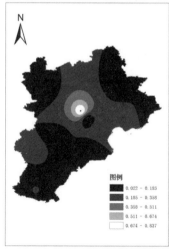
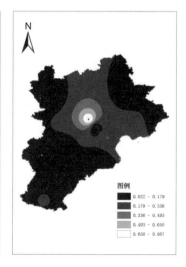

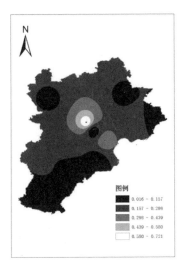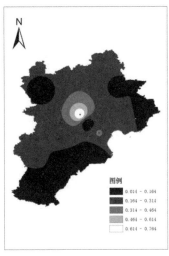

图 7-4 2012—2016 年京津冀水资源再生回用情况

5. 京津冀水资源循环利用综合分析

北京和天津在 2012—2016 年间水资源的循环利用综合评价情况较优，分别介于 0.752~0.886 和 0.509~0.574 之间，稳居第一和第二，体现了双核的区位优势；唐山、承德、秦皇岛和邯郸在 2012—2016 年的水资源循环利用综合情况呈下降的态势，分别由 2012 年的 0.316、0.498、0.280 和 0.269 下降到 2016 年的 0.172、0.373、0.161 和 0.190，年均下降率分别为 14.11%、6.97%、12.92% 和 8.33%，其中，承德的水资源循环利用状况位于 0.295~0.498 范围内，位居第三；河北省其他城市在 2012~2016 年间水资源循环利用情况较差且变动幅度不大，这与各地三大产业的发展情况、人口数量、技术水平以及基础设施等密切相关。

由熵权法对京津冀水资源循环利用的综合情况分析，各项指标权重之间存在一定的差异，供水指标、排水指标、再生回用指标所占权重相对较高，用水指标所占权重较低。从综合评价结果来看，北京、天津的水资源循环利用情况最好，紧接着为承德、唐山、秦皇岛，而河北省的其他城市水资源的循环利用综合情况较差。从图 7-5 中可看出，北京、天津在 2012—2016 年间水资源的循环利用综合评价情况较优，河北省在 2012—2016 年间水资源循环利用情况较差且变动幅度不大，其中，秦皇岛、承德的情况相对乐观。

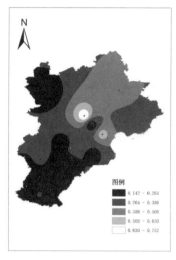 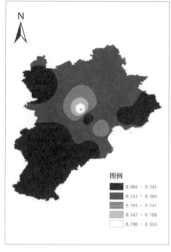 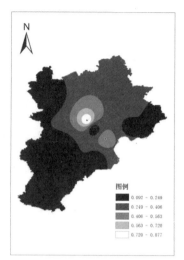

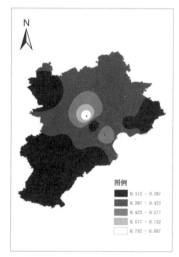 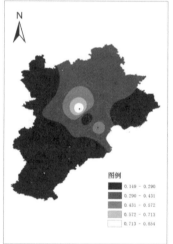

图 7-5 2012—2016 年京津冀水资源循环利用综合状况

7.4.2 京津冀水资源循环利用障碍度分析

1. 指标层障碍因子

为探究京津冀水资源循环利用的障碍度，就指标层各数据指标障碍度进行测算，厘清其循环利用过程中的障碍因子，并将其制成折线图，如图 7-6 所示。由图可知，2012—2016 年各地区的障碍因子总体变动不大，其中，北京地区的主导障碍指标为排水管道长度（C15）；天津比较明显的障碍指标是新水取用量（C5）和供水总量（C1）；廊坊较明显的障碍因子为工业用水量（C7）、城市公共用水量（C9）和人均日生活用水量（C12）；保定的主要障碍因素为新水取用量（C5）、排水管道长度（C15）和节约用水量（C22）；衡水、沧州、秦皇岛，邢台普遍受指标工业废水排放量（C14）的影响较大；其他城市受多种指标障碍度的综合影响，主导障碍指标不突出。

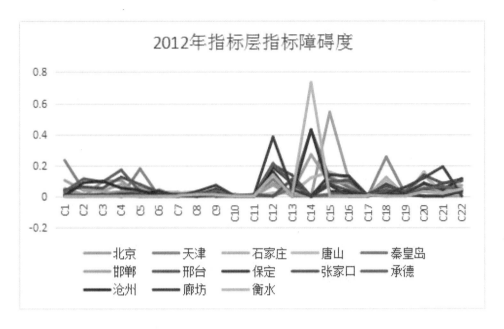

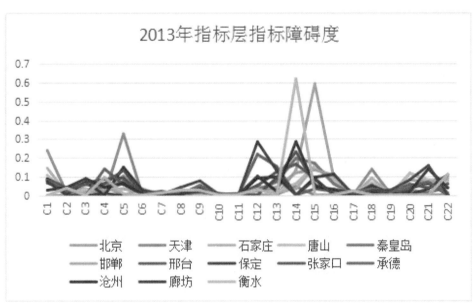

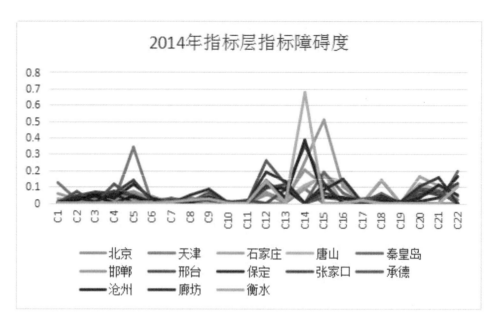

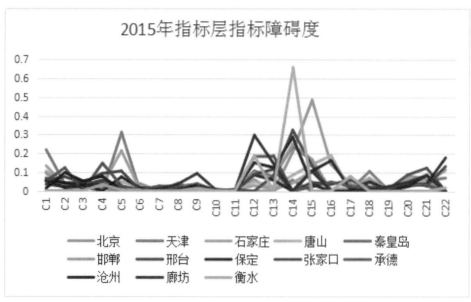

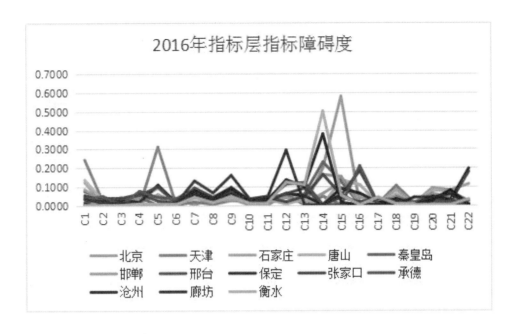

图 7-6 2012—2016 年指标层指标障碍度

2. 准则层障碍因子

通过计算准则层对京津冀水资源循环利用的障碍度(见图 7-7),根据计算结果,可按主导障碍分为以下 4 种类型:供水主导型、用水主导型、排水主导型和再生回用主导型。从 2012—2016 年各地的主导障碍发生了一些变化,但也有一些地区没有变化。其中,北京、沧州、衡水从 2012—2016 均为排水主导型,天津五年均为供水主导型,廊坊为用水主导型,保定和唐山均为再生回用主导型,再结合相关计算结果,说明这些城市主要受一个系统阻力的影响。而石家庄除了 2015 年为供水主导型,其他均为再生回用主导型,承德为供水主导型和用水主导型,秦皇岛、邯郸、邢台在 2012—2016 年主要为排水主导型和再生回用主导型,再结合相关计算结果,说明这些城市主要受双系统阻力的影响。张家口可能受三系统阻力影响,即受供水、再生回用和排水的影响均较大。

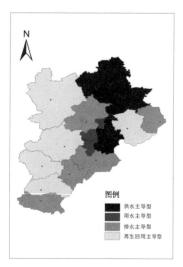
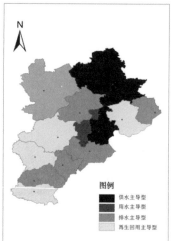
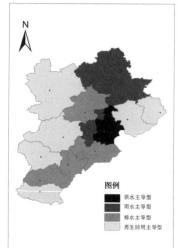
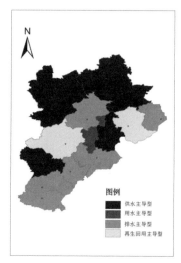

图 7-7 2012—2016 年准则层主导障碍空间分布图

7.5 小结

城市是由不同要素组成的一个有机整体，随着城市化的快速发展，城市产业规划、功能区布局、用地规模、人口剧增等矛盾越来越尖锐，导致进行城市科学规划的压力剧增，迫切需要城市空间结构演变分析技术的支持，全面衡量城市空间在社会环境和经济环境发展中的变化趋势，促进城市空间的合理利用和科学调控。

水资源是工业、农业、城市发展的物质基础，是一个国家和地区经济发展、社会进步的重要支撑，稳定优质的水资源对城市的发展十分重要。将京津冀城市群水资源循环经济系统划分为供水、用水、排水和再生回用四个维度，建立了京津冀水资源循环利用综合评价指标体系，使用熵权法赋权，有效客观地确定了指标权重，避免人为主观性的影响，实现了京津冀水资源循环经济发展水平的综合评价。

从供水情况来看，北京的供水情况最为乐观，其次为天津、石家庄、唐山和保定，而其他城市供水情况相对紧张；从用水情况来看，表现出"京津唐石为低值区，河北南部为高值区"的分布特点；从排水情况来看，京津冀城市群排水情况表现为"京津高、西部南部低"的空间格局；从再生回用情况来看，京津冀城市群水资源再生回用表现出明显的"以北京为中心的三级阶梯"的分布格局。这种情况的出现与社会经济发展状况、人口数量、工农业的发展以及基础设施建设水平等因素密切相关，应充分发挥北京、天津对河北省的辐射带动作用，强化石家庄的枢纽作用以及雄安新区的非首都功能承载地作用。

综合评价结果表明：2012—2016 年京津冀在内的 13 个城市水资源循环经济发展水平空间差异较为明显，呈现出"北京、天津高，河北低"的空间分布特点，处于水资源发展不平衡的环境中。北京、天津的水资源利用情况明显优于河北省的其他城市，河北省水资源循环利用状况较好的有承德、秦皇岛，但每个地区的供水情况、用水情况、排水情况和再生回用情况对综合结果的影响程度不同，水资源循环利用状况的原因各异。

通过障碍度评价模型诊断障碍因子，结果表明：不同地区受不同障碍因子的影响，北京受排水管道长度的影响较大，天津主要受新水取用量和供水总量的影响，河北的主要障碍因子为人均日生活用水量、新水取用量、排水管道长度、节约用水量和工业废水排放量。

【参考文献】

[1] 孙雅茹，董增川，刘淼 . 基于改进 TOPSIS 法的盐城市水资源承载力评价及障碍因子诊断 [J]. 中国农村水利水电，2018，(12):101-105.

[2] 李玲玲，徐琳瑜 . 特大城市水资源承载力政策响应的动态模拟 [J]. 中国环境科学，2017，37(11):4388-4393.

[3] 刘雅玲，罗雅谦，张文静，吴悦颖，王强 . 基于压力—状态—响应模型的城市水资源承载力评价指标体系构建研究 [J]. 环境污染与防治，2016，38(05):100-104.

[4] 陈威，杜娟，常建军 . 武汉城市群水资源利用效率测度研究 [J]. 长江流域资源与环境，2018，27(06):1251-1258.

[5] 韩文艳，陈兴鹏，张子龙等 . 中国地级及以上城市水资源利用效率的时空格局分析 [J]. 水土保持研究，2018，25(02):354-360.

[6] 高雅婵，梁勤欧，于红梅 . 基于需求场理论的浙江城市水资源利用强度时空格局及演变 [J]. 资源科学，2018，40(02):335-346.

[7] 范琳 . 基于 MFA 的区域循环经济指标体系构建及应用研究 [D]. 2017.

[8] 李庆昕 . 基于灰色三角白化权 SPA 模型在水资源脆弱性评价中的应用 [J]. 水文水资源 ,2018(11):85-89.

[9] 吴季松 . 用循环经济理念创新水污染防治对策 [J]. 中国水利 , 2003(5):14-16.

[10] 李娜 . 循环经济视角下水资源利用的可拓研究 [D]. 2014.

[11] 荆平 . 城市水资源的循环经济发展理念及驱动机制分析 [J]. 科技管理研究 , 2015(9):250-253.

[12] 刘娜，陈俊华，王昊，等 . 城市要素聚集对城市群环境污染的影响—基于京津冀城市群的研究 [J]. 软科学 , 2019, 33(05): 110-116.

[13] 余灏哲，李丽娟，李九一 . 基于量 - 质 - 域 - 流的京津冀水资源承载力综合评价 [J]. 资源科学 , 2020, 42(2): 358-371.

[14] LI Q, MENG X X, LIU Y B, et al. Risk Assessment of Floor Water Inrush Using Entropy Weight and Variation Coefficient Model[J]. Geotech Geol Eng, 2019, 37(3): 1493-1501.

[15] 左其亭，张志卓，吴滨滨 . 基于组合权重 TOPSIS 模型的黄河流域九省区水资源承载力评价 [J]. 水资源保护 , 2020, 36(02): 1-7.

[16] 梁彩霞 . 基于熵权法的肇庆市区域水资源短缺风险评价 [J]. 广西水利水电 ,2018(5):45-51.

[17] 马冬梅，陈大春 . 基于熵权法的模糊集对分析模型在乌鲁木齐市水资源脆弱性评价中的应用 [J]. 水电能源科学 , 2015(9):36-40.

[18] 孙才志，董璐，郑德凤 . 中国农村水贫困风险评价、障碍因子及阻力类型分析 [J]. 资源科学 , 2014, 36(5):895-905.

第 8 章 城市群水资源脆弱性综合评价及空间演变分析

水资源是人类社会得以存在与发展的基础，是支撑社会经济发展的重要因素（Aavudai Anandhi, et al.2018; 胡博亭等，2019），其在维系生物生存、促进城市与社会可持续发展、满足工农业用水需求、维持经济平稳增长等方面具有重要意义（刘珍等，2017）。近年来，随着地区经济的发展以及人口规模的增长，有限的水资源供给与人类社会的巨大需求之间的矛盾愈加尖锐（钱龙霞等，2016），致使水资源短缺、水环境污染等问题更加突出（郭力仁等，2018）。水资源危机已经引起人们的广泛关注，而水资源脆弱性评价可为有效优化水资源的时空配置提供依据，对保障水资源安全与经济社会的可持续发展具有重要的现实意义（郝璐等，2012）。

水资源脆弱性研究源自 20 世纪 60 年代（崔东文，2017），在概念内涵上尚存争议，以 IPCC 在 2012 年所提概念认可度较高，泛指受人类活动和气候变化的扰动，致使水资源系统遭受损失的趋势（IPCC，2012）；郭力仁等在 2018 年提出水资源脆弱性概念，特指水资源系统面对潜在风险的响应及恢复能力。据此可将水资源脆弱性定义：受自然环境（如气候变化、自然灾害、极端事件等）和社会经济（如水资源开发利用、文化差异等）的影响，水资源系统表现出一定的缺陷与损坏，并在自我修复的过程中难以恢复到初始结构和功能。在水资源脆弱性评价过程中，如何确定研究系统范围及研究对象非常重要。最初的水资源脆弱性评价只关注自然环境系统（林钟华等，2018），虽然可以很好地反映区域水资源自然禀赋，但并不能全面客观地对区域水资源脆弱性进行科学的综合评估。由于水资源系统的复杂性与影响因素的多样性，水资源脆弱性的评价研究应综合考虑自然和社会经济等多种因素的综合影响。因此，本章以京津冀地区水资源现状为基础，从自然环境脆弱性、社会经济脆弱性和承载力脆弱性三方面构建指标体系，基于层次分析法和熵权法计算指标的综合权重，结合 ArcGIS 对脆弱性评价结果进行可视化分析，可为京津冀地区水资源的优化配置和合理开发提供依据，促进水资源的可持续利用与发展。

8.1 研究方法与数据来源

通过文献查阅分析，目前关于水资源脆弱性的概念和评价体系虽无统一认识，但在水资源脆弱性的评价方法上普遍采用函数法和指标法。一方面，通过函数法构建模型，对水资源脆弱性进行评价；另一方面，采用指标法建立指标体系，采用加权综合评价法对水资源脆弱性进行测度。苏贤保等（2018）基于自然因素和人为因素的综合考虑，构建水资源脆弱性评价指标体系，对2001—2015年甘肃省水资源脆弱性进行评价；B.Boruff等（2018）从社会经济和自然环境因素选取指标，对澳大利亚西部小麦带地区2001年、2006年和2011年水系统的脆弱性进行空间评估；赵毅等（2018）综合考虑资源、环境、经济和社会等因素，采用DPSIRM框架构建指标体系，评价了2001—2014年水环境系统的脆弱性。就评价方法而言，目前以定量评价为主，且注重评价方法的交叉耦合，尤以与GIS/RS技术的结合为研究热点。

对于指标权重的量化分析，目前多采用组合权重法，通过对多种权重方法进行耦合分析计算来实现，并在该领域得到广泛应用（苏贤保等，2018）。综合权重法既尊重数据本身的客观属性，又体现了人的主观能动性（朱姝等，2018），兼顾了主客观因素的综合影响。而在实际应用中，考虑到水资源管理系统的复杂性（Vasilis K. et al. 2017），采用耦合方法既能够弥补单一方法的缺陷，增强评价结果的科学性，又利于对水资源进行综合管理和调控。近年来，地理信息技术与水资源脆弱性评价方法的集成研究，不断引起相关研究者的关注并成为研究热点，通过对水资源脆弱性的可视化分析，实现水资源脆弱性的空间管理及调控分析。

8.1.1 研究区概况

本研究以京津冀城市群为研究对象，京津冀地处华北平原，土地总面积为21.6万 km²，耕地面积为7.53万 km²。该地区东临渤海、西靠太行山、北倚燕山山脉（张雪花等，2020），地势西北高、东南低，主要地貌类型单元包括东南部平原、太行山山地、燕山山地和坝上高原。受海陆热力性质差异的影响，形成典型的暖温带大陆性季风气候，年降水量较少且季节分配不均匀，降水主要集中于7、8月份。水资源主要来自于海河流域、南水北调中线工程输水以及黄河流域调水。

长期以来，随着京津冀地区人口与产业的集聚，城市社会经济规模不断扩张，导致水资源过度开发利用，进而引起水体污染和水资源短缺等一系列水环境问题。就人均水资源量而言，京津冀地区仅占全国平均水平的1/9（姜明栋等，2019）。由于该区域降水季节分配不均，全年存在断流的河流约为70%，故降水及河流供应具有明显的季节性差异，水环境脆弱性问题较为突出。必须对京津冀水资源脆弱性进行评估，为水资源的合理利用和保护提供科学依据。

8.1.2 指标选取与数据来源

1. 数据来源

研究所需要的数据来源于2013—2018年《中国统计年鉴》《中国环境统计年鉴》《中国城市建设统计年鉴》《北京市水资源公报》《天津市水资源公报》和《河北省水资源公报》等。

2. 水资源脆弱性评价指标体系构建

京津冀水资源系统具有明显的层次结构，由自然要素和社会经济要素组成。

为了建立京津冀城市群水资源脆弱性评价指标体系，在借鉴相关学者已有研究成果基础上（Rabia Shabbir. et al.2016; 潘争伟等，2016），结合京津冀城市群的自然环境及社会经济发展现状，从自然环境脆弱性、社会经济脆弱性、承载力脆弱性三方面初选 22 个指标。水资源自然环境脆弱性，指受水资源内部系统的非人为的自然要素影响，使水资源系统得以维持，并在水质和水量等方面满足人类活动要求的敏感性或适用性（黄垒等，2018），表现为地下水资源量、地表水资源量和降水量等信息；水资源社会经济脆弱性反映了在人类活动影响下，水资源系统结构发生改变，使水资源系统在维持水质和水量等方面表现出一定的脆弱度（张蕊，2019），主要选取地下水占供水比例、人均水资源量及建成区绿地率等指标；水资源承载力脆弱性指水资源系统在面对外部负荷时，在水质水量及产业结构等方面所呈现的敏感性，与系统内部结构无关。由于评价指标之间存在一定的相关性，为了避免指标重复计算对评价结果准确性的影响，本文采用 SPSS 主成分分析法，对 22 项初选指标进行筛选，去除关联度较高且贡献较小的指标，如城市环境用水量、单位面积年需水量、管网漏损、单位面积可供水量、污水排放量、污水处理总量等 6 项指标。最终由 16 项指标构成京津冀城市群水资源脆弱性评价指标体系 (见表 8-1)，其中，正向指标有 6 项，其值越大，脆弱性越大；负向指标有 10 项，其值越大，脆弱性越小。

表 8-1 京津冀水资源脆弱性评价指标体系

目标层	准则层	指标层	指标性质
京津冀水资源脆弱性评价	A1 自然环境脆弱性	X1 地下水资源量	负向
		X2 地表水资源量	负向
		X3 年降水量	负向
	A2 社会经济脆弱性	X4 地下水占供水比例	正向
		X5 人均水资源量	负向
		X6 再生水生产能力	负向
		X7 建成区绿地率	负向
		X8 排水管道长度	负向
		X9 城市环境用水比例	负向
		X10 城市污水处理率	负向
	A3 承载力脆弱性	X11 人均 GDP	正向
		X12 人口密度	正向
		X13 人口增长率	正向
		X14 人均日生活用水量	正向
		X15 农业用水量	正向
		X16 第三产业增加值占比	负向

8.1.3 研究方法

采用层次分析法 (Analytic Hierarchy Process，AHP) 和熵权法，分别计算京津冀城市群准则层和指标层的权重。然后综合考虑主观权重和客观权重的影响，采用综合权重法计算准则层和指标层的权重（李博等，2018），使计算结果更加准确可靠。其次采用综合加权指数法，计算 2012—2017 年京津冀城市群的水资源脆弱性指数，并对京津冀城市群水资源的脆弱性结构进行分析。最后根据脆弱性指数级别划分标准，确定水资源脆弱性等级。

1. 综合权重计算法

（1）AHP 法

AHP 法又称为层次分析法，是一种定性与定量相结合的主观赋权法。该方法分 3 个步骤确定主观权重：①请专家小组根据指标体系用 9 级标度表对同一层次的各指标进行两两比较，进而构造判断矩阵；②计算判断矩阵的最大特征值及其对应的特征向量，并进行一致性检验，当 CR<0.1 时，一致性检验通过，否则，需要对判断矩阵进行调整，直到通过为止；③得到各指标的权重。本文利用 MATLAB 软件编制各指标 AHP 的权重计算方法，将 AHP 法确定的第 j 个指标权重记为 W 层 $_j$。

（2）熵权法

熵权法作为一种客观赋权的方法，有效避免人为因素对赋权结果造成的误差，使计算结果更加准确可靠。通常而言，某个指标的熵值越小，意味着该指标的变异程度越大，提供的有效信息量越多，该指标的权重也越大（张欣莹等，2017），将熵权法确定的第 j 个指标权重记为 W 熵 $_j$。

（3）综合权重法

指标权重的确定对评价结果具有直接影响，在水资源脆弱性评价中至关重要。为了充分发挥 AHP 和熵权法的优点，实现主观和客观的统一，故采用综合权重法确定各指标的最终权重。指标综合权重确定方法如下（李悦等，2019）：

$$W_{综j} = KW_{层j} + (1-K)W_{熵j} \tag{1}$$

$$Z_{min} = \sum_{j=1}^{n}\left[\left(W_{综j}-W_{层j}\right)^2 + \left(W_{综j}-W_{熵j}\right)^2\right] \tag{2}$$

其中，W 综 $_j$ 是第 j 个指标的综合权重；W 层 $_j$ 是 AHP 法确定的第 j 个指标权重；W 熵 $_j$ 是熵权法确定的第 j 个指标权重；K 是主观偏好系数，1-K 是客观偏好系数，K∈[0，1]；公式 (2) 是以主观权重、客观权重与综合权重两者偏差平方和最小为目标建立的函数。将公式 (1) 代入公式 (2)，计算可得 K=1/2。

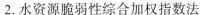

2. 水资源脆弱性综合加权指数法

脆弱性指水资源系统受自然环境和社会经济的影响而表现出一定的损坏。评价京津冀城市群水资源的脆弱性,不仅需要从整体上进行分析,更需要从自然环境、社会经济和承载力三方面综合剖析。计算公式如下:

①自然环境脆弱性指数

$$P_{i1} = \sum_{i=1}^{13} \sum_{j=1}^{3} w_{ij} r_{ij}$$（3）

式中:P_{i1} 为自然环境脆弱性指数,w_{ij} 为第 i 个评价对象在第 j 个评价指标上的综合权重,r_{ij} 为标准化后的数据。

②社会经济脆弱性指数

$$P_{i2} = \sum_{i=1}^{13} \sum_{j=4}^{10} w_{ij} r_{ij}$$（4）

式中:P_{i2} 为社会经济脆弱性指数,w_{ij} 为第 i 个评价对象在第 j 个评价指标上的综合权重,r_{ij} 为标准化后的数据。

③承载力脆弱性指数

$$P_{i3} = \sum_{i=1}^{13} \sum_{j=11}^{16} w_{ij} r_{ij}$$（5）

式中:P_{i3} 为承载力脆弱性指数,w_{ij} 为第 i 个评价对象在第 j 个评价指标上的综合权重,r_{ij} 为标准化后的数据。

④综合脆弱性指数

$$P_{i综} = \sum_{i=1}^{13} \sum_{j=1}^{3} P_{ij} W_{Aj}$$（6）

式中:$P_{i综}$ 为 13 个城市的综合脆弱性指数,P_{ij} 为第 j 个准则层指标的脆弱性指数,W_{Aj} 为第 j 个准则层指标 (Aj) 的综合权重。

经过计算可得 2017 年京津冀 13 个城市自然环境、社会经济、承载力 3 个准则层的脆弱性指数以及综合脆弱性指数,2017 年计算结果见表 8-2,2012—2016年可依此进行计算。

表 8-2 2017 年京津冀 13 个城市水资源脆弱性指数

	自然环境脆弱性	社会经济脆弱性	承载力脆弱性	综合脆弱性
北京	0.180	0.349	0.444	0.273
天津	0.614	0.670	0.566	0.754
石家庄	0.750	0.495	0.340	0.445
唐山	0.576	0.668	0.369	0.566
秦皇岛	0.516	0.563	0.231	0.344
邯郸	0.832	0.588	0.223	0.451
邢台	0.878	0.577	0.202	0.466
保定	0.550	0.379	0.176	0.135
张家口	0.664	0.802	0.392	0.838
承德	0.480	0.747	0.130	0.465
沧州	0.961	0.517	0.214	0.385
廊坊	0.948	0.696	0.219	0.588
衡水	0.971	0.576	0.233	0.527

3. 水资源脆弱性结构分析法

为分析京津冀城市群水资源的脆弱性结构，需对其综合脆弱性的构成进行计算，分别计算自然环境脆弱性、社会经济脆弱性和承载力脆弱性，然后分析其在综合脆弱性的占比。计算公式分别为：

$$S_{i自} = P_{i1} W_{A1} \tag{7}$$

$$S_{i社} = P_{i2} W_{A2} \tag{8}$$

$$S_{i承} = P_{i3} W_{A3} \tag{9}$$

式中：P_{i1} 为自然环境脆弱性指数，W_{A1} 为准则层 A1 的综合权重，P_{i2} 为社会经济脆弱性指数，W_{A2} 为准则层 A2 的综合权重，P_{i3} 为承载力脆弱性指数，W_{A3} 为准则层 A3 的综合权重。

4. 京津冀水资源脆弱性分级

（1）脆弱性等级划分

水资源脆弱性等级划分目前并没有统一标准，参考已有研究成果，依据京津冀地区发展现状，将京津冀水资源脆弱性分为五级，结果见表 8-3。

表 8-3 京津冀水资源脆弱性分级

脆弱性级别	不脆弱	弱脆弱	中脆弱	强脆弱	极脆弱
脆弱性区间	[0,0.2]	(0.2,0.4]	(0.4,0.6]	(0.6,0.8]	(0.8,1]

（2）空间可视化分析

根据京津冀城市群2012—2017年水资源脆弱性评价结果，采用数据关联方法，实现评价结果与京津冀城市的空间关联，赋予评价结果空间属性；然后运用IDW(Inverse Distance Weighted)对评价结果进行空间数字化插值分析，最后进行掩膜提取并重分类(5类)，得到脆弱性等级空间分布图。

8.2 结果分析

基于综合加权指数法对2012—2017年京津冀城市群水资源脆弱性指数进行计算，采用ArcGIS对其进行可视化，将城市水资源脆弱性划分为5个等级：即不脆弱[0,0.2]、弱脆弱[0.2,0.4]、中脆弱[0.4,0.6]、强脆弱[0.6,0.8]和极脆弱[0.8,1]，对其进行空间演变分析。

8.2.1 京津冀水资源脆弱性评价

从京津冀城市群2012—2017年水资源脆弱性等级分布图(见图8-1)可知，水资源脆弱性较严重的地区为介于0.464~0.754之间的天津和0.511~0.811之间的衡水，而邯郸、保定、北京、承德和秦皇岛的水资源脆弱性指数在2012—2017年分别介于0.206~0.581、0.135~0.309、0.234~0.559、0.202~0.465和0.065~0.779之间，除个别年份外，脆弱性等级总体上为弱脆弱，其他地区以中脆弱为主，水资源脆弱性呈现一定的波动变化，表现出增强与变弱并存的态势。总而言之，京津冀城市群的水资源脆弱性呈现一定的空间差异，北京由中脆弱向弱脆弱转变，脆弱性指数由2012年的0.558降低到2017年的0.273，年均下降率达到11.24%；天津水资源脆弱性以强脆弱为主，2012—2017年的脆弱性指数介于0.464~0.754之间，总体变动幅度较小；河北省的水资源脆弱性等级以中脆弱和弱脆弱为主，在变化趋势上分为两个阶段，在2012—2014年河北省水资源脆弱性指数呈下降趋势，2014年以弱脆弱为主，在2014—2017年呈上升趋势，2017年以中脆弱为主。

1.自然环境脆弱性分析

从京津冀城市群2012—2017年水资源自然环境脆弱性等级分布图(见图8-2)可知，水资源自然环境脆弱性空间分异较为明显，表现出"东北低、西部南部及东南高"的空间分布格局，且该态势在2012—2017年基本保持不变。具体表现为：脆弱性较低的地区主要分布在东北部，尤以北京、秦皇岛、承德、唐山和保定最为明显，其中，北京水资源自然环境脆弱性由中脆弱转变为弱脆弱，其脆弱性指数由2012年的0.394降至2017年的0.180，年均下降率为12.24%；保定在2012—2017年均为中脆弱，脆弱性指数介于0.462~0.550之间，变动幅度较小；而秦皇岛、承德和唐山在2012—2017年间虽有波动，但总体上以中脆弱为主，脆弱性指数分别介于0.179~0.554、0.333~0.576、0.238~0.586之间，上述城市水资源自然环境脆弱性较低主要源于当地较高的植被覆盖度，地下水资源量与地表水资源量充沛。西部、南部及东南部地区自然环境脆弱性指数较高，主要包括衡水、廊坊、沧州、邢台、石家庄、张家口和邯郸。其中，衡水和廊坊在 2012—2017 年均为极脆弱，脆弱性指数分别在 0.856~0.996 和 0.843~0.977 范围内；沧州在 2015 年地下水资源量和地表水资源量均由 2014 年的 2.04×10^8 m³ 和 2.26×10^0 m³ 提升至 8.12×10^8 m³ 和 7.73×10^8 m³，其脆弱性等级为中脆弱，其他年份为极脆弱；此外，邯郸 (0.651~0.941) 及邢台 (0.486~0.940) 在 2012—2017 年以极脆弱为主；张家口和石家庄以强脆弱为主，且张家口水资源自然环境脆弱性指数由 2012 年的 0.854 降至 2017 年的 0.664，有明显好转的趋势，总体上，这些城市地表水资源量和地下水资源量较少，尤其以地表水资源量匮乏较为严重，故导致自然环境脆弱性程度较高。

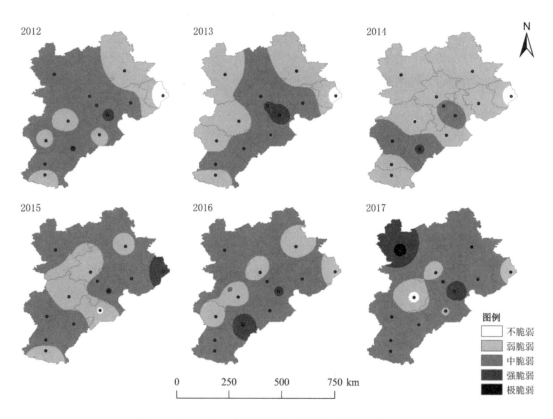

图 8-1 2012—2017 年京津冀水资源脆弱性等级分布图

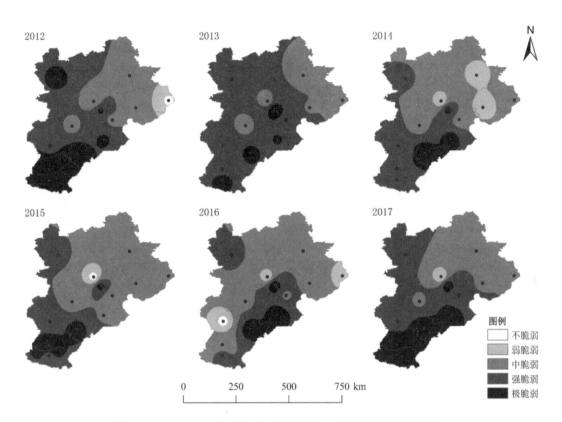

图 8-2 2012—2017 年京津冀水资源自然环境脆弱性等级分布图

2. 社会经济脆弱性分析

从京津冀城市群 2012—2017 年水资源社会经济脆弱性的等级分布图（见图 8-3）可知，水资源社会经济脆弱性表现出以中脆弱和强脆弱为主的特点。整体来看，张家口和廊坊的水资源社会经济脆弱性指数在 2012—2017 年分别介于 0.612~0.802 与 0.626~0.735，是年际变化较小的强脆弱区；承德和唐山在 2012 年为中脆弱区，脆弱性指数分别为 0.566 和 0.550，2013 年上升为强脆弱区，在 2014 年下降为中脆弱区，在之后年份又呈现上升的趋势，到 2017 年分别上升至 0.747 和 0.668，为变化较大的强脆弱区；此外，衡水和邢台在 2012—2017 年处于波动变化之中，但总体上为强脆弱区，这些地区脆弱性指数较高，原因在于地下水占供水比例较大，均在 62% 以上，致使地下水位下降、地面沉降及一系列的生态环境问题，同时，除唐山外，这些地区至 2017 年排水管道长度较短，分别为 844 km（邢台）、843 km（张家口）、614 km（承德）、647 km（廊坊）、605 km（衡水），远低于北京 (16794 km) 和天津 (21240 km)，故经济状况较差，水环境和水污染治理的基础设施落后。

水资源社会经济脆弱性较低的城市为介于 0.348~0.563 之间的北京、介于

0.412~0.555 之间的沧州、介于 0.412~0.588 之间的邯郸、在 0.368~0.617 之间的石家庄以及在 0.504~0.617 之间的天津。虽然这些城市的评价结果较为一致，但其形成原因不同，北京市、天津市和石家庄市的城市环境用水比例较高、经济发展较好、水环境治理的基础设施相对先进，利于水环境的改善，故脆弱性程度较低；沧州市和邯郸市则是与地下水占供水比例较低且人均水资源量较高等因素有关。

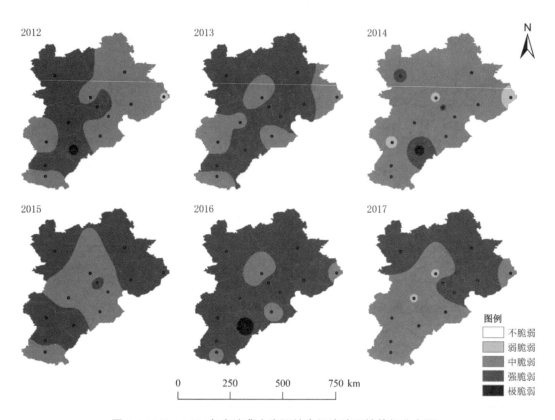

图 8-3 2012—2017 年京津冀水资源社会经济脆弱性等级分布图

3. 承载力脆弱性分析

从京津冀城市群 2012—2017 年水资源承载力脆弱性的等级分布图 (见图 8-4)可知，该区域水资源承载力脆弱性呈现出"南北低、中间高"的分布格局。总体来看，在空间上以北京、天津和唐山为中心向外降低，从时间角度来看，北京的水资源承载力脆弱性指数由 2012 年的 0.643 降至 2017 年的 0.444，年均下降率为 5.99%；天津由 2012 年的 0.723 降至 2017 年的 0.566，年均下降率为 4%；唐山由 2012 年的 0.574 下降至 2017 年的 0.370，年均下降率为 7.06%。虽然京津唐水资源承载力脆弱性有改善的趋势，但其承载力脆弱性指数在京津冀城市群中仍偏高，这与京津唐较高的人均 GDP 有关，以 2017 年为例，三地分别为 140000 元、119440 元和 82972

元，同时，加之较大的人口密度与大规模的区域经济开发，使水资源供需矛盾加剧。

南部和北部城市水资源承载力脆弱性较低，主要为河北省的大部分城市，其脆弱性等级以弱脆弱为主且波动范围较小，具体包括承德 (0.128~0.201)、张家口 (0.122~0.392)、保定 (0.159~0.338)、廊坊 (0.202~0.309)、沧州 (0.194~0.386)、衡水 (0.119~0.284)、邢台 (0.187~0.301) 和邯郸 (0.167~0.437)。以 2017 年为例，这些城市人均 GDP 分别为 41106 元、32189 元、29580 元、61586 元、48225 元、34177 元、28499 元以及 35567 元，人均 GDP 较低，经济状况较差，经济开发规模较小，故水资源承载力脆弱性指数较低。综上所述，人口密度及数量、经济发展水平、经济开发活动以及用水效率等都会对水资源脆弱性产生一定的影响，只有明确城市的具体问题，才能更好地对其进行调控和管理。

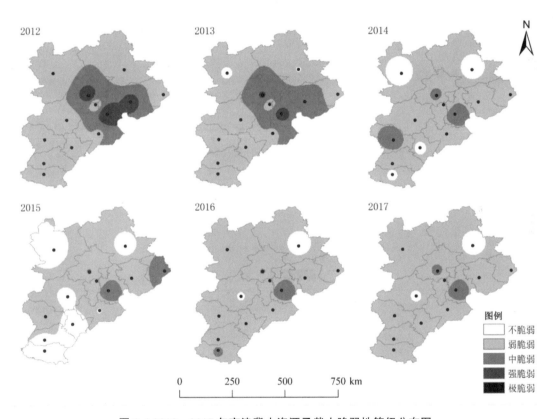

图 8-4 2012—2017 年京津冀水资源承载力脆弱性等级分布图

8.2.2 京津冀水资源脆弱性结构分析

2012—2017 年京津冀水资源脆弱性结构差异明显 (见图 8-5)，可将京津冀城市群水资源脆弱性分为自然环境脆弱性主导型城市、社会经济脆弱性主导型城市和承载力脆弱性主导型城市（见表 8-4）。

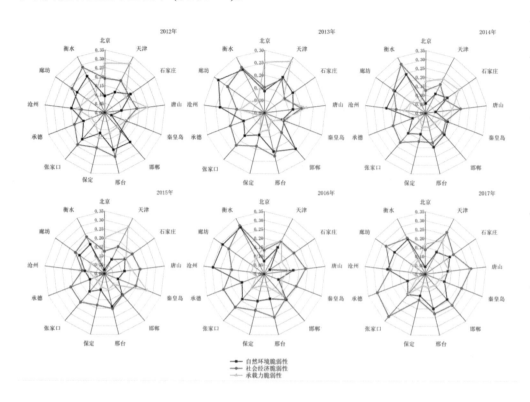

图 8-5 2012~2017 年京津冀水资源结构图

表 8-4 京津冀城市群主导型城市分类

	自然环境脆弱性主导型城市	社会经济脆弱性主导型城市	承载力脆弱性主导型城市
城市	沧州市、邯郸市	唐山市、邢台市、保定市、张家口市、承德市、衡水市、石家庄市、秦皇岛市、廊坊市	北京市、天津市

1. 自然环境脆弱性主导型城市

沧州市和邯郸市属于自然环境脆弱性主导型城市，水资源脆弱性综合评价结果较优。其中，沧州市和邯郸市在 2012—2017 年水资源脆弱性综合评价中均以弱脆弱和中脆弱为主，二者平均指数分别为 0.348 和 0.350，但其自然环境脆弱性的评价结果却以强脆弱和极脆弱为主，平均为 0.854 和 0.785，这说明自然环境因素是这两个城市水资源脆弱性的主要限制因素。这些城市的年均降水量较低，且地表水和地下水资源短缺，故较差的自然环境因素使其水资源脆弱性综合评价结果加重。为改善这些城市水资源的自然环境脆弱性，应建设先进的水利基础设施，努力提高水资源利用效率，实现水资源的协调持续发展。

2. 社会经济脆弱性主导型城市

这一类型均位于河北省的大部分城市，包括秦皇岛市、承德市、张家口市、唐山市、廊坊市、保定市、石家庄市、衡水市和邢台市。这些城市的水资源脆弱性综合评价结果较好，但准则层社会经济脆弱性的评价结果较差，以承德市为例，其综合评价结果为 0.310，社会经济脆弱性数值为 0.651，表明这些城市的主要制约因子为社会经济因素，故为社会经济脆弱性主导型城市。此外，相对于北京市和天津市而言，这些地区水利基础设施的建设相对滞后、产业结构不甚合理且用水效率相对较低，水资源社会经济脆弱性较高。为此，可采取提高植被覆盖率、调整产业结构等措施来实现水资源与社会经济的协同发展。

3. 承载力脆弱性主导型城市

承载力脆弱性多与人类活动的影响有关，且这类地区多为经济发展水平较发达的城市，包括北京市和天津市等。以人均 GDP、人口增长率和农业用水量为主的指标是导致北京市 (0.497) 和天津市 (0.620) 承载力脆弱性较高的关键性因素。这些地区的人口数量较多、经济发展迅速，致使水资源的供求矛盾突出，水资源的承载力脆弱性较高。为提高水资源的承载力，可从缓解水资源供需矛盾着手，采取控制人口数量、发展节水技术、优化产业结构等对策。

8.2.3 京津冀水资源脆弱性差异的致因分析

北京和天津分别作为北方经济中心和北方最大的沿海开放城市，2017 年人均水资源量分别为 137.2 m³/人和 83.4 m³/人，远低于 1000 m³/人的国际公认严重缺水标准。2017 年北京和天津的水资源总量仅为 29.77 亿 m³ 和 13 亿 m³，水资源禀赋较差，该问题在天津市更为突出，致使天津的自然环境脆弱性以中脆弱和强脆弱为主。2012—2017 年，北京和天津的水资源社会经济脆弱性分别在 0.348~0.563 和 0.504~0.617 之间，处于相对较低的脆弱性水平，表明京津地区不断加强产业结构调整，促进水资源节水技术进步，使用水效率和水资源管理水平有所提高。但由于京津地区区域人口数量急剧增加，人口压力较大，增加了水资源压力，以致北京和天津的水资源承载力脆弱性处于较高的水平，且为典型的承载力脆弱性主导型城市。相比于北京和天津，2017 年河北省人均水资源量为 184.5 m³/人，人口和水资源的压力较小，水资源承载力脆弱性相对较低，以弱脆弱为主。2017 年河北省的三次产业增加值分别为 3129.98 亿元、15846.21 亿元和 15040.13 亿元，产业结构不合理，工业所占比重较高，水资源的浪费和污染较突出。同时，河北省的水资源管理水平较京津地区存在较大的滞后性、缺乏高效能的水资源统一管理平台、水资源基础设施不完善，导致河北省水资源社会经济脆弱性以中、强脆弱性为主，在水资源脆弱性结构方面，主要表现为社会经济脆弱性主导型城市。

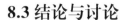

8.3 结论与讨论

8.3.1 结论

对京津冀城市群水资源脆弱性进行科学准确的分析与评价，确定城市具体的水资源问题，利于保障水资源安全及增强城市群社会经济的可持续发展能力。本文从自然环境、社会经济和承载力三方面构建指标体系，利用综合加权指数法计算京津冀13个城市2012—2017年水资源脆弱性指数，并对京津冀城市群水资源脆弱性时空变化进行分析。主要结论如下：

①从水资源脆弱性综合评价来看，京津冀城市群水资源脆弱性空间差异较大。北京由中脆弱向弱脆弱转变；天津以强脆弱为主，且变动幅度较小；河北省以中脆弱和弱脆弱为主，水资源脆弱性指数在2012—2014年呈下降趋势，2014年下降为以弱脆弱为主，在2014—2017年呈上升趋势，2017年演变为以中脆弱为主。

②京津冀城市群水资源自然环境脆弱性呈现出"东北低、西部南部及东南高"的空间分布特征，水资源社会经济脆弱性表现出以中脆弱和强脆弱为主的动态演变规律，水资源承载力脆弱性则具有"南北低、中间高"的分布特点。

③根据水资源脆弱性的结构差异，将京津冀城市群分为三类。自然环境脆弱性主导型城市包括沧州市和邯郸市；社会经济脆弱性主导型城市包括秦皇岛市、承德市、张家口市、唐山市、廊坊市、保定市、石家庄市、衡水市和邢台市；承载力脆弱性主导型城市包括北京市和天津市。

8.3.2 讨论

结合京津冀城市群水资源脆弱性分析，可确定各城市面临的水资源问题，为制定合理的水资源管理和调控措施，建议如下：

①从京津冀地区整体来看，该地区普遍存在水资源禀赋差、水资源供需矛盾突出以及水资源污染严重等问题。应将城市人口数量控制在合理的范围之内，缓解水资源的供需矛盾；优化产业结构，优先发展新能源以及环保等相关产业，严格控制污水排放总量，实施严格的水资源管理制度，缓解区域水资源脆弱性。

②从京津冀城市的空间结构看，应发挥京津两市对河北省的辐射带动作用，健全城市水资源相关基础设施，如污水处理设施、雨水回用设施等。不断提高节水技术，增强公众节水意识，加强水环境污染治理，提高污水回用率，促进水资源的健康持续发展。

③从京津冀城市群水资源脆弱性结构看，不同类型的脆弱性主导型城市应采取不同的管理措施。自然环境脆弱性主导型城市应落实最严格的水资源管理制度，加强对用户用水方式的引导，改变对水资源的低效利用和过度开发，实现水资源的高效利用与有效保护；社会经济脆弱性主导型城市应加大对经济结构的改造和产业布局的优化调整，同时，加大对节水设施的投入，提高水资源利用效率，减少废污

水排放；承载力脆弱性主导型城市应合理控制人口数量，通过水利基础设施的建设与完善，增强水资源的时空调配能力，同时，促进非常规水源的开发利用，缓解水资源供需矛盾。

【参考文献】

[1] Aavudai Anandhi, Narayanan Kannan. Vulnerability assessment of water resources – Translating a theoretical concept to an operational framework using systems thinking approach in a changing climate: Case study in Ogallala Aquifer[J]. Journal of Hydrology, 2018, 557: 460-474.

[2] 胡博亭，柳江，王文玲，等. 基于洪旱灾害的雅鲁藏布江流域水资源脆弱性时空差异分析 [J]. 长江流域资源与环境，2019, 28(05): 1092-1101.

[3] 刘珍，文彦君，韩梅，等. 人类活动影响下的陕西省水资源脆弱性评价 [J]. 水资源与水工程学报，2017, 28(03): 82-86.

[4] 钱龙霞，张韧，王红瑞，等. 基于 Logistic 回归和 DEA 的水资源供需月风险评价模型及其应用 [J]. 自然资源学报，2016, 31(01): 177-186.

[5] 郭力仁，蒙吉军，李枫. 基于空间异质性的黑河中游水资源脆弱性研究 [J]. 干旱区资源与环境，2018, 32(09): 175-182.

[6] 郝璐，王静爱. 基于 SWAT-WEAP 联合模型的西辽河支流水资源脆弱性研究 [J]. 自然资源学报，2012, 27(03): 468-479.

[7] 崔东文. 蛾群算法与投影寻踪耦合模型在区域水资源脆弱性评价中的应用 [J]. 三峡大学学报 (自然科学版), 2017, 39(04): 10-18.

[8] IPCC. Managing the risks of extreme events and disasters to advance climate change adaption: A special report of workinggroups Ⅰ and Ⅱ of the intergovernmental panel on climate change[M]. Cambridge: Cambridge University Press, 2012.

[9] 林钟华，刘丙军，伍颖婷，等. 变化环境下珠三角城市群水资源脆弱性评价 [J]. 中山大学学报 (自然科学版), 2018, 57(06): 8-16.

[10] 苏贤保，李勋贵，刘巨峰，等. 基于综合权重法的西北典型区域水资源脆弱性评价研究 [J]. 干旱区资源与环境，2018, 32(03): 112-118.

[11] B. Boruff, E. Biggs, N. Pauli , et al. Changing water system vulnerability in Western Australia's Wheatbelt region[J]. Applied Geography, 2018, 91: 131-143.

[12] 赵毅，徐绪堪，李晓娟. 基于变权灰色云模型的江苏省水环境系统脆弱性评价 [J]. 长江流域资源与环境，2018, 27(11): 2463-2471.

[13] 何彦龙，袁一鸣，王腾，等. 基于 GIS 的长江口海域生态系统脆弱性综合评价 [J]. 生态学报，2019, 39(11): 3918-3925.

[14] 朱姝，冯艳芬，王芳，等. 粤北山区相对贫困村的脱贫潜力评价及类型划分——以连州市为例 [J]. 自然资源学报，2018, 33(08): 1304-1316.

[15] Vasilis Kanakoudis, Stavroula Tsitsifli, Anastasia Papadopoulou, et al.

Water resources vulnerability assessment in the Adriatic Sea region: the case of Corfu Island[J]. Environ Sci Pollut Res, 2017, (24): 20173-20186.

[16] 张雪花，许文博，张宝安 . 雄安新区对京津冀城市群低碳协同发展促进作用预评估 [J]. 经济地理，2020, 40(03): 16-23+83.

[17] 姜明栋，刘熙宇，许静茹，等 . 京津冀地区经济增长对工业用水的脱钩效应及其驱动因素研究 [J]. 干旱区资源与环境，2019, 33(11): 70-76.

[18] Rabia Shabbir, Sheikh Saeed Ahmad.Water resource vulnerability assessment in Rawalpindi and Islamabad, Pakistan using Analytic Hierarchy Process (AHP)[J]. Journal of King Saud University – Science, 2016, 28: 293-299.

[19] 潘争伟，金菊良，刘晓薇，等 . 水资源利用系统脆弱性机理分析与评价方法研究 [J]. 自然资源学报，2016, 31(09): 1599-1609.

[20] 黄垒，张礼中，朱吉祥，等 . 基于综合指数法的保定市地表水资源脆弱性评价 [J]. 南水北调与水利科技，2018, 16(06): 68-73.

[21] 张蕊 . 基于突变级数法的山西省水资源脆弱性评价 [J]. 水电能源科学，2019, 37(04): 29-32.

[22] 李博，苏飞，杨智，等 . 基于脆弱性视角的环渤海地区人海关系地域系统时空特征及演化分析 [J]. 生态学报，2018, 38(04): 1436-1445.

[23] 张欣莹，解建仓，刘建林，等 . 基于熵权法的节水型社会建设区域类型分析 [J]. 自然资源学报，2017, 32(02): 301-309.

[24] 李悦，袁若愚，刘洋，等 . 基于综合权重法的青岛市湿地生态安全评价 [J]. 生态学杂志，2019, 38(03): 847-855.

第9章　城市污水回用的环境风险因素分析

　　城市污水资源化被认为是解决当前农业用水水源不足的主要途径，被联合国环境规划署认定为环境友好技术，因而得到推广应用。由于再生回用污水中一般氮素含量较高，因此在回收利用时存在一定的环境风险。五十年代中后期，国家开始倡导使用污水进行灌溉，全国范围内陆续形成了五大污灌区，分别为天津污灌区、北京污灌区、辽宁沈抚污灌区、山西整明污灌区及新疆石河子污灌区。由于硝酸盐性质稳定、溶解度高，很容易随地下水运移，成为当前世界上许多地区地下水污染最普遍的环境因子，因污水灌溉引起地下水中硝酸盐的污染日趋严重。

　　地下水是水资源的重要组成部分，与人类社会及经济发展存在密切联系，地下水的保护与修复成为目前的研究热点。通常而言，水体中含有少量的氮素是成土母岩自然演变的结果。随着当今社会工农业的迅速发展，化肥与农药的过量施用，生活污水与工业污水的大量排放，地下水中氮污染问题愈来愈严重，其中硝态氮带来的污染则是威胁地下水安全存在的主要问题。由于硝态氮在水体中的迁移过程复杂，受到诸多因素的综合影响，造成的污染很难修复，许多国内外的学者都对地下水中硝态氮的迁移转化问题展开了研究。

9.1 硝酸盐氮的来源与危害

9.1.1 硝酸盐氮的来源

　　土壤是陆地氮循环最活跃的区域，硝酸盐氮在土壤包气带中不断累积，随灌溉及降水进行垂向运移，很容易对地下水造成污染。陆地生态系统中的氮循环主要分为五个过程：（1）生物体内有机氮的合成：植物通过吸收土壤中的铵盐和硝酸盐，将无机氮同化成植物体内的蛋白质等有机氮。而动物通过直接或间接地食用植物，将植物体内的有机氮同化成动物体内的有机氮；（2）氨化作用：动植物的遗体、排出物和残落物中的有机氮被微生物分解后形成氨；（3）硝化作用：土壤包气带处于氧化环境时，土壤中的氨或铵盐在硝化细菌的作用下，经过氧化作用生成硝酸盐；（4）反硝化作用：在氧气不足的条件下，土壤中的硝酸盐被反硝化细菌等多种微生物还原成亚硝酸盐，并进一步还原成分子态氮并返回到大气中；（5）固氮作用：分子态氮被还原成氨和其他含氮化合物的过程。固氮作用主要有两种方式：一种是非生物固氮，闪电、高温放电等自然过程可以实现固氮，但形成的氮化物很少；二是生物固氮，即分子态氮在生物体内被还原为氨的过程，大气中90%以上的分子态氮都是通过固氮微生物的作用被还原为氨。

硝酸盐氮是含氮有机物经过氧化分解生成的最终产物。地下水中的硝酸盐氮污染，主要是人为作用，大部分来源于化学氮肥和动物粪肥的过量施用，施用到土壤的肥料中，有30%至50%通过土壤入渗到地下水，且地下水中氮含量与施用的氮肥量呈正相关关系。此外，生活污水、工业废水以及生活垃圾等也是地下水中氮含量增高的影响因素，如在氮肥制造厂周围的地下水中，硝酸盐氮含量略高于外围区域（黄民生，1995）。

9.1.2 硝酸盐氮的危害

对于人体而言，过量的硝酸盐摄入人体后，会通过体内相关酶的作用还原为亚硝酸盐，而亚硝酸盐可直接使动物中毒缺氧，还会引起高铁血红蛋白症、婴儿青紫症及消化系统癌症等疾病（郑富新等，2018）。Super对瑞典克里斯蒂塔地区35名癌症患者的病因分析发现，有一半以上的患者饮用过含有大量硝酸盐的地下水（吴雨华，2011）。对于畜禽和农作物而言，饲料作物吸收并累积了土壤与水体中的硝酸盐氮后，在一定的条件下，会产生二氧化氮等有毒气体，浓度过高会导致家畜和牲畜中毒而死（许可等，2011）。

对于水生动物而言，水体中的硝酸盐氮过量，会导致水体富营养化，水中环境质量下降，进而造成鱼虾等生物大量死亡。从经济方面来说，地下水的循环更替较慢，自净周期较长，一旦受到污染，治理会比较困难，所需费用较高并且治理时间长，就会造成很大的经济损失。例如，在20世纪末的20年里，美国的环境污染修复计划项目用于治理土壤和含水层污染的费用已经高达700亿美元（吴雨华，2011）。

世界卫生组织规定地下水中硝酸盐氮的质量浓度不得超过10mg/L，欧盟规定地下水中硝酸盐氮的质量浓度的引用标准为≤11.3mg/L。我国环境保护部规定集中式饮用水水源地下水中硝酸盐氮的质量浓度标准为≤20mg/L（王磊，2016）。

9.1.3 地下水硝酸盐氮的污染现状

1. 国内的污染现状

随着人类活动的增强，农田氮肥施用量的增加，水体中氮污染已成为一个普遍的问题，全球范围内的地下水硝酸盐氮的含量都在呈不同趋势上升，有些地区的情况已非常严重（张思聪等，1999）。

在我国，20世纪60年代以来，地下水中氮污染的问题就开始得到广泛关注。根据国家综合水资源项目的调查结果，我国平原地区浅层地下水中的主要污染物有铵态氮、亚硝态氮、硝态氮及挥发酚等，在全国范围内"三氮"超标已非常普遍，地下水氮污染已经成为我国最严重的水质问题之一（叶文等，2014）。早在1996年，水利部海河委员会水保局对唐山农业地区水质的普查中，发现存在地下水硝酸盐氮含量的高值区，检查的111眼观测井中有24眼硝酸盐氮含量超标，占21.6%（张思聪等，1999）。2013年3月，国土部对华北平原地区的地下水进行了调查，结果显示，华北平原施用化肥的年均量约为 658 万吨，农药的施用总量约为 65600 吨，有 12.2% 的地下水不同程度地受到了"三氮"污染的影响（蓝梅等，2015）。我国的 131 个湖泊中有 67 个受氮污染的影响，呈现富营养化的迹象（徐志伟等，2014）。而地下水中硝酸盐氮的污染也比较严重，如西安市及市郊地下水中硝酸盐氮最高含量可达 600mg/L，平均含量达 189mg/L，超标面积有 168km^2；长春市的含量可高达 392mg/L，超标面积有 126km^2；北京市的超标面积高于 200km^2；成都市的最高含量超标 55 倍（黄民生，1995）。

2. 国外的污染现状

目前，全球水体氮污染十分严重，约有 110 个国家和地区的地下水中存在氮污染，并且主要是硝酸盐氮污染（闫雅妮等，2017）。

欧美地区的地下水硝酸盐氮污染普遍存在。在美国，地下水提供了大约 19% 的用水量。对于公共供水和家庭用水，地下水约占总供水量的 42%。许多干旱地区由于缺乏地表水，更加依赖地下水（P.F. Hudak，2000）。美国 75% 至 80% 的人口使用地下水作为灌溉用水，50% 的城镇居民和近 90% 的农村居民将地下水作为生活用水，部分郊区县城和大型城市将地下水作为唯一的饮用水来源。1998 年，美国洛杉矶约 40% 的井水硝酸盐氮含量超过国家饮用水标准。Spalding 等人报道，根据美国环保局的调查显示，约 300 万人口饮用的地下水中硝酸盐氮的浓度超过了饮用水水质标准。

在丹麦，地下水是饮用水的主要来源，有 99% 的饮用水是从地下水中提取的。根据世界卫生组织的调查结果表示，丹麦的饮用水中硝酸盐的浓度以每年 0.2~1.3mg/L 的速度增长。在过去的 20 至 30 年间，丹麦的地下水硝酸盐氮含量增长了 3 倍，并且有持续增长的趋势。在此期间，农作物和动物的生产以及肥料的施用显著增加。调查表明，丹麦的地下水硝酸盐氮浓度存在着明显的地域差异，在该国西部，地下水受到的污染影响比东部更严重，增长趋势更明显。在具有潜水含水层的地区，地下水受到的污染影响要比具有受限含水层的地区对地下水的影响更大（Kurt Overgaard，1984）。

英国环保局在 1986 年就非常重视地下水中硝酸盐氮污染的问题，并对英国约一百万人使用的饮用水源进行调查，认为硝酸盐氮的浓度超过了欧盟规定的最大允许浓度。在英国威尔士地区，供 180 万人饮用的 125 处地下水，硝酸盐氮的含量均超标。而在德国、意大利以及奥地利等国家，90% 以上的饮用水来自于地下水，因此，地下水遭到氮污染对人体健康的影响非常大，作为饮用水源很容易对人类生活造成重大影响。

9.2 污水的影响因素分析

全球陆地土壤中累积的氮素经由下渗水流进入河流最终到达海洋中的氮素大约为 $1.9 \times 107t\ a^{-1}$，其输入量占所有海洋输入方式总氮量的 1/4。无论硝态氮垂向下渗到地下水，还是通过径流进入河流、湖泊和海洋水体，都将对人类的生产生活可持续健康发展形成难以估计的恶劣影响（张润润等，2007）。

硝态氮在地下水中迁移转化过程的影响因子复杂多样，主要分为自然因素和人为因素。自然因素包括地貌特征、土壤类型、土壤结构、降水和地下水埋深等；人为因素主要包括化肥使用、污水回用及各种农业活动。

9.2.1 地下水硝态氮迁移转化的自然影响因素

全球地形、地貌复杂多样，除南极和北极外，不同地质类型、土壤类型和土壤结构均会导致地下水体中硝态氮的含量产生明显差异。

1 地貌类型

地貌类型对硝态氮的垂向运移及累积过程具有显著影响，如环渤海平原地区地下水体中硝态氮的平均含量范围值在 7.14 ~10.33 mg L^{-1} 间，而丘陵地区检测到的浓度已达到 29.20 mg L^{-1}。产生这种现象的重要原因之一就是丘陵地区地下水埋深较平原地区浅，地表下渗所经由的途径和时间都较短，更易累积大量硝态氮，因此更易受到人类生产生活的影响（王凌等，2009）。

白洋淀地貌类型影响着不同来源地下水中硝酸盐的空间分布和迁移转化。2016 年 12 月，平原区 130 个浅层地下水硝酸盐超标率为 21.5%，从上游到下游不同地貌类型地下水硝酸盐浓度中值呈现下降趋势：洪积扇 (42.4 mg•L^{-1})> 冲洪积扇 (24.1 mg•L^{-1})> 冲洪积平原 (6.0 mg•L^{-1}) 和河道带 (6.2 mg•L^{-1})；山前平原洪积扇和冲洪积扇地区渗透性较好，地下水硝酸盐超标率高达 33.3% 和 34.0%，主要来源于污水和有机肥（王仕琴等，2021）。湖泊洼淀区典型生活和工业污水河周边，地下水硝酸盐则存在工业、生活和化肥多污染源并存的特征，地表治污措施对地表水和地下水硝酸盐浓度的影响较大，污水侧渗导致河道周边地下水硝酸盐浓度较高，而河道较远处含水层强烈的还原条件使地下水硝酸盐浓度降低 (<10 mg•L^{-1})，污染风险较低。

2 土壤类型

不同的土壤在其成土过程中，受成土母质的影响，土壤组分、土壤粒度、孔隙度都有很大差异，直接影响污染物的垂向运移及累积效应，导致包气带中硝态氮本底值差异很大。

土壤类型对地下水硝态氮的影响非常显著，李晓欣等（2021）以北方典型黑土、潮土和褐土区农田为研究对象，对地下水硝酸盐的超标状况进行分析，东北黑土区地下水硝酸盐超标率高达 39.6%；其次为华北潮土区，超标率为 19.3%；西北褐土区的地下水硝态氮超标率最低，为 14.9%。

通过地下水中硝态氮含量浓度分布图与土壤类型分布地图叠加分析，很容易发现两者之间存在相关关系。在黑河中游的绿洲农业区，其沙土地区的地下水硝态氮浓度均值达到 27.20 mg L^{-1}，高出壤土地区的 9.93 mg L^{-1} 多达 2.74 倍（杨荣等，2008）。

3 土壤结构

硝态氮随水流下渗至地下水一定会经过土壤包气带，土壤颗粒越细，土质越紧实，硝态氮渗透性就越弱，阻滞硝态氮垂向运移的能力越强；反之阻滞作用就越弱（徐建国等，2010）。

不同质地土壤包气带层中的水运移速度不同，也会造成土壤中硝态氮累积和分布的显著差异。土壤质地不同直接导致土壤结构之间存在差异，土壤的结构越紧实，其容重越大，土壤中粘粒的含量越多，硝态氮在土壤中的运移速度也就越低（同延安等，2005），即其穿透土壤层所需的总时间就越长，污染物向下运移的湿润锋就会迟缓，对污染物下移的阻滞作用越强（吕殿青等，2010）。

4 降水

硝态氮附着在地表上的氮污染物随降水或灌溉经包气带土壤进入地下水体，含氮化合物在下渗的过程中会经历一系列复杂的物理、生物和化学等综合反应，硝态氮是氮元素存在于地下水的主要形式，所以降水过程对硝态氮的垂向运移及其在地下水中的含量有较大影响。

下渗水中的总氮浓度与降水有较大的直接关系，由于降水量在很大程度上随季节而变化，所以下渗水体的总氮浓度也随之发生变化，表现为各地在雨季后地下水中硝态氮浓度急剧上升，甚至达到当地年内最高值（胡志平等，2007）。因此，降水量和降水强度是决定硝态氮在土壤中淋失并向下迁移的速度的最主要原因：降水量小，强度小，氮元素整体下渗迁移的速度就比较慢。

雨季加速了农业面源污染进入地表和地下水，使得雨季硝酸盐浓度大于旱季。雨季降水淋滤作用使地下水硝酸盐浓度明显升高，硝酸盐超标率大于旱季的 2 倍以上（王仕琴等，2021）。

5 地下水埋深

硝态氮通常经过地表或土壤随水流淋溶、下渗到地下水体中，如果地下水位越深，包气带土壤层越厚，则加长了土壤水的下渗路径，增加了硝态氮进入地下水体的时间，地下水体就较难受到外界环境和人类活动的干扰，有效规避硝态氮对生态环境造成污染（孙世卫，2007）。大量研究表明，在浅井中的硝态氮浓度明显高于较深水井（赵同科等，2007；宋效宗等，2008），刘宏斌等（2006）在北京市的平原农业区域的调查研究也佐证这一观点，即地下水中的硝态氮浓度随着地下水埋深增加而明显减少。

硝态氮的浓度在不同埋深的地下水体中也有明显差异。地下水体埋深越小，包气带土壤颗粒就相对疏松，土层中的含氧量增多，还原环境逐渐向氧化环境过渡；加之有机质数量增多，促进了硝化作用，并抑制了反硝化作用，氮元素经过硝化反应以硝态氮进入含水层。由于含水层处于氧化环境且接近包气带土壤层，所以硝态氮可稳定存在于其中。包气带土壤层越厚，则包气带上层土壤颗粒会相对紧密，其可提供给硝化反应所需的氧气和硝化细菌所需的电子就相对较少，一部分硝态氮通过反硝化作用进入大气中。研究表明，当地下水体埋深大于 23m，硝态氮浓度则基本符合环境标准数值（耿玉栋等，2016）。

土壤地下水埋深越大，土壤包气带厚度越大，而土壤深层包气带反硝化作用越强，可以降低硝态氮向地下水淋溶（牛新胜等，2021）。由于反硝化作用受土壤理化性质和土壤有机碳含量的影响，硝态氮淋溶速率与深层包气带的反硝化脱氮量的精确分析仍是研究中的热点和难点。由于厚包气带土壤空隙较大，容易进入氧气限制反硝化的发生，因此，在深层包气带，长期大水大肥造成土壤硝态氮在厚包气带的大量累积，硝态氮储量较大，硝态氮从移出根区到进入地下水的时间较长。

地下水水位上升导致土壤包气带中硝态氮等外源污染物进入浅层地下水，由于浅层地下水通过对包气带污染物进行浸溶，导致硝态氮和铵态氮含量存在明显的分层特征，且地下水埋深越小，硝态氮和铵态氮的含量越高（刘鑫等，2021）。

影响地下水位变化的因素很多，降水量的季节变化，导致丰枯水期的水位自然波动，而地表水的补给也会直接引起地下水位抬升，地下水回灌补给以及污水灌溉等人类活动对地下水抬升也将产生重要影响。同时地下水位变化对包气带和地下水的氧化还原环境直接产生影响，垂直剖面上的氧化还原电位通常从包气带向饱和带递减，成为影响与控制水位变化过程污染物含量变化的重要因素。地下水位上升后，土壤深处包气带随水分的补充转变为饱和带，溶解氧含量降低，地下水的氧化还原电位会随之不断降低。由于包气带土壤胶体一般带负电荷，硝酸盐不易被土壤颗粒吸附，在地下水位上升的时候，硝酸盐易溶于地下水而发生迁移。

9.2.2 硝酸盐氮迁移转化的人为影响因素

硝态氮在地下水中迁移转化过程的影响因素除自然因素外更离不开人为活动的影响，主要包括氮肥的过度使用、含氮污水的灌溉以及不同的农业耕作方式造成的差异。如白洋淀流域地下水硝酸盐浓度分布存在从上游山区到山区平原区过渡带呈增加趋势，主要与山区平原过渡带较为频繁的人类活动有关，而山区局部性的厕所粪污水排放也是造成高浓度地下水硝酸盐的主要原因。

1 化肥使用

作为植物生长的必要元素，氮元素成为各种肥料里不可或缺的存在，但是过量施用氮肥会造成硝酸盐大量囤积在土壤中，使氮素营养物及有机、无机污染物通过地表径流和农田淋失进入地下水体，从而对江河湖泊等水体造成污染（雷刚等，2007）。农田管理措施是影响硝态氮淋溶的重要因素，硝态氮高淋溶多发生在施氮量较高且根系较浅的作物体系中。

在农业生产过程中，地下水硝酸盐污染主要经过包气带进行迁移转化，成为硝态氮累积和存储的重要场所，也是硝酸盐垂向运移进入地下水的通道。过量氮肥投入导致包气带土壤剖面累积大量硝态氮，在雨季可随降水产生垂向下运，最终进入地下水，造成地下水污染并加剧安全风险。

张维理（1995）指出，在作物氮素吸收量与人为施氮量比例小于40%的区域，如果年施氮量超过 500 kg hm^{-2}，那么该区域地下水硝酸盐含量基本上都处于超标的状态。吴大付等（2008）在研究地下水中的硝酸盐浓度和氮肥施用量的关系后表示，降低氮素肥料的使用量，可以有效减少硝态氮的残留及累积。以黄淮海平原为例，在其小麦、玉米两熟种植条件下，氮素肥料的使用量不超过 273.6 kg hm^{-2} 时，地下水中硝酸盐积累量极为微小；氮素肥料的使用量不超过 861.1 kg hm^{-2}，地下水中硝酸盐积累量将不会超过 50 mg L^{-1}，所以必须降低氮素肥料施用量。平衡施肥法不仅能提高作物产量和土壤对氮的吸收利用率，还能促进植物根系的良好发育，进一步形成根系密集层，减少甚至阻止硝态氮淋失。

2 污水灌溉

灌溉和降水是硝态氮淋溶进入地下水体的主要途径。在农业污水回用过程中，携带硝态氮的污染物多为畜禽粪便、工业残留和生活污水，它们通过干湿沉降、淋滤下渗和排放等方式威胁水体和自然环境的健康平衡（张燕，2003）。

大气中的氮氧化物会通过干湿沉降到地面，溶于各类地表水再下渗至地下水体，并造成地下水体硝态氮污染，使得大量硝态氮进入深层土壤，进而对地下水体造成污染。Steindorf K. 等（1994）以美国为例进行长时间研究，发现美国每年通过大气干湿沉降进入地下水体的氮元素整体约 320 万 t。

污水灌溉一方面可导致地下水硝酸盐含量的增加，另一方面会危害土壤和农作物的健康质量。特别是大水漫灌和高强度降水，持续的下渗水将包气带中的硝态氮淋溶至更深处，既不利于作物吸收，更容易使硝态氮进入地下水，造成水体污染。

3 农业活动

农业活动对地下水硝酸盐氮垂向运移具有重要影响，土地利用类型、作物种植方式等直接影响硝酸盐氮的运移过程。农业活动强度对硝酸盐氮的累积及迁移具有直接的影响，如耕作次数越多，硝态氮淋溶越少，这是因为未经翻动的土壤孔隙有利于硝态氮的垂向淋失，且耕作会促进深层土壤水分蒸发，改变土壤结构，进而干扰土壤水的运移，最终对硝态氮的淋失及运移产生影响（牛新胜等，2021）。

北方潮土地区大面积推行冬小麦 - 夏玉米轮作体系，氮素盈余较高 (299~358 kg•hm^{-2}•a^{-1})，导致土壤根区和深层包气带累积了大量的硝态氮。冬季小麦的硝态氮迁移主要受灌溉影响，以非饱和流为主，且迁移距离较短，可以避免硝态氮的垂向运移，研究表明：春季单次灌溉量低于 60 mm，可以有效控制水和硝态氮淋溶出根区。而雨热同期的夏玉米季，土壤水分经常处于饱和状态，再降雨就可以导致硝态氮淋溶出根层进入深层包气带。夏玉米季极易发生硝态氮淋溶事件 (占全年总淋溶事件的 81% 左右)，硝态氮淋溶量占全年总淋溶量的 80% 左右，且单次淋溶事件的淋溶量较高。大孔隙优先流对夏玉米季根区硝态氮淋溶的贡献率在 71% 左右，这些硝态氮脱离了作物根系吸收范围（牛新胜等，2021）。在华北气候及土壤条件下，特别应注意冬小麦收获后土壤不应残留过多硝态氮，以避免夏玉米季降雨发生大量淋溶，夏玉米季需要注意施氮与作物需氮的匹配。

（1）土地利用类型

土地利用类型与土壤硝态氮的累积量具有明显的相关关系。耿玉栋等（2016）经过大量研究表明，在城市化发达区域的地下水中，硝态氮含量最高；水稻田地等大型农业区域的地下水硝态氮含量较高；菜园等小型农业区域的地下水硝态氮含量与水稻田地接近；林地区域的地下水硝态氮含量相对最少。导致这种现象的原因是城市化的快速发展，聚集大量劳动人口，使得人口密度增大，最终生活污水与工业废水排污量不断增加，导致城市区域的地下水硝态氮污染愈发严重。

由于水稻田地为饱水状态，地下水处于还原环境中，有利于发生反硝化作用，因此，水稻田区域地下水中硝态氮的含量较低。而菜园通常使用过量的含氮化肥，氮在该区域相对利用率低、流失量大，地下水体更易受到硝态氮的污染。此外，菜园等小型农业区域主要分布于城市周边，灌溉多以地表水为主，而城市区域的地表水含氮元素超量，导致菜园地下水硝态氮浓度增高，由此造成地下水硝态氮含量偏高（徐力刚等，2012）。

赵同科等（2007）在比较了蔬菜种植区域、粮食种植区域、水果种植区域和养殖场地这4种土地利用类型的地下水硝态氮浓度后，发现蔬菜种植区域地下水超标率数值最高（55.1%），其次为水果种植区域（43.3%），第三为粮食种植区域（34.5%），最后为养殖场地（17.9%）。贾小妨等（2009）对宁夏农地进行研究，结果表明：同一区域内不同的作物种植方式会对地下水硝态氮的含量产生影响，结果为：盐碱地 < 水稻 < 小麦玉米 < 林地 < 葡萄地 < 温室菜棚 < 果园。

（2）土地种植方式

依据土地的不同种植条件，其种植方式大概分为常规种植区和集约种植区。集约农业的特点是种植程度高，化肥使用频率高且化肥用量大，加重了农业区域的氮损失，也在很大程度上对地下水体的安全造成了威胁（徐力刚等，2012）。另外，集约化农业种植区过量的氮肥投入，除对地下水体造成硝态氮污染外，也将导致植物体内的硝态氮浓度超标（徐运清等，2015）。

在集约化农业种植区域内的土壤，其硝态氮含量变化频率与时间的关系不大，但是变化幅度较大。在常规农业种植区域内的土壤，其硝态氮含量变化频率与时间的关系较大，但变化幅度较小。集约化农业种植区域地下水体中的硝态氮浓度较常规农业种植区域高很多。地下水体中的硝态氮浓度直接与施氮量相关，常规农业种植区域的地下水硝态氮的污染程度远远低于集约化农业种植区域（徐力刚等，2012）。

9.3 地下水硝酸盐污染模拟的影响参数分析

污染物的迁移扩散过程受蒸发、降雨、土壤介质、灌溉以及人类活动等多种因素的影响（赵同科等，2007），污灌造成的地下水硝酸盐污染成为研究的热点，为了确定污灌水在土壤包气带环境中的迁移规律，需要模拟分析土壤组成及结构等因素对水分运移的影响，有利于进一步明确浅层地下水硝酸盐分布特征和影响因素，对于地下水环境保护非常重要。

应用HYDRUS-1D模型进行土壤水分运移过程的模拟分析中，土壤水力特征参数K_s、θ_s、θ_r、α和n参数的设定对模拟结果具有直接影响，特别是在污灌条件下，近地表0 ~ 60 cm的深度范围内，土壤水分运移对入渗土水势及水分累积入渗量影响很大，参数的敏感性分析对于确定重要参数具有重要意义。

9.3.1 土壤水分运动方程

水分在潮土包气带中的模拟分析，考虑一维垂向运移过程的变化规律，假设气相在液体流动中所起的作用非常小，在忽略热梯度引起水流的情况下，通过修正形式的 Richards 方程描述水分在包气带介质中的一维均匀运动过程。将坐标原点定位在地表，取 z 轴坐标向上为正。

水分运动方程：

$$\frac{\partial \theta}{\partial t} = \frac{\partial}{\partial z}\left[K(h)\left(\frac{\partial h}{\partial z} + \cos\alpha \right) \right] - S \tag{1}$$

$$K(h,z) = K_s(z)K_r(h,z) \tag{2}$$

式中，θ 为土壤体积含水量（$cm^3 \cdot cm^{-3}$）；t 为模拟时间 (h)；z 为空间坐标（向上为正）；K 为非饱和土壤导水率 ($cm \cdot h^{-1}$)；h 在饱和区表示压力水头 (cm)，在非饱和区表示基质势 (cm)；α 是流向与垂直轴之间的夹角（$\alpha = 0°$，垂直流；$\alpha = 90°$，水平流；$0° < \alpha < 90°$，斜流）；Ks 为土壤的饱和导水率 ($cm \cdot h^{-1}$)；Kr 为土壤的相对导水率 ($cm \cdot h^{-1}$)。

1. 土壤水分运移方程

土壤水力模型是描述土壤水分运移特征曲线的重要方法，常用于分析土壤水分特征曲线的土壤水力模型有以下 6 种：① van Genuchten-Mualem 模型；②空气进入值为 -2 cm 的 van GenuchtenMualem 模型；③修正的 van Genuchten 型方程；④ Brooks 和 Corey 方程；⑤ Kosugi 的对数正态分布模型；⑥双孔隙率模型。Hydrus-1D 提供了前 5 种类型的土壤水力模型，由于 van Genuchten-Mualem 模型对粗质地的土壤及粘质土壤拟合效果比较好，目前应用最广泛。

土壤水分运移 van Genuchten-Mualem 模型：

$$\theta(h) = \begin{cases} \theta_r + \dfrac{\theta_s - \theta_r}{\left[1 + |\alpha h|^n\right]^m} & h < 0 \\ \theta_s & h \geq 0 \end{cases} \tag{3}$$

$$K(h) = K_s S_e^l \left[1 - (1 - S_e^{1/m})^n \right]^2 \tag{4}$$

$$S_e = \frac{\theta - \theta_r}{\theta_s - \theta_r}, \quad m = 1 - 1/n, \quad n > 1 \tag{5}$$

式中，θ_s 为土壤饱和体积含水率（$cm^3 \cdot cm^{-3}$）；θ_r 为土壤残余体积含水率（$cm^3 \cdot cm^{-3}$）；h 在饱和区表示压力水头（cm），在非饱和区表示基质势（cm）；K_s 为土壤的饱和渗透系数（$cm \cdot h^{-1}$）；S_e 为土壤的有效含水量（$cm^3 \cdot cm^{-3}$）；θ 为土壤体积含水率（$cm^3 \cdot cm^{-3}$）；α 为进气吸力的倒数（cm^{-1}）；l 为孔隙连通性参数，通常取均值 0.5；m 为水分特征曲线参数；n 为孔径分布参数。

2. 模型参数及边界条件

应用 HYDRUS-1D 模型进行土壤水分运移过程的模拟分析，土壤水力特征参数 Ks、θs、θr、α 和 n 参数的设定对模拟结果具有直接影响，特别是在污灌条件下，近地表 0 ~ 60 cm 的深度范围内，土壤水分运移对入渗土水势及水分累积入渗量影响很大，参数的敏感性分析对于确定重要参数具有重要意义。

由模型原理可知，HYDRUS-1D 模型的主要有 θr、θs、Ks、α 和 n，土壤类型设置为砂质黏土，土壤水力参数 Ks、θs、θr、n、α 的扰动以 5% 的变幅进行变化，最大扰动变幅为正负 20%（见表 9-1）。模拟土柱高度 60 cm，模拟时间 5000 min，上边界为恒定水头边界，下边界为自由排水边界。

表 9-1 土壤水力参数扰动数值

扰动步长 %（Perturbation）	θr	θs	α	n	Ks
-20	0.08	0.304	0.022	--	2.304
-15	0.085	0.323	0.023	1.046	2.448
-10	0.09	0.342	0.024	1.107	2.592
-5	0.095	0.361	0.026	1.169	2.736
0	0.1	0.38	0.027	1.23	2.88
5	0.105	0.399	0.028	1.292	3.024
10	0.11	0.418	0.03	1.353	3.168
15	0.115	0.437	0.031	1.415	3.312
20	0.12	0.456	0.032	1.476	3.456

3. 输出变量

以 HYDRUS-1D 模型输出变量中的土水势和累积入渗量作为研究对象，采集 100min、200min、400min 的模拟结果数据进行分析。

9.3.2 参数扰动对累积入渗量的影响

1. Ks 扰动与累积入渗量

Ks 扰动与累积入渗量呈正相关关系，且正扰动与负扰动的变幅基本接近，对于砂质黏土介质，Ks 扰动对累积入渗量的影响最大，在正负 20% 时对累积入渗量的影响超过 19%（见表 9-2）。

表 9-2 Ks 扰动与累积入渗量

Perturbation (%)	20	15	10	5	0	-5	-10	-15	-20
Sum (cm)	12.743	12.23	11.717	11.204	10.701	10.178	9.6648	9.152	8.639
Variation (%)	19.082	14.288	9.494	4.7	0	-4.887	-9.683	-14.475	-19.269

2. n 扰动与累积入渗量

n 扰动与累积入渗量呈正相关关系，与 Ks 扰动的特征非常相似，且正扰动与负扰动的变幅基本接近（见表 9-3），对于砂质黏土介质，n 扰动对累积入渗量的影响远小于 Ks，但比其他参数都大。

表 9-3 n 扰动与累积入渗量

Perturbation (%)	20	15	10	5	0	-5	-10	-15	-20
Sum(cm)	11.189	11.064	10.939	10.82	10.701	10.562	10.446	10.32	--
Variation (%)	4.56	3.392	2.224	1.112	0	-1.299	-2.383	-3.56	--

3. 饱和含水量 θs 扰动与累积入渗量

参数 θs 对累积入渗量的影响非常小，θs 在 20% 扰动下的影响仅在 1%（见表 9-4）。说明饱和含水量对污染物质的累积效应可不考虑，污染物质的含量只与淋溶液的污染物浓度密切相关。

表 9-4 θs 扰动与累积入渗量

Perturbation (%)	20	15	10	5	0	-5	-10	-15	-20
Sum (cm)	10.808	10.779	10.749	10.72	10.701	10.662	10.632	10.603	10.573
Variation (%)	1	0.729	0.449	0.178	0	-0.364	-0.645	-0.916	-1.196

4. θr 扰动与累积入渗量

参数 θr 对累积入渗量的影响非常微小，几乎可以忽略不计，θr 在 20% 扰动下的影响仅在 0.383%，但正负扰动的影响不同，正扰动的影响要大于负扰动的影响（见表 9-5）。

表 9-5 θr 扰动与累积入渗量

Perturbation (%)	20	15	10	5	0	-5	-10	-15	-20
Sum(cm)	10.66	10.668	10.676	10.684	10.701	10.699	10.707	10.714	10.722
Variation (%)	-0.383	-0.308	-0.234	-0.159	0	-0.019	0.056	0.121	0.196

5. α 扰动与累积入渗量

参数 α 对累积入渗量的影响是所有参数中最小的，在 20% 扰动下的影响仅在 0.15%，正负扰动影响基本接近，但负扰动的影响比较敏感，即使影响值非常微小（见

表9-6）。

表9-6 α 扰动与累积入渗量

Perturbation (%)	20	15	10	5	0	-5	-10	-15	-20
Sum(cm)	10.689	10.689	10.701	10.701	10.701	10.697	10.693	10.693	10.685
Variation (%)	-0.112	-0.112	0	0	0	-0.037	-0.075	-0.075	-0.15

9.3.3 参数扰动的敏感性分析

1. n 敏感性分析

n 的正扰动对土水势随深度的影响主要位于30cm的深度范围内，在100min时，10cm处的土水势变幅最大，变幅达80%；随时间的推移，土水势的最大影响随深度不断加深，200min时位于15cm附近，变幅达120%，400min时位于20cm附近，变幅超出200%。n 的负扰动与正扰动明显不同，负扰动的影响变幅小于正扰动，但影响的深度比较大，在100min时，30cm处的土水势存在一定的变幅，200min时位于55cm附近，400min时对模拟土柱的60cm深度均有影响（见图9-1、图9-2）。

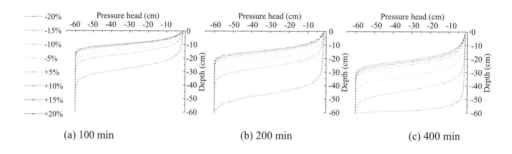

(a) 100 min　　　　(b) 200 min　　　　(c) 400 min

图9-1 n 扰动对土水势的影响

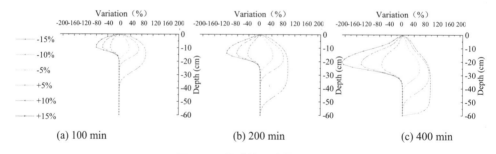

(a) 100 min　　　　(b) 200 min　　　　(c) 400 min

图9-2 n 扰动的土水势变幅

2. θs敏感性分析

随着 θs 扰动的增加，土水势的最大影响变幅不断增大，但影响深度变化缓慢，100min 的最大变幅位于 10cm 附近，最大变幅超过 40%，200min 的最大变幅位于 15cm 附近，最大变幅超过 60%，400min 位于 20cm 以下，最大变幅超过 100%。θs 正负扰动对土水势的影响规律不同：θs 正扰动对土水势影响深度小于负扰动，而 θs 的负扰动对土水势垂直方向上的变化影响明显（见图 9-3、图 9-4）。

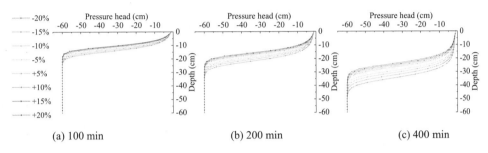

图 9-3　θs 扰动对土水势的影响

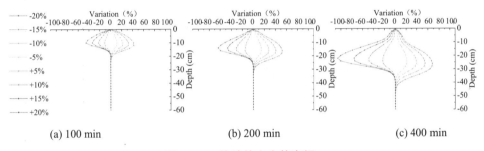

图 9-4　θs 扰动的土水势变幅

3. ks敏感性分析

Ks 负扰动对土水势的影响规律与正扰动不同，正扰动对土水势影响深度小于负扰动，但正扰动的最大变幅要大于负扰动。Ks 正扰动对土水势的影响规律与 θs 类似，随着 Ks 正扰动的增加，土水势的最大影响变幅不断增大，但影响变化幅度小于 θs，100min、200min、400min 的最大变幅深度与 θs 非常接近。Ks 负扰动对土水势的影响规律也与 θs 类似，但影响幅度及深度要略小于 θs（见图 9-5、图 9-6）。

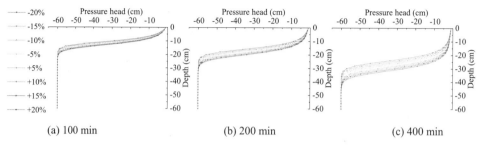

(a) 100 min   (b) 200 min   (c) 400 min

图 9-5 Ks. 扰动对土水势的影响

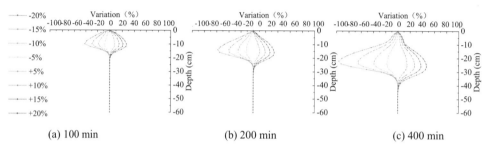

(a) 100 min   (b) 200 min   (c) 400 min

图 9-6 Ks. 扰动的土水势变幅

4. α 敏感性分析

模拟结果表明，α 扰动对土水势的影响比较小（见图 9-7），α 影响最小变幅在 20% 左右，最大影响变幅接近 50%（见图 9-8），影响深度在 20-30cm 处最大。

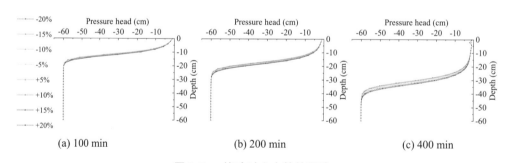

(a) 100 min   (b) 200 min   (c) 400 min

图 9-7 α 扰动对土水势的影响

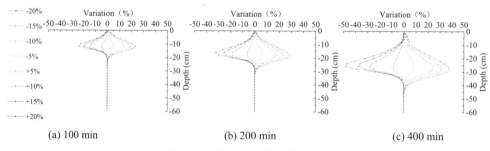

(a) 100 min   (b) 200 min   (c) 400 min

图 9-8 α 扰动对土水势的影响

5. θr敏感性分析

θr扰动对土水势的影响与 α 一样，影响非常小，正扰动对土水势影响与负扰动接近（见图9-9），100min、200min 最大变幅小于20%，仅 400min 的最大变幅超出20%，但小于30%（见图9-10），因此，θr扰动对溶质运移的影响最小。

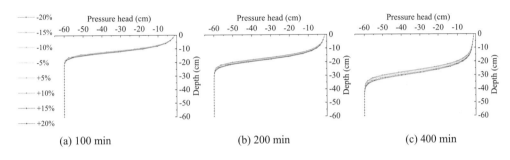

图 9-9 θr扰动对土水势的影响

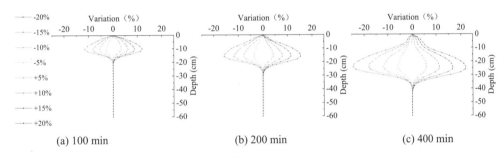

图 9-10 θr扰动对土水势的影响

9.4 小结

在农业和工业区域的地下水中，硝态氮含量呈现逐年显著增高的趋势，加之其污染来源比较复杂且一时难以全部探明，更是缺少在污染发生后的及时有效控制，大量的硝态氮还会给给河流湖泊等地球水体带来富营养化等环境生态问题，硝态氮进入人体之后，会在体内发生还原反应生成亚硝态氮，进而诱发消化系统等相关系统的疾病甚至癌症。必须探究地下水体中的硝态氮迁移转化的影响因素，避免因人类行为不当对地下水造成污染。

通过对国内外地下水硝态氮污染研究文献的综合分析，从而确定其迁移转化过程中的影响要素。在土壤包气带及地下水中，硝态氮迁移转化过程与地貌特征、土壤类型和土壤结构以及地下水深埋等等自然因素密切相关，同时还会受到氮肥施用、污水灌溉、土地利用类型、土地种植方式等人为因素的影响。

施肥量越大，土壤垂向迁移量越大，包气带中的累积量越大，高降水量将导致地下水硝态氮污染，必须进行合理施肥，提高作物对氮肥的吸收利用率，特别是雨季农作物的施肥量要严加控制，避免大量降水加速硝态氮的垂向运移。

为了实现污水灌溉的量化模拟分析，需对模型参数的敏感度进行可视化分析，在土壤水力特征参数变幅范围为正负 20% 的条件下，通过对污灌过程中包气带中的土壤水分累积入渗及土水势的变幅进行分析，确定模拟过程中各参数的敏感性。

（1）在恒定水头入渗条件下，各参数扰动对土水势影响的敏感性排序为：n ＞ θs ＞ Ks ＞ α ＞ θr，其中 n 是对土水势模拟结果影响较大的参数。θs 与 Ks 对土水势影响规律类似，α 对于整个剖面的土水势影响程度最小。

（2）在恒定水头入渗条件下，各参数对累积入渗量的影响程度的敏感性排序为：Ks ＞ n ＞ θs ＞ θr ＞ α，其中 Ks 与 n 是对累积入渗量模拟结果影响较大的参数。θs 对累积入渗量具有一定的影响，而 θr 和 α 对于整个剖面的累积入渗量影响程度最小。

【参考文献】

[1] 黄民生. 略论地下水硝酸盐氮污染及其防治措施 [J]. 上海环境科学，1995，(09)：26-28.

[2] 郑富新，尹芝华，杜青青等. 某污染场地地下水硝态氮迁移过程的数值模拟 [J]. 环境工程，2018，36(12)：103-107.

[3] 吴雨华. 欧美国家地下水硝酸盐污染防治研究进展 [J]. 中国农学通报，2011，27(08)：284-290.

[4] 许可，陈鸿汉. 地下水中三氮污染物迁移转化规律研究进展 [J]. 中国人口·资源与环境，2011，21(S2)：421-424.

[5] 王磊. 地下水中硝酸盐氮污染源解析 [D]. 中国地质大学 (北京)，2016.

[6] 张思聪，吕贤弼，黄永刚. 灌溉施肥条件下氮素在土壤中迁移转化的研究 [J]. 水利水电技术，1999，(05)：6-8.

[7] 叶文，王会肖，高军等. 再生水灌溉土壤主要盐离子迁移模拟 [J]. 农业环境科学学报，2014，33(05)：1007-1015.

[8] 蓝梅，董萌，吴宏举. 地下水硝酸盐氮污染原位修复研究进展 [J]. 工业水处理，2015，35(08)：15-17.

[9] 徐志伟，张心昱，于贵瑞等. 中国水体硝酸盐氮氧双稳定同位素溯源研究进展 [J]. 环境科学，2014，35(08)：3230-3238.

[10] 闫雅妮，马腾，张俊文等. 地下水与地表水相互作用下硝态氮的迁移转化实验 [J]. 地球科学，2017，42(05)：783-792.

[11]P.F. Hudak. Regional trends in nitrate content of Texas groundwater[J]. Journal of Hydrology，2000，228(1)：37-47.

[12]Kurt Overgaard.Trends in Nitrate Pollution of Groundwater in Denmark[R]. Nyborg，Denmark：National Agency of Environmental Protection Ministry of the

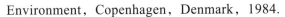
Environment，Copenhagen，Denmark，1984.

[13] 张润润，薛联青，崔广柏等．土壤中硝态氮存储结构及其对运移通量影响 [J]. 华侨大学学报（自然科学版），2007，28(2): 74 - 177.

[14] 王凌，张国印，孙世友等．河北省环渤海地区地下水硝态氮含量现状及其成因分析 [J]. 河北农业科学，2009，13(10): 89 - 92.

[15] 杨荣，苏永中．黑河中游绿洲农区地下水硝态氮污染调查研究 [J]. 冰川冻土，2008，30(6): 983 - 990.

[16] 徐建国，李生果，朱恒华等．南四湖流域平原区浅层地下水氮污染特征 [J]. 工程勘察，2010，(5): 40 - 44.

[17] 同延安，石维，吕殿青等．陕西三种类型土壤剖面硝酸盐累积、分布与土壤质地的关系 [J]. 植物营养与肥料学报，2005，11(4):435 - 441.

[18] 殿青，王宏，潘云等．容重变化对土壤溶质运移特征的影响 [J]. 湖南师范大学自然科学学报，2010，33(1): 75 - 79.

[19] 胡志平，郑祥民，黄宗楚等．上海郊区罗店旱地氮素的淋溶研究 [J]. 长江流域资源与环境，2007，16(5): 624 - 627.

[20] 孙世卫．小麦—玉米轮作区地下水硝态氮含量的研究 [J]. 安徽农业科学，2007，35(35): 11525 - 11526.

[21] 赵同科，张成军，杜连凤等．环渤海七省（市）地下水硝酸盐含量调查 [J]. 农业环境科学学报，2007，26(2): 779 - 783.

[22] 宋效宗，赵长星，李季等．两种种植体系下地下水硝态氮含量变化 [J]. 生态学报，2008，28(11): 5513 - 5520.

[23] 刘宏斌，李志宏，张云贵等．北京平原农区地下水硝态氮污染状况及其影响因素研究 [J]. 土壤学报，2006，43(3): 405 - 413.

[24] 耿玉栋，张千千，孙继朝等．不同土地利用方式和地下水埋深对水中硝态氮浓度分布的影响 [J]. 环境污染与防治,2016,38(06):63-68

[25] 雷刚，崔彩贤，田义文．农村饮用水安全问题研究［J］. 安徽农业科学，2007，35(5) : 1481 － 1482.

[26] 张维理，田哲旭，张宁等．我国北方农用氮肥造成地下水硝酸盐污染的调查 [J]. 植物营养与肥料学报，1995，1(2): 80 - 87.

[27] 吴大付，张伟，孙夏耕等．麦玉两熟区施氮对地下水硝酸盐含量的影响 [J]. 河南农业科学，2008，(10): 63 - 67.

[28] 张燕．催化还原去除地下水中硝酸盐的研究 [D]. 杭州：浙江大学,2003:20-30.

[29]Steindorf K.,SchlehoferB.BecherH.,Horning G.,WahrendorfJ. Nitrate in drinking water. A case-control study on primary brain tumours with an embedded drinking water survey in Germany[J].International Journal. Epidemilogy,1994,23:451-457.

[30] 刘景涛，孙继朝，林良俊等．广州市地下水环境三氮污染初探 [J]. 中国地

质,2011,38(02):489-494.

[31] 徐力刚,王晓龙,崔锐等.不同农业种植方式对土壤中硝态氮淋失的影响研究 [J]. 土壤,2012,44(02):225-231.

[32] 徐运清,秦红灵,全智等.长期蔬菜种植对菜地土壤剖面硝酸盐分布和地下水硝态氮含量的影响 [J].农业现代化研究,2015,36(06):1080-1085.

[33] 赵同科,张成军,杜连凤等.环渤海七省（市）地下水硝酸盐含量调查 [J].农业环境科学学报,2007,26(2): 779 - 783.

[34] 贾小妨,李玉忠,周涛等.宁夏地下水中硝态氮含量状况及其影响因素 [J].中国农学通报,2009,25(18): 378 - 383.

[35] 杨荣,苏永中.黑河中游绿洲农区地下水硝态氮污染调查研究 [J].冰川冻土,2008,30(6): 983 - 990.

第10章 城市污水回用的环境风险预测分析

天津污灌区是我国最早的污灌区之一，土壤包气带介质主要为粘质砂土，很容易受到污染且很难恢复和治理。因此，为了实现天津污灌区典型粘质砂土区域地下水硝酸盐污染的预警量化分析，迫切需要开展地下水硝酸盐污染物迁移规律与演变机制的研究工作，预测硝酸盐迁移转化的过程和终产物浓度，明确地下水硝酸盐污染物的累积效应，对城市污水回用的环境风险进行分析。

本研究基于过程分析实现污染物垂向迁移转换机理的模拟分析，探究污水回用行为方式与地下水硝酸盐氮含量的动态耦合关系，更加迅速有效地模拟污水回用驱动下硝酸盐氮的土壤环境过程，拓展地下水污染物运移机理这一前沿问题的研究方法，及早预警污水回用可能造成的潜在地下水环境污染，对探讨我国再生水回用的环境风险研究具有重要的理论意义和借鉴价值。

10.1 硝酸盐氮迁移转化研究方法概述

许多国内外的学者对硝酸盐氮的污染来源、迁移转化规律和防治治理措施进行了研究，运用的方法主要有模型模拟、室内试验、同位素分析、地质统计法等（杨维等，2008）。

10.1.1 一维模拟方法

HYDRUS-1D是由美国农业部盐土实验室开发的用于模拟非饱和介质中的一维水、热和溶质运移的模型。该模型考虑到作物根系吸水和土壤持水能力的滞后效应，它适用于恒定或非恒定边界条件，并具有灵活的输入和输出功能。应用Hydrus-1D软件，可以模拟污染物随污水进入包气带后的迁移转化过程，即水流运动及溶质在运移过程中发生的反应，模拟宏观及微观尺度上饱和及非饱和介质中一维水流、溶质、热和二氧化碳运移和反应的软件，用它可以解算在不同边界条件制约下的数学模型。

叶文等（2014）人运用HYDRUS-1D模型，采用修正的Richards对流-弥散方程，对数值进行求解，模拟了再生水灌溉条件下硝酸盐氮在土层中的垂直分布，以及随时间变化的迁移规律。

1. 水分运移的基本方程

$$\frac{\partial \theta(h, t)}{\partial t} = \frac{\partial}{\partial z} \left\{ K(h) \left[\frac{\partial h}{\partial z} + 1 \right] \right\}$$

$$\theta_e = \frac{\theta(h) - \theta_r}{\theta_s - \theta_r} = (1 + |\alpha h|^n)^{-m}$$

$$K(\theta) = K_s \theta_e^l \left[1 - (1 - \theta_e^{\frac{1}{m}})^m\right]^2$$

式中：θ 为土壤含水量，$cm^3 \cdot cm^{-3}$；θe 为有效土壤含水率，$cm^3 \cdot cm^{-3}$；θr 为残余土壤含水率，$cm^3 \cdot cm^{-3}$；θs 为饱和土壤含水率，$cm^3 \cdot cm^{-3}$。以上均为体积含水率。h 为负压水头，cm；K 为水力传导系数，$cm \cdot d^{-1}$；K_s 为渗透系数，$cm \cdot d^{-1}$；t 为时间，d；z 为空间坐标，原点在地面，向上为正；l 为地下水埋深，cm；n、m、α 均为经验参数。

对于硝态氮的基本方程：

$$\frac{\partial c\theta}{\partial t} = \frac{\partial}{\partial z}\left[\theta D(\theta, q)\frac{\partial c}{\partial z}\right] - \frac{\partial(q, c)}{\partial z} + S_N(t, z)$$

式中：θ 为体积含水率，$cm^3 \cdot cm^{-3}$；c 为土壤溶液中硝态氮的浓度，$g \cdot L^{-1}$；q 为垂向水分通量；$D(\theta, q)$ 为综合弥散系数，反映的是土壤水中有效分子扩散和机械弥散机制；S_N 为源汇项，包括作物根系吸收量及不同形态氮素的转化等，可用下式表示：

$$S_N = k_2 \theta c S_W C_R - k_3$$

式中：k_2、k_3 分别为铵态氮的硝化速率与硝态氮的反硝化速率；c 为土壤溶液中铵态氮的浓度，$mg \cdot L-1$；C_R 为根系吸收硝态氮浓度；S_W 为根系吸水量。

初始条件：

$$c(z, 0) = c_0(z)[z \in (0, L), t = 0]$$

上边界条件：

$$\begin{cases} c(z, t) = C_0[z = L, 0 < t \leq t_1] \\ c(z, t) = 0 \qquad (z = L, t > t_1) \end{cases}$$

下边界条件：

$$\frac{\partial c}{\partial z}(L, t) = 0 \ (z = 0, t > 0)$$

2. Kool-Parker 滞后模型联立耦合

李世峰等（2014）将溶质运移方程、一维饱和—非饱和土壤水分运动控制方程和 Kool-Parker 滞后模型联立耦合，建立了一维地下水位波动条件下土壤层中硝态氮迁移转化的模型。运用有限元数值分析方法，模拟了在地下水位波动的情况下，硝态氮在渗流带中的迁移过程，并分析了硝态氮随地下水位波动的迁移规律。

水流控制方程采用的是一维饱和—非饱和土壤水分运动控制方程：

$$\frac{\partial \theta}{\partial t} = \frac{\partial}{\partial z}\left[K(h)\frac{\partial h}{\partial z}\right] + \frac{\partial K(h)}{\partial z}$$

式中：h 为土壤基质势，K(h) 为非饱和水力传导度，t 为土壤容水度。

土壤水分特征曲线采用的是 van Genuchten 于 1980 年提出的经验公式：

$$S_e = \frac{\theta - \theta_r}{\theta_s - \theta_r} = \left[\frac{1}{1 + (\alpha|h|)^n}\right]^m$$

$$m = 1 - \frac{1}{n} \quad 0 < m < 1$$

采用的 Kool-Parker 滞后模型的基础为 van Genuchten 模型。在 Kool-Parker 滞后模型中，van Genuchten 模型是用来描述水分滞留特性和水力传导度中的主干燥和主湿润曲线的表达式。

关于 θ(h) 和 K(h) 的 van Genuchten 模型函数关系式为：

$$\theta(h) = \begin{cases} \theta_r + \dfrac{\theta_s - \theta_r}{\left[1 + |\alpha h|^n\right]^m} & h < 0 \\ \theta_s & h \geq 0 \end{cases}$$

$$K(h) = K_S S_e^l \left[1 - (1 - S_e^{1/m})^m\right]^2$$

$$S_e = \frac{\theta - \theta_r}{\theta_s - \theta_r}$$

溶质运移控制方程为：

$$\rho_b \frac{\partial \overline{C}}{\partial t} + \frac{\partial(\theta C)}{\partial t} = \frac{\partial C}{\partial z}\left(\theta D \frac{\partial C}{\partial z}\right) - \frac{\partial(qC)}{\partial z} - \lambda_1 \theta C - \lambda_2 \rho_b \overline{C}$$

式中：C 为污染物浓度；D 为弥散系数；θ 为含水率；ρ_b 为土壤容重；C 为吸附浓度；λ_1，λ_2 为一级速率常数。

3. LEACHM 模型

LEACHM 模型是美国康乃尔大学研究开发的。LEACHM 模型能够描述土壤中的氮素、水分以及农药迁移转化的物理化学过程，该模型已成功应用于土壤水分和溶质运移的模拟中。

LEACHM 模型中对土壤水运动的描述采用了 Richard 方程：

$$\frac{\partial \theta}{\partial t} = \frac{\partial}{\partial z}\left[k(\theta)\frac{\partial H}{\partial z}\right] - U(z, t)$$

式中：θ 为体积含水率；H 为水力势，mm；$k(\theta)$ 为非饱和土壤水导水率，mm/d；t 为时间，d；z 为深度，mm；U 为源汇项。

LEACHM 模型对土壤水中的氮素迁移采用的是对流扩散方程：

$$\frac{\partial C_L}{\partial t}(\theta + \rho K_d) = \frac{\partial}{\partial z}\left[\theta D(\theta, q)\frac{dC_L}{dz} + qC_L\right] \pm \phi$$

式中：C_L 为土壤水中溶质浓度 (mg/dm^3)；ρ 为土壤密度 (kg/dm^3)；θ 为土壤含水量；K_d 为分配系数 (dm^3/kg)；，为弥散系数 (mm^2/d)；ϕ 为源汇项，包括降解转化及作物的吸收（张思聪等，1999）。

10.1.2 二维模拟方法

1. HYDRUS-2D 模型

国际地下水模拟中心于 1999 年开发了商业化软件 HYDRUS-2D，此软件基于数值解法来求解水氮的运移模型，被广泛应用于硝态氮运移规律和滴灌水分的模拟研究中（王珍等，2013）。

尹芝华等（2017）运用 HYDRUS-2D 软件在非饱和带建立水流和溶质迁移模型，对污水处理池中的污染物三氮在非饱和带垂直及向下游地表水的迁移转化过程进行模拟，预测三氮到达潜水含水层和下游的时间和稳定浓度值，为预测与识别污染场地对潜水含水层和下游河流的影响提供依据。

Blaine R. Hanson 等（2006）运用改版后的 HYDRUS-2D 软件模型开发灌溉系统，改善施肥管理工具，以达到最大程度的提高产量，同时最大程度地减少不利的环境影响。HYDRUS-2D 软件可以模拟土壤中水分和养分的瞬时二维或轴对称三维运动，除此之外，该模型还可以确定地下水中硝酸盐氮的吸收量，从而更好地分析灌溉周期之间水和硝酸盐有效性的分布。HYDRUS-2D 软件模型能够在灌溉期间有效地描述硝酸盐等的运移过程，是评估施肥量的有效建模工具。

2. Visual MODFLOW 模型

郑富新等人将西北某沙漠污染场地作为研究区域，以硝酸盐氮为研究对象，运用 Visual MODFLOW 建立了硝态氮在饱和带中迁移转化的二维模型，并对硝态氮未来二十年的迁移转化情况进行了模拟预测。

水流数学模型的建立：

$$\frac{\partial}{\partial x}\left[K(H-z)\frac{\partial H}{\partial x}\right] + \frac{\partial}{\partial y}\left[K(H-z)\frac{\partial H}{\partial y}\right] + \varepsilon = \mu\frac{\partial H}{\partial t}, (x,y) \in D, t \geq 0$$

$$H(x, y, t)|_{t=0} = H_0, (x, y) \in D, t \geq 0$$

$$H(x, y, t)|_{\Gamma_1} = h, (x, y) \in \Gamma_1, t \geq 0$$

$$\frac{\partial H}{\partial n}\bigg|_{\Gamma_2} = q(x, y, t), (x, y) \in \Gamma_2, t \geq 0$$

式中：D 为渗流区范围；K 为渗透系数，m/d；H 为总水头，m；z 为含水层水位标高，m；h 为第一类边界水头，m；μ 为重力给水度；ε 为源汇项，d^{-1}；H0 为含水层初始水位，m；Γ_1 为模型第一类边界；Γ_2 为模型侧向边界；n 为垂直边界面的方向；q(x, y, t) 为第二类边界的单宽流量，m^2/s，流入为正，流出为负，隔水边界为 0。

溶质运移数学模型为：

$$\frac{\partial}{\partial X_i}\left(D_{ij}\frac{\partial C}{\partial x_i} + D_{ij}\frac{\partial C}{\partial x_j}\right) - \frac{\partial}{\partial x_i}(u_i C) + \frac{q_s}{\theta}C_s - \lambda\left(C + \frac{\rho_b}{\theta}\bar{C}\right) = R\frac{\partial C}{\partial t}$$

式中：C 为地下水中硝态氮浓度，mg/L；X_i 为沿坐标轴各方向的距离，m；D_{ij} 为水力扩散系数；u_i 为地下水流速沿坐标轴各轴方向的分速度，m/d；q_s 为源汇项的单位流量，d^{-1}；θ 为含水层孔隙率；Cs 为源汇项浓度，mg/L；λ 为反应速率常数，d^{-1}；ρ_b 为多孔介质比重，mg/L；C 为介质吸附的污染物浓度，mg/kg；R 为阻滞因子，无量纲。

10.1.3 三维模拟方法

1. HYDRUS-3D 模型

HYDRUS-3D 是一个可以用来模拟土壤水流与溶质三维运动的有限元计算机模型，能够较好地模拟水体、溶质及能量在土壤中的分布、时空变化及运移规律等，还可以与地表水或地下水模型相结合，从宏观的角度分析水体的迁移规律。

HYDRUS-3D 所使用的土壤水分运动遵循达西定律，并且符合质量守恒原理。用于描述土壤水分特征曲线的常用公式有两种：

Van-Genuchten 模型：

$$S = \frac{\theta - \theta_r}{\theta_s - \theta_r} = \left[1 + |ah|^n\right]^{-m}$$

$$\left(m = 1 - \frac{1}{n}, 0 < m < 1\right)$$

式中：S 为饱和度，cm^3/cm^3；θ 为含水率，cm^3/cm^3；θ_r 为残留含水率，

cm^3/cm^3；θ_s 为饱和含水率，h 负压，cm；a，n，m 为土壤水分特征曲线的参数。

Brooks-Corey 模型：

$$\frac{\theta - \theta_r}{\theta_s - \theta_r} = \left[\frac{h_d^\lambda}{h}\right]$$

$$K(\theta) = K\left[\frac{\theta - \theta_r}{\theta_s - \theta_r}\right]^{3+2/\lambda}$$

式中：θ 为含水率，cm^3/cm^3；θ_r 为残留含水率，cm^3/cm^3；θ_s 为饱和含水率；h 负压，cm；h_d 为进气值；K 为饱和导水率；$K(\theta)$ 为含水率为 θ 时的导水率；λ 为孔隙尺寸分布指数（迟卉等，2014）。

2. Gumbel-Hougaard Copula

Gumbel-Hougaard Copula 函数是用于求解多变量概率问题的优良数学工具，在不限定变量边际分布的条件下，它可以描述多维变量间非对称、非线性的相关关系，是能够灵活地将边缘分布构造为任意分布的联合分布函数。

王珍等（2013）构建了滴灌条件下的水氮运移模型，模拟分析了田间尺度砂壤土饱和导水率和初始含水率空间变异对硝酸盐氮淋失率的影响，并利用三维 Gumbel-Hougaard Copula 函数构建了土壤初始含水率、饱和导水率和硝酸盐氮淋失率的联合分布函数。

10.2 包气带污染物垂向迁移累积过程模拟

基于 Hydrus-1D 模型，对硝态氮污染物在天津滨海典型人工吹填土与华北平原典型潮土在包气带的一维垂向迁移累积过程进行模拟，分析其累积特征与差异。

不考虑水流的水平流动及侧向流动情况，仅考虑水流的一维垂向运移过程时，Hydrus_1D 中采用经典的 Richards 方程描述水分基本运移过程，Richards 方程如下：

$$\frac{\partial \theta}{\partial t} = \frac{\partial}{\partial z}\left[K\left(\frac{\partial h}{\partial z} + \cos \alpha\right)\right] - s$$

$$k(h, z) = k_S(z)k_r(h, z)$$

式中：θ 为土壤体积含水率 cm^3/cm^3；t 为模拟的时间长度；α 为水流运移方向与垂直方向的夹角，仅考虑水流的一维垂向运移时 $\alpha=0$；z 为土壤深度 cm；h 为土壤的压力水头（cm）；s 为源汇项（cm^3/cm^3t^{-1}）;k_r 为相对导水率；k_S 为饱和导水率

土壤水分运移模型用来描述水分在土壤中的运移过程。Hydrus_1D 中提供了包括单孔介质模型、双孔隙度 / 双重渗透性介质模型等六种土壤水分运移模型，本次采用单孔介质模型中经典的 van Genuchten-Mualem 模型进行水分在土壤中的运

移过程的模拟预测，且不考虑水分的滞后效应。van Genuchten-Mualem 方程如下：

$$\theta(h) = \begin{cases} \theta_\gamma + \dfrac{\theta_s - \theta_\gamma}{[1+|\alpha h|^n]^m} & h < 0 \\[2em] \theta_s & h \geq 0 \end{cases}$$

$$k(h) = k_s s_e^l \left[1 - (1 - s_e^{1/m})^m \right]^2$$

$$m = 1 - 1/n, \quad n > 1$$

式中：θ_s 为土壤饱和含水量；θ_γ 为土壤残余含水量；a、m、n 为土壤水分特征曲线经验参数；s_e 为土壤有效含水量；k_s 为饱和水力传导率；l 为土壤孔隙连通性参数，通常取其平均值 0.5

研究采用对流 - 弥散方程对溶质运移过程进行描述，且不考虑吸附作用及各级反应。

$$\frac{\partial \theta c}{\partial t} + p \frac{\partial s}{\partial t} = \frac{\partial}{\partial x} \left(\theta D \frac{\partial c}{\partial x} \right) - \frac{\partial q c}{\partial x} - s$$

式中：c 为溶液液相浓度，mg/cm^3；ρ 为土壤容重；s 为溶质固相浓度；D 为综合弥散系数；q 为体积流动通量密度；S 为源汇项。

10.2.1 初始条件及边界

采用 Hydrus-1D 软件可对各种类型土壤包气带中的硝态氮运移过程进行模拟分析，模拟软件通过对水流边界、土壤性质及各种模拟参数进行设置，实现初始条件的输入，然后运行软件即可获取各观测点及溶质运移过程的模拟数据（见图 10-1）

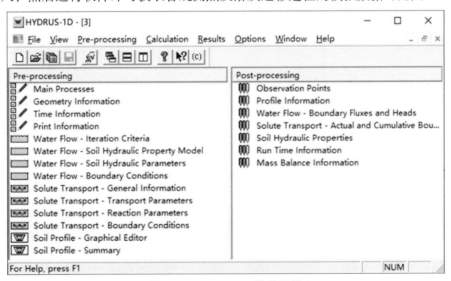

图 10-1 Hydrus-1D 软件设置

　　本次模拟过程只考虑硝态氮在土壤中的一维垂向运移，且不考虑其转化过程，故本次模拟中的水流模型的上边界设置为定通量的大气边界（Atmospheric Boundary Condition with Surface Layer），下边界设置为自由下渗边界（Free Drainage）（见图10-2）；溶质运移模型的上边界设置为10mg/L的恒定浓度边界（Constant Concentration Boundary Condition），下边界设置为零浓度梯度边界（Zero Concentration Gradient）（见图10-3），模拟土柱模型高度60cm，顶部初始压力水头设置为0cm，底部初始压力水头设置为-60cm，从上往下0~-60cm均匀分布。

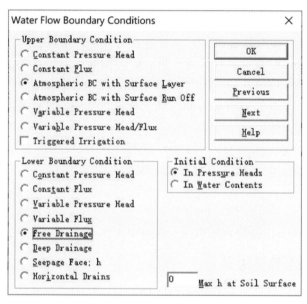

图 10-2 水流边界条件设置

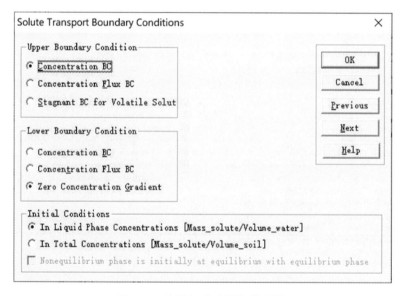

图 10-3 溶质运移边界条件设置

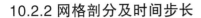

10.2.2 网格剖分及时间步长

本次模拟过程中对 60cm 模拟土柱进行 1cm 等距剖分，并在土壤深度 20cm 处、40cm 处、60cm 处设置观测点，用以研究硝态氮污染物在垂向的迁移；本次研究模拟总时长为 4d，初始时间步长为 0.01d，最小时间步长为 0.001d，最大时间步长为 0.1d。本次模拟过程共输出 6 个时间节点数据，分别为 0.5d、1d、1.5d、2d、2.5d、4d，用以研究硝态氮污染物随时间在土壤中的变化。本次模拟过程的迭代信息使用 Hydrus-1D 模型默认值。

10.2.3 土壤水力参数确定

Hydrus-1D 水流模块中的 SoilCatalog 项包含砂土、粉土、黏土等 12 种典型土壤介质及其土壤水分特征曲线相关参数，软件还提供神经网络预测方法，输入土壤中砂土、粉土及黏土的百分比，可估算出土壤层的相关水分特征曲线参数。

本次模拟过程由于不考虑硝态氮的转化过程，故涉及到的主要参数为土壤水力特征参数。模拟采用的滨海人工吹填土基本理化数据采用葛菲媛等（2020）的试验结果，其中砂粒（0.05~0.5mm）所占百分百比为 2.7%，粉粒（0.002~0.05mm）所占百分比为 83.3%，黏粒（0.0001~0.002mm）所占百分比为 14%；华北典型潮土基本数据采用郭子繁等（2020）试验得到，其中砂粒（0.05~0.5mm）所占百分百比为 26%，粉粒（0.002~0.05mm）所占百分比为 67.5%，黏粒（0.0001~0.002mm）所占百分比为 6.5%。采用 Hydrus-1D 水流模块中自带的神经网络预测功能（Neural network prediction）计算土壤水力特征曲线，输入砂粒、粉粒、黏粒占比，得到模拟所需土壤水力特征曲线参数，具体结果如表 10-1 所示

表 10-1 土壤水力特征参数

类型	θ_γ	θ_s	α	n	K_s	l
吹填土	0.0692	0.4774	0.0069	1.6245	17.06	0.5
典型潮土	0.078	0.43	0.036	1.56	24.96	0.5

10.2.4 模拟结果及分析

1. 土壤包气带硝态氮的垂向运移模拟分析

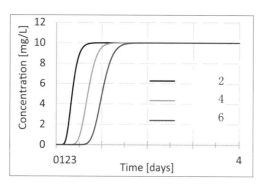

（1）典型潮土

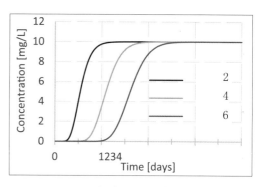

（2）人工吹填土

图 10-4 潮土与人工吹填土在不同深度处土壤硝态氮浓度随时间的变化曲线

由图 10-4 可知，0-2.5d 时间内，两种不同深度土壤中硝态氮浓度均随时间增加而迅速增大，接近浓度最大值后趋于稳定，2.5d 后，浓度不再随时间增长而增加。即再生水用于农业灌溉时，再生水中的的硝态氮污染物在土壤包气带不同深度的迁移累积未达到污染物浓度前，均以污染物最大浓度向土壤深层迁移累积，当土壤层中的累积浓度达到污染物浓度后，土壤层中的硝态氮污染物浓度不会随灌溉时间持续而增大。

在 3 个观测深度上，潮土与人工吹填土的浓度变化趋势基本一致，在 20cm 深度上，硝态氮浓度从 0 达到溶质浓度的 99%，潮土历时 0.6964d，人工吹填土历时 1.1175d。在 40cm 深度与 60cm 深度上，潮土也明显早于人工吹填土达到最大溶质浓度。表明硝态氮污染物在潮土中的迁移速率明显大于人工吹填土。造成这种现象的原因可能是由于人工吹填土中土壤颗粒较小的粉粒、黏粒占比相较于潮土占中粉粒、黏粒与比更大，使得人工吹填土的平均土壤颗粒更小，土壤颗粒间的间隙较小，对于水流及溶质运移的阻碍作用更强。使得硝态氮在人工吹填土中的迁移速率更低。为进一步验证该观点，选取平均土壤颗粒更大的砂壤土再次进行模拟验证，砂壤土数据选取 Hydrus-1D 模型 Water Flow Parameters 模块自带的砂壤土平均数据，其土壤水力特征参数如表 10-2。

表 10-2 砂壤土土壤水力特征参数

土壤类型	残余含水量 θ_γ	饱和含水量 θ_s	经验参数 α /cm^{-1}	曲线形状参数 n	渗透系数 K_s/(cm·d^{-1})	经验参数 l
砂壤土	0.065	0.41	0.0075	1.89	106.1	0.5

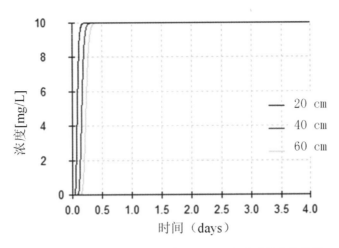

图 10-5 沙壤土不同深度处土壤硝态氮浓度随时间变化曲线

在 3 个观测深度上，砂壤土与吹填土、潮土的浓度变化趋势基本一致（见图 10-5），在 20cm 深度上，硝态氮浓度从 0 达到溶质浓度的 99%，砂壤土历时 0.1506d，早于吹填土、潮土到达最大溶质浓度，在另外两个观测深度上，砂壤土也明显早于人工吹填土、潮土达到最大溶质浓度。硝态氮污染物在土壤包气带中的迁移速率与土壤本身的土壤平均颗粒大小呈负相关，该结论与王小丹等人对陕西关中盆地包气带"三氮"运移的研究结果较为一致。

2. 土壤包气带硝态氮的峰值浓度出现时间模拟分析

若以各土壤层出现硝态氮浓度为起始时间，达到最大硝态氮最大浓度为终止时间，则得到各土壤层深度硝态氮污染物从出现并达到最大浓度时间变化，具体结果如表 10-3 所示

表 10-3 人工吹填土硝态氮达到最大浓度所需时间随深度变化

深度 [cm]	20cm	40cm	60cm
浓度起始时间 [d]	0d	0.1519d	0.353d
最大浓度时间 [d]	1.735d	2.5627d	3.2556d
所需时长 [d]	1.735d	2.4153d	2.9026d

表 10-4 典型潮土硝态氮达到最大浓度所需时间随深度变化

深度 [cm]	20	40	60
浓度起始时间 [d]	0.2196	0.124	0.254
最大浓度时间 [d]	1.0827	1.593	2.0207
所需时长 [d]	1.0608	1.469	1.7667

由表 10-3、10-4 可知，土壤层硝态浓度达到最大浓度所需时间步长随深度的增加而增加，即浓度的迁移速率随深度的增加出现的减慢，主要由于土壤水分在不同深度的变化引起。

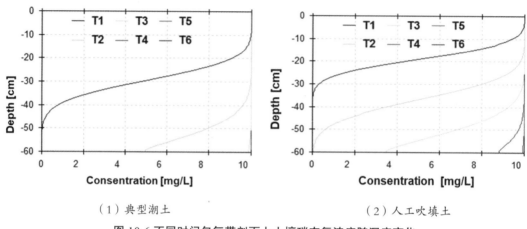

（1）典型潮土　　　　　　　　　　（2）人工吹填土

图 10-6 不同时间包气带剖面上土壤硝态氮浓度随深度变化

（注：T1、T2、T3、T4、T5、T6 为 0.5d、1.0d、2.5d、2.0d、2.5d、4d）

由图 10-6 可知，本次模拟过程中，华北典型潮土包气带土壤在模拟周期内被硝态氮溶液完全穿透，底部边界在 T3 时刻接近接近最大浓度值，T4 时刻达到硝态氮污染物浓度最大值 10mg/L，T4 时刻前，华北典型潮土包气带剖面由顶部到底部，土壤中的硝态氮浓度逐渐降低，T4 时刻后，整个包气带剖面中硝态氮浓度达到最大值并稳定为 10mg/L。

人工吹填土包气带土壤在模拟周期内被硝态氮溶液完全穿透，在 T2 时间内，硝态氮已迁移自底部边界，底部边界在 T5 时刻达到硝态氮污染物浓度最大值 10mg/L，T5 时刻前，人工吹填土包气带剖面由顶部到底部，土壤中的硝态氮浓度逐渐降低，T5 时刻后，整个包气带剖面中硝态氮浓度达到最大值并稳定在 10mg/L。

在 T1 时间内，硝态氮在潮土中的迁移深度明显大于在人工吹填土中的迁移深度；T2、T3 时间内，两种土壤中的硝态氮均已迁移扩散到底部边界，但在潮土底部边界处的累积浓度明显大于在吹填土底部边界中的累积浓度，表明硝态氮污染物在典型潮土中的垂向迁移速率大于在人工吹填土中的迁移速率。

10.3 潮土包气带中硝态氮的垂向运移模拟分析

采用 Hydrus-1D 模型进行潮土包气带中硝态氮的垂向运移模拟，仅采用土壤组成成分获取模型参数方法，计算结果和实地运移过程会产生一定的误差。为了获取精确的模拟分析结果，需要采用土柱实验方法，对特定地理环境的土壤样品的理化性质进行测试，获取准确的模拟参数。

10.3.1 材料与方法

1. 试验设计

室内试验土柱为透明有机玻璃柱，内径 3cm，高 50cm，共填土 30cm，于土柱底部处设置取样口。研究中采用的土柱直径较小，在淋溶实验时耗时较短且可充分浸润土壤。为防止出现壁流现象，避免淋溶液在土壤中停留时间短且不能充分浸润土壤，在管壁上涂抹凡士林以防止出现边缘优势流。

管内底部装填 5cm 的不同直径洁净玻璃珠，防止水流扰动底部土壤，然后按土壤实测容重 $1.5g/cm^3$ 填装土样，每填 10cm 后压实抓毛表面再继续装填，保证土壤容重均匀，无明显分层。填土 30cm 后再装填 5cm 的不同直径洁净玻璃珠，防止加水扰动表层土壤。上端装置为具有刻度的马氏瓶，用于控制土柱顶部水头，确保试验过程的水头恒定，下端接底盖漏斗，外接橡胶管至接收瓶中，以盛接渗滤液。

2. 采样与检测

试验土壤取自天津市津南区典型的砂质潮土，以 0～40cm 土层剖面取土壤样品，带回实验室处理。剔除植物根系及杂物后，自然风干、碾碎后，将土样用 2mm 孔径筛子筛出，用四分法进行土壤的弃取，最后留下约 4 kg 土样，以供土柱装填及测定背景值所用。

单次污灌实验在实验开始后的第 1、2、3、6、18h 取样，累积实验在开始后每隔 1h 取样一次，使用紫外分光光度计测量样品溶液中含量。

为了解单次淋溶过程中不同时间段内的淋失特征，采用单次过程取样法对土柱淋溶液进行检测。从淋溶开始后每隔 1 小时取样一次，三次取样后可延长数小时再取样，因为长时间淋溶后浓度变化差异不大。

10.3.2 模型构建

Hydrus-1D 是由美国盐土实验室开发的一款专业且免费的水环境模拟软件，该软件包含一个一维 (1D) 有限元模型，用于模拟多孔介质中的水和溶质的运动过程，支持交互式图形界面和土壤剖面的离散化，软件可进行数据前处理、结构化和非结构化的有限元网格生成以及结果的图形化显示。涵盖了作物根系吸水和土壤持水能力的滞后影响，可以设定不同的恒定或非恒定边界条件，具有良好的适用性（Van Genuchten et al. 1980）。

1. 水分运动基本方程

水分在潮土包气带中的模拟分析，主要分析一维垂向运移过程的变化规律，假设气相在液体流动中所起的作用非常小，在忽略热梯度引起水流的情况下，通过修正形式的 Richards 方程描述水分在包气带介质中的一维均匀运动过程（Van Genuchten et al. 1985）。

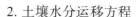

2. 土壤水分运移方程

土壤水力模型是描述土壤水分运移特征曲线的重要方法，常用于分析土壤水分特征曲线的土壤水力模型有以下 6 种：① van Genuchten-Mualem 模型；②空气进入值为 -2 cm 的 van GenuchtenMualem 模型；③修正的 van Genuchten 型方程；④ Brooks 和 Corey 方程；⑤ Kosugi 的对数正态分布模型；⑥双孔隙率模型。Hydrus-1D 提供了前 5 种类型的土壤水力模型，由于 van Genuchten-Mualem 模型对粗质地的土壤及粘质土壤拟合效果比较好，目前应用最广泛，土壤水分运移采用 van Genuchten-Mualem 模型（王小丹等，2015）。

由于灌溉土壤的表土均在干燥时才进行灌溉，表土土壤孔隙较大，易进入空气增加溶解氧，对土水势的垂向分布也会产生一定影响。因此，选择土壤水分运移模型时，以空气进入值为 -2cm 的 van Genuchten-Mualem 模型为模拟方程。

10.3.3 溶质运移方程

硝态氮在包气带中的性质比较稳定，容易随灌溉水从地表向地下水运移，通过改进的对流弥散方程模拟溶质的运移过程，方程如下：

$$\frac{\partial \theta c}{\partial t} + \rho \frac{\partial s}{\partial t} = \frac{\partial}{\partial z}(\theta D \frac{\partial c}{\partial z}) - \frac{\partial qc}{\partial z} - \Phi$$

式中，θ 为体积含水率（$cm^3 \cdot cm^{-3}$）；c 为土壤及填料溶质液相浓度（$g \cdot cm^{-3}$）；t 为模拟时间（h）；ρ 为土壤容重（$g \cdot cm^{-3}$）；s 为土壤及填料溶质固相浓度（$g \cdot g^{-1}$）；D 为综合弥散系数，代表分子扩散及水动力弥散，反映了土壤及填料中溶质分子扩散及弥散机理；q 为体积流动通量密度（$cm \cdot h^{-1}$）；Φ 为源汇项，在垂向运移过程中，表示溶质在固、液、气相等三相之间发生的各种一级、零级及其他反应（$g \cdot cm^{-3} \cdot s^{-1}$）。

10.3.4 模型参数设置

土壤水力参数变化对 HYDRUS-1D 的输出变量具有重要影响，如土水势和累积入渗量等。采用实测土壤介质数据进行参数确定，利用软件自带的人工神经网络对土壤物理性质进行分析，获取模型分析所用到的模拟参数。可实现模型参数快速率定，提高模型模拟精度。

使用基于神经网络的 pedotransfer 函数（PTF），基于结构信息预测土壤保水参数和饱和水力传导率（Ks）。依据土壤的颗粒显微照片，统计砂粒、粉粒和粘粒的组成比例（见图 10-7），将土壤组成比例数据输入到土壤水力参数的初始估计模块中（见图 10-8），可直接获取土壤模拟的优化参数。

图 10-7. 土壤显微摄影图　　　　　图 10-8 土壤水力参数的初始估计模块

10.3.5 模拟边界条件

在模拟模型的边界条件设定中，对于溶质运移的上边界，选择溶质通量边界，下边界选择浓度零梯度边界条件，计算土壤硝态氮淋失量。在 Z 轴方向将土层划分成 101 个单元，时间步长为小时，设定最小时间步长为 0.0001 h，最大时间步长为 1 h。为了更好地分析硝态氮在包气带中的运移规律，本次模拟将包气带中硝态氮的背景值设定为模拟的本底值，上边界水流浓度设置为 40mg/L。

10.3.6 模型校验

为了对模型的模拟精度进行评价，通过对 30cm 处的实验数据与模拟数据进行相关分析，判定模型预测结果的有效性。采用 Nash-Suttcliffe 模拟效果系数（NSC）、均方根误差 RMSE 和皮尔森相关系数 r，对模拟结果的准确性进行分析评价。NSC 取值从负无穷到 1，NSC 值接近 1，说明模型模拟效果好，模型分析的可信度高；NSC 的值接近 0 时，说明模拟结果接近观测值的平均值水平，表明模型预测结果总体可信，只是过程的模拟误差大；NSC 值远远小于 0 时，说明模型预测结果不可信。

根据实测的土柱 30cm 处的硝态氮浓度值和模拟值进行均方根误差 RMSE 计算，衡量模拟值的精确度。RMSE 越小，说明模拟精度越高，模型预测的和实际情况越接近。NSC 值通常在 0-1 之间，NSC 越大，说明模拟值和实验数据的误差越小，数据的误差越小，当 NSC 的值大于 0.75 时，说明模拟结果可以被接受。皮尔森相关系数 r 用于分析两个变量间的线性相关程度，r 的取值范围在 -1 到 +1 之间，如果 r>0，说明两个变量存在正相关关系；如果 r<0，说明两个变量存在负相关关系。r 的绝对值数值越大，说明两个不良的相关性越强。如果 r=0，说明两个变量间为非线性相关，接近 1 或者 -1 被称为具有强相关性。

RMSE 用以衡量模拟结果精度，NSC 用以衡量计算偏差，具体计算公式如下：

$$NSC = 1 - \frac{\sum_{i=1}^{N}\left(x_i - x_i'\right)^2}{\sum_{i=1}^{N}\left(x_i - \overline{x}_i\right)^2}$$

$$RMSE = \sqrt{\frac{1}{N}\sum_{i=1}^{N}\left(x_i' - x_i\right)^2}$$

$$r = \frac{\sum_{i=1}^{N}(x_i - \overline{x}_i)(x_i' - \overline{x}_i')}{\sqrt{\sum_{i=1}^{N}(x_i - \overline{x}_i)^2 \sum_{i=1}^{N}(x_i' - \overline{x}_i')^2}}$$

式中：N 表示测试数据个数；x_i' 表示计算值；x_i 表示实测值；$\overline{x}_i$ 表示实测值的平均值；i 表示测点序数。

10.3.7 结果分析

本研究的结果分两部分，第一部分是验证土柱淋溶过程的实测值和 Hydrus-1D 模拟值之间的吻合度，以检验模拟参数的可行性，确定模拟结果是否可用于潮土田间污灌的过程分析；另一部分是 Hydrus-1D 模型对天津潮土中硝态氮的垂向运移规律进行研究，量化分析溶质的垂向分布规律，对土壤中硝态氮随时间的变化过程进行可视化模拟。

研究中对包气带的垂直剖分设 5 个观测点，埋深分别为 6cm、12cm、18cm、24cm、30cm，以垂向等距方式描述溶质在垂向上的分布规律。在模型模拟过程中，输出不同埋深的所有数据（见图 10-9），以揭示包气带剖面上溶质随时间的运动变化规律。

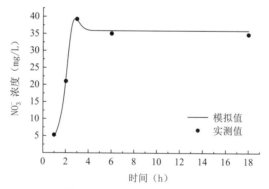

图 10-9 实测值与模型模拟值

1. 模拟结果精度分析

依据前文模型校验方法，分别计算 Nash-Suttcliffe 模拟效果系数（NSC）、均方根误差 RMSE 和皮尔森相关系数 r，对模拟结果的准确性进行分析评价。

表 10-5 实测值与模拟值的误差分析

参数	第一次模拟
尔森相关系数	0.9978
纳什系数	0.995806
RMSE	0.810939

依据土柱淋溶实验的实测值和模型模拟值，分别计算相关误差分析，结果见从表 10-5，皮尔森相关系数值和纳什系数高达 0.99 以上，说明模拟精度非常高，模型的参数选择符合土壤的粒径比例，

2. 模拟过程分析

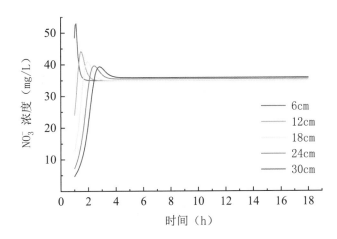

图 10-10 模型模拟过程图

硝态氮浓度从灌溉开始快速增加，土壤对污染物的吸附作用逐渐减少，随着吸附作用降低，不同深度分别在淋溶 1~3 小时后达到最大吸附值后，解吸作用使污染物浓度达到峰值，随后在达到峰值后略有下降，总体在 4 小时后吸附作用达到稳定状态，溶质在不同深度均保持一定的稳定数值（见图 10-10）。说明溶质在包气带中水分饱和后，吸附解吸达到平衡状态，土壤水的硝态氮浓度保持稳定不变。

3. 垂向浓度变化分析

采用 Hydrus-1D 软件进行硝态氮的时序过程分析中，可以明确淋溶过程稳定后硝态氮的淋出浓度值几乎不变，变化最复杂的过程主要集中在前 4 个小时，因此，为了明确硝态氮的垂向浓度变化过程，依据模拟分析数据，绘制硝态氮在模拟过程中的垂向变化分布图（见图 10-11）。

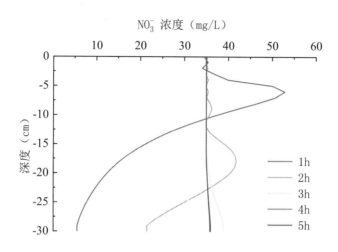

图 10-11 垂向模拟过程图

由图 10-11 可知，硝态氮在最初的 1 到 2 小时淋溶过程中，在土壤的垂向上均有一个浓度不随时间变化的过程，随后有一个增加的峰值，这一过程说明土壤中的硝态氮有一个进入到淋溶液的时间过程，随后促使土壤上层的硝态氮值增大，然后才出现因淋溶流失作用导致的浓度降低现象，到 3 小时时已经基本在土壤垂直剖面上出现浓度不再变化的特征。

10.3.8 结论

在土壤的模拟分析中，采用了土柱淋溶和模型模拟相结合的方法，对模型精度进行检验，其中皮尔森相关系数值均大于 0.8，特别是前两次的数值高达 0.99 以上，说明模拟精度非常高，纳什系数也在 0.9 以上，说明模拟模型的模拟结果可信。

采用 Hydrus-1D 对土壤包气带硝态氮的垂向运移过程模拟，利用 Hydrus-1D 的水流及溶质运移两大模块进行预测，地表 6-18cm 的溶质运移规律基本相同，均在 4 小时左右达到稳定状态，硝态氮浓度从灌溉开始快速增加，土壤对污染物的吸附作用逐渐减少，随着吸附作用降低，不同深度分别在淋溶 1-3 小时后达到最大吸附值后，解吸作用使污染物浓度达到峰值。

10.4 小结

污水回用具有显著的社会、经济及生态效益，已成为缓解水资源危机的一项重要举措。本文在土壤硝态氮的模拟分析中，采用了土柱淋溶和模型模拟相结合的方法，对模型精度进行检验，其中皮尔森相关系数值高达 0.99 以上，纳什系数也在 0.9 以上，说明模拟模型的模拟结果可信。采用 Hydrus-1D 模型对天津潮土中硝态氮随时间的变化过程进行可视化模拟。模拟中地表 6-18cm 的溶质运移规律基本相同，均在 4 小时左右达到稳定状态，四小时前呈现线性增加趋势，随后 浓度保持平稳不变状态。

硝态氮污染物在人工吹填土包气带中的迁移过程中，在各深度土壤中迁移累积过程在未达到污染物浓度前均以最大浓度向下进行迁移并累积。在达到污染源浓度后土壤中的硝态氮浓度不再继续增加。即较长尺度情况下，若硝态氮污染源浓度不变，各深度土壤层中的硝态氮污染物浓度最终所能达到的最大浓度为污染源浓度。所以在再生水用于土壤灌溉过程时要严格控制其中硝态氮含量，因为水中的硝态氮浓度会直接影响土壤中的硝态氮；土壤本身的颗粒直径大小会影响硝态氮污染物在土壤中的迁移速率，土壤颗粒直径平均值越小，土壤颗粒间的孔隙度越小，水分与溶质的运移越差，硝态氮污染物在土壤中的迁移速率越慢；硝态氮污染物在土壤中的迁移速率与土壤层深度呈负相关，土壤层深度越大，硝态氮的迁移速率越慢。

【参考文献】

[1] 杨维，郭毓，王晓华等 . 氮素在包气带与饱水层迁移转化的实验研究 [J]. 环境科学研究，2008，(03)：69-75.

[2] 叶文，王会肖，高军等 . 再生水灌溉土壤主要盐离子迁移模拟 [J]. 农业环境科学学报，2014，33(05)：1007-1015.

[3] 李世峰，白顺果，杨洋等 . 水位波动条件下土层中硝态氮迁移转化数值模拟 [J]. 土壤通报，2014，45(05)：1077-1082.

[4] 张思聪，吕贤弼，黄永刚 . 灌溉施肥条件下氮素在土壤中迁移转化的研究 [J]. 水利水电技术，1999，(05)：6-8.

[5] 王珍，李久生，栗岩峰 . 土壤空间变异对滴灌水氮淋失风险影响的模拟评估 [J]. 水利学报，2013，44(03)：302-311.

[6] 尹芝华，杜青青，翟远征等 . 利用 HYDRUS-2D 软件模拟污染事故后三氮污染物的迁移转化规律 [J]. 环境污染与防治，2017，39(10)：1071-1076.

[7]Blaine R. Hanson, Jirka Simunek, Jan W. HopmansEvaluation of urea–ammonium–nitrate fertigation with drip irrigation using numerical modeling[J]. agricultural water management, 86 (2006)：102-113.

[8] 迟卉，白云，汪海涛等 . HYDRUS-3D 在土壤水分入渗过程模拟中的应用 [J]. 计算机与应用化学，2014，31(05)：531-535.

[9] 王珍，李久生，栗岩峰 . 基于三维 Copula 函数的滴灌硝态氮淋失风险评估方法 [J]. 农业工程学报，2013，29(19)：79-87.

[10] 葛菲媛，刘景兰，李立伟 . 基于 Hydrus-1D 的滨海围填造陆区包气带中污染物运移的数值模拟 [J]. 资源信息与工程 ,2020,35(04):130-132.

[11] 王仕琴，郑文波，孔晓乐 . 华北农区浅层地下水硝酸盐分布特征及其空间差异性 [J]. 中国生态农业学报 ,2018,26(10):1476-1482

[12] Van Genuchten, M. Th., (1980)A closed-form equation for predicting the

hydraulic conductivity of unsaturated soils, Soil Sci. Soc. Am. J., 44:892-898.

[13] van Genuchten, M. Th., (1985)Convective-dispersive transport of solutes involved in sequential first-order decay reactions, Computers & Geosci., 11(2):129-147.

[14] 王小丹, 凤蔚, 王文科等. 基于 HYDRUS-1D 模型模拟关中盆地氮在包气带中的迁移转化规律 [J]. 地质调查与研究,2015,38(04):291-298+304.

[15] 张育华, 周蓓蓓, 陈晓鹏等. 基于 Hydrus 模拟纳米碳对黄土坡面土壤水分运动特征的影响 [J]. 水土保持研究,2020,27(01):132-138.

第 11 章　结　论

11.1 研究成果概述

11.1.1 城市水资源系统分析

从系统论的观点出发，自然生态系统与产业生态系统均为远离平衡态的自组织"耗散"系统。作为一个开放系统，产业生态系统是不稳定的，也是不可持续的，人类的调控作用就显得至关重要，因此在城市水资源循环经济的系统分析中，物质流、能量流和信息流是深入分析和研究的基础。

在人类长期的发展过程中，自然水循环一直以其自身的特点循环往复地运动着，实现了水资源在空间的自然运移，同时人类活动不断影响水资源的自然循环过程，形成了以取水、用水、排水为核心的社会水循环。系统动力学方法可定性与定量地模拟分析自然社会经济系统，从系统的微观结构入手构建模型，模拟预测分析人类活动影响下的城市环境与系统的动态演变过程，为管理决策提供依据，促进城市水资源的循环经济发展，为城市水资源的可持续发展服务。

11.1.2 城市水资源的生命周期分析

制定科学合理水价体系对于一个城市相当重要。科学的水价体系不仅有利于水资源可持续利用与开发，强化节水制度，优化水资源配置，提高水资源的利用率，同时有利于改善生态环境促进经济社会的快速发展，促进生态平衡。

根据天津市最新的水资源调查结果，对比分析天津市水资源现状，指出天津市现存的水资源短缺及供需矛盾突出等问题，通过阐述水价的构成，分析天津市水价体系现状，对比近几年天津市各区县各类用水价格的变化，指出天津市水价体系在管理与实施方面存在的水资源价格尚未完善、水价形成机制尚未完善、合理的水资源费征收标准尚未全面建立等主要问题，提出天津市水价体系的改革方向及相应的管理对策。

11.1.3 城市水资源的投入产出优化分析

利用投入产出模型对区域经济系统内部水的迁移特征进行分析，采用直接或完全用水系数部门用水特性进行分析判断，确定高用水产业并对其生产规模及原材料进行调整，可以满足制定企业水资源循环经济发展的需要。

根据城市水资源的投入产出分析，可以确定单位水资源的 GDP 增加值，这也是构建污水回用经济效益最大的重要参数，依据污水回用量最大化和回用产生的经济效益最大构建城市污水回用多目标分配模型，利用现代智能算法 NSGA-Ⅱ对模型进行求解，获得了 Pareto 最优解集，模拟分析结果的回用污水总量和实际值存在微小差距。在 Pareto 最优解集基础上，依据经济收益最大和回用水量接近实际值来确定最优配水方案，优选出京津冀城市群污水回用优化分配方案。通过 GIS 数据连接功能，将污水回用优化分配数据与京津冀城市群建立关联，采用 GIS 空间分析方法，对各种回用水量的空间分布特征进行分析，采用等高线对空间分配数据的变化趋势进行描述，运用 GIS 分级评价法，生成回用量的空间分布专题图，实现京津冀城市群污水回用优化分配空间上的可视化分析。

11.1.4 城市水资源空间多目标优化分析

以城市水资源的循环利用为核心，以污水资源优化分配为计算目标，构建多目标优化分析模型，采用粒子群优化 (PSO) 算法对模型进行分析，编制 MATLAB 程序实现问题的快速求解，解决城市群区域回用污水的最优配置问题。

运用 GIS 的空间分析功能，对京津冀城市群污水回用的空间现状进行分析，确定城市群污水回用的空间量化关系，对促进空间优化结果的实施提出建议，以经济效益为核心，以未来城市的发展趋势为目标，提出未来社会经济发展态势下污水资源化的管理设想及应对措施。

11.1.5 城市水资源发展循环经济的调控机制

城市水资源的循环经济发展是解决城市水资源供需矛盾的重要理念，必须改变城市的传统用水方式，推行循环经济的发展模式，提高城市水资源的利用效率，提高单位水资源量的重复利用次数，降低对水资源的不必要浪费，避免污水直接排放造成地表水污染，鼓励实施城市水资源的循环利用模式，才能实现水资源的可持续发展。

推行城市水资源的循环经济发展模式，不仅要进行水资源循环利用工程的建设，还要对回用水的水质加强管理，加大保护水资源和再生水利用的宣传力度，提高企业、居民用水的利用率，提高城市各级部门的节水意识，制定合理开发利用水资源方案，保证城市用水的持续供给，同时要保证城市生态环境特别是水环境的安全。

由于我国在污水资源化利用方面尚未制定相关的具体条例，需要国家出台更加强硬的法律法规作为支撑和约束，应抓紧修订、建立和完善相应的城市污水回用法律、法规，在城市生态系统内，对污水回用的标准、回用率的最低阈值、排水水质要求等方面做出规定，使污水处理回用有法可依，并给予其政策导向。同时，不断加大污水处理技术投资，提高污水处理率。

政府应采取积极的鼓励政策，如对污水处理厂经营者给予信贷方面的优惠政策，减少经营者的经济压力，以此促进污水回收市场的发展；同时政府需要加大对污水处理厂的财政补贴力度，如对污水处理厂的经营者给予税收减免优惠政策，为再生水价格的制定提供更大的空间。

11.1.6 城市水资源发展循环经济的空间评价

采用熵权法赋权，可以比较有效客观地确定指标的权重，从而对京津冀城市群水资源循环利用状况进行研究，避免人为主观性的影响，使计算结果更加准确可靠。研究结果表明：2012-2016 年京津冀在内的 13 个城市水资源循环利用情况差异较大，处于水资源发展不平衡的环境中。北京、天津的水资源利用情况明显优于河北省的其他城市，河北省水资源循环利用状况较好的有承德、秦皇岛。其他城市的循环利用状况需要不断改善，可在障碍因子识别的基础上进行调控，提高城市水资源的利用效率。

通过障碍度评价模型诊断障碍因子，结果表明：不同地区受不同障碍因子的影响，北京受排水管道长度的影响较大，天津主要受新水取用量和供水总量的影响，河北的主要障碍因子为人均日生活用水量、新水取用量、排水管道长度、节约用水量和工业废水排放量。因此，调控管理措施对北京而言，应加快排水管网建设，天津应在调水和海水淡化方面进行政策鼓励，以扩大水资源的来源，同时应提高生活及生产活动的用水效率。

11.1.7 城市群水资源脆弱性综合评价及空间演变

以京津冀城市群为研究对象，基于自然环境、社会经济和承载力三方面构建指标体系，利用 SPSS 主成分分析法对指标进行筛选，并运用综合权重法、综合加权指数法、结构分析法和 ArcGIS 可视化分析对 2012~2017 年京津冀城市群水资源的脆弱性进行研究。结果表明：①京津冀城市群水资源脆弱性空间差异较大，北京由中脆弱转向弱脆弱，天津以强脆弱为主，河北省以中脆弱和弱脆弱为主。②自然环境脆弱性呈现出"东北低、西部南部及东南高"的地域特点，社会经济脆弱性则以中脆弱和强脆弱为主进行动态演变，承载力脆弱性具有"南北低、中间高"的空间分布特征。③水资源脆弱性结构分析结果说明：京津冀城市群可分为自然环境脆弱性主导型城市、社会经济脆弱性主导型城市、承载力脆弱性主导型城市等三大类型。

11.1.8 城市污水回用的环境风险因素分析

污染物在土壤包气带和地下水中的迁移涉及物理、化学和生物等综合作用，氧化还原环境对其转化过程也有很大的影响。地球的四大层圈（岩石圈、水圈、大气圈、生物圈）在包气带土壤上相互作用最为剧烈，各种污染物垂向运移都会经由包气带进入地下水。在土壤中的硝态氮，随着下渗水流的作用不断下移，最终进入地下水层，探究影响硝态氮垂向运移的影响因素是全面分析污水灌溉导致的环境影响的重要内容，对于采取管理调控措施非常重要。

通过文献分析概括国内外地下水硝态氮污染研究现状，对其迁移转化过程中的影响要素进行综合分析。探究其与地貌特征、土壤类型、土壤结构以及地下水埋深等因素之间的相关性，对氮肥施用、污水灌溉、降水、土地利用类型和土地种植方式对氮元素的淋溶和下渗的影响。

Hydrus-1D 模型在模拟硝态氮的垂向运移过程中被广泛应用，通过模拟可以直接判断各种影响因素可能造成的影响，但模型参数的选取对模拟结果影响很大，需要对各种模型参数的灵敏度进行量化分析，这也成为环境风险模拟的重要影响因素。本研究采用情景分析法，对各种因子的不同波动范围导致的模拟结果变化进行分析：在恒定水头入渗条件下，各参数扰动对土水势影响的敏感性排序为：$n > \theta s > Ks > \alpha > \theta r$，对累积入渗量的影响程度的敏感性排序为：$Ks > n > \theta s > \theta r > \alpha$，在具体模拟分析中，应结合土柱实验确定参数的合理取值。

11.1.9 城市污水回用的环境风险预测分析

包气带是农作物灌溉水必须经过的土壤介质，是地表水、土壤水和大气水相互转化的核心区域。天津污灌区地貌类型为海积低平原亚区，属温暖带半湿润大陆性季风气候。潮土是天津市冲积平原广泛分布的基本土类。土壤包气带的水分和溶质运移过程，在自然条件下的田间试验往往很难进行，多种不确定因素对数据准确性影响很大。采用室内土柱淋溶装置进行的垂向运移过程模拟，操作简单且容易实现，能够为模型模拟提供校验数据，并对模拟分析参数进行反演，确定潮土包气带介质的参数数值。

污染物在包气带中的运移规律成为地下水污染风险评价的重要内容，进行土壤包气带中的运移机理及累积效应研究，可及早预警潜在地下水环境污染，并对探讨我国地下水污染的预防、治理及调控有着重要的指导价值。本研究通过室内土柱实验，获取潮土的理化参数及垂向淋溶过程数据，通过实测数据对模拟参数进行校验，然后利用 Hydrus-1D 模型模拟在包气带中的垂向运移过程，将模拟结果作为下次模拟的初始条件输入到模拟软件中，实现多次污灌累积效应的量化模拟，预测硝态氮在包气带中的垂向分布规律。

11.2 存在问题

对于城市水资源的生命周期分析，本研究因文献资料限制，所提的措施及建议仅依据现有资料进行分析归纳，尚未考虑区域调水及海水淡化等因素的影响，今后尚需对未考虑因素进行全面分析。

由于产业关联分析常用直接用水系数和完全用水系数作为判断指标，并未与行业的最终需求建立联系，分析计算数据依据中间投入过程的矩阵表，不可能完全反映各产业部门之间的用水关联，即使采用 Leontief 逆矩阵获取的完全用水系数，虽然对生产部门的最终需求进行了全面考虑，但对不同产业生产过程中水资源需求的相关关系未能进行剖析，以其作为产业结构调整的依据仍需进行深入研究。

在多目标优化分析中，对污水处理厂的运行费用及管网建设投资未加考虑，导致污水回用的经济效益数值偏大，虽并不影响污水回用收益的大方向，但仅支持提出宏观管理调控措施，政府管理部门应针对污水处理厂的实际运行状况，逐步细化经济补偿或减免税收等手段促进污水处理率不断提高。

本研究只是从硝态氮如何在地下水体中迁移转化这一角度对影响其过程的要素进行初步地分析，未来可不断完善硝态氮下渗规律的田间实验研究，实现硝态氮在地下水运移过程的定量化模拟分析。

附录 1 PSO 优化分析 MATLAB 程序代码

1. 回用水价为定值条件下的污水回用优化分配分析代码

Fun.m

```
function y = fun(x)
 % 函数用于计算粒子适应度值，水价为定值时的经济效益最大
 % x  输入粒子
 % y  粒子适应度值
y=x(5)*(x(1)+x(2)+x(3)+x(4));
end
psocode.m
clc
clear all

%% 参数初始化
 c1 = 1.49445;
 c2 = 1.49445;
maxgen = 100;   % 进化次数
sizepop = 100;   % 种群规模

 Vmax = 0.5;
Vmin = -0.5;
popmax = 5; % 变量最大值
popmin = 0;   % 变量最小值
parnum=5; % 最佳粒子数值，变量数
%% 产生初始粒子和速度
fori = 1:sizepop
    % 随机产生一个种群
    pop(i,:)=1*rands(1,5);  % 初始种群，5 为变量数
    V(i,:) = rands(1,5); % 初始化速度
    % 计算适应度
fitness(i) = fun(pop(i,:));
end
```

```
%%% 个体极值和群体极值
[bestfitness, bestindex] = max(fitness);
zbest = pop(bestindex,:);  % 全局最佳
gbest = pop;   % 个体最佳
fitnessgbest = fitness;   % 个体最佳适应度值
fitnesszbest = bestfitness;   % 全局最佳适应度值

%%% 迭代寻优
fori = 1:maxgen

for j = 1:sizepop
    % 速度更新
    V(j,:) = V(j,:) + c1*rand*(gbest(j,:) - pop(j,:)) + c2*rand*(zbest - pop(j,:));
V(j,V(j,:)>Vmax) = Vmax;
V(j,V(j,:)<Vmin) = Vmin;

    % 种群更新
pop(j,:) = pop(j,:) + V(j,:);
pop(j,pop(j,:)>popmax) = popmax;
pop(j,pop(j,:)<popmin) = popmin;
        %%% 自适应变异
if rand>0.8
            k=ceil(parnum*rand);
pop(j,k)=rand;
end
    % 适应度值更新

    % fitness(j) = fun(pop(j,:));
    if pop(j,1)+pop(j,2)+pop(j,3)+pop(j,4)<=9.1798
        if pop(j,1)+pop(j,2)+pop(j,3)<=pop(j,4)
            if pop(j,5)<3  % 水价低于 3 元，可随水价设置值调整
fitness(j) = fun(pop(j,:));
end
end
end
end
```

```
for j = 1:sizepop
    % 个体最优更新
if fitness(j) >fitnessgbest(j)
gbest(j,:) = pop(j,:);
fitnessgbest(j) = fitness(j);
end

    % 群体最优更新
if fitness(j) >fitnesszbest
zbest = pop(j,:);
fitnesszbest = fitness(j);
end
end
yy(i) = fitnesszbest;
end

%%% 输出结果并绘图
 [fitnesszbestzbest];
plot(zbest,fitnesszbest,'r*')
hold on
figure
plot(yy,'linewidth',1)
grid on
title(' 最优个体适应度 ');
xlabel(' 进化代数 ');ylabel(' 适应度 ');
```

2. 水价不定求处理污水的最优分配代码（不考虑惯性因子）
Fun.m

```
function y = fun(x)
% 函数用于计算粒子适应度值
% x  输入粒子
% y  粒子适应度值
y=x(1)*x(5)+x(2)*x(6)+x(3)*x(7)+x(4)*x(8);
end

Psocode.m
clc
clear all
```

```matlab
%%% 参数初始化
c1 = 1.49445;
c2 = 1.49445;

maxgen = 100;   % 进化次数
sizepop = 50;   % 种群规模
Vmax =3;
Vmin =0;
popmax = 4; % 变量最大值
popmin = 0;   % 变量最小值
parnum=8; % 最佳粒子数值，变量数
%%% 产生初始粒子和速度
fori = 1:sizepop
% 随机产生一个种群
    pop(i,:)=1*rands(1,8);   % 初始种群，8 为变量数
    V(i,:) = rands(1,8); % 初始化速度
% 计算适应度
fitness(i) = fun(pop(i,:));
end

%%% 个体极值和群体极值
[bestfitness, bestindex] = max(fitness);
zbest = pop(bestindex,:);   % 全局最佳
gbest = pop; % 个体最佳
fitnessgbest = fitness;   % 个体最佳适应度值
fitnesszbest = bestfitness;   % 全局最佳适应度值

%%% 迭代寻优
fori = 1:maxgen

for j = 1:sizepop
% 速度更新
    V(j,:) = V(j,:) + c1*rand*(gbest(j,:) - pop(j,:)) + c2*rand*(zbest - pop(j,:));
V(j,V(j,:)>Vmax) = Vmax;
V(j,V(j,:)<Vmin) = Vmin;

% 种群更新
```

```
pop(j,:) = pop(j,:) + V(j,:);
pop(j,pop(j,:)>popmax) = popmax;
pop(j,pop(j,:)<popmin) = popmin;
%%%% 自适应变异
if rand>0.8
            k=ceil(parnum*rand);
pop(j,k)=rand;
end
% 适应度值更新
%%%if 约束条件 1
        if pop(j,1)+pop(j,2)+pop(j,3)+pop(j,4)<=9.1798
%%%if 约束条件 2
            if pop(j,1)+pop(j,2)+pop(j,3)<=pop(j,4)
%%%if 约束条件 3；约束条件过多易导致寻优失败
              if pop(j,5)<pop(j,6)&& pop(j,6)<pop(j,7)&& pop(j,8)<pop(j,5)
fitness(j) = fun(pop(j,:));
end
end
end
end


for j = 1:sizepop
% 个体最优更新
if fitness(j) >fitnessgbest(j)
gbest(j,:) = pop(j,:);
fitnessgbest(j) = fitness(j);
end

% 群体最优更新
if fitness(j) >fitnesszbest
zbest = pop(j,:);
fitnesszbest = fitness(j);
end
end
yy(i) = fitnesszbest;
end

%%% 输出结果并绘图
```

```
 [fitnesszbestzbest];
plot(zbest,fitnesszbest,'r*')
hold on
figure
plot(yy,'linewidth',1)
grid on
title(' 最优个体适应度 ');
xlabel(' 进化代数 ');ylabel(' 适应度 ');
```

3. 水价不定求处理污水的最优分配代码（带惯性值参数）

```
%% 修改 Vmax 及惯性值调节寻优过程，实现多约束条件下的最优分析
clc
clearall

%% 参数初始化
 c1 = 1.49445;
 c2 = 1.49445;

maxgen = 200;   % 进化次数
sizepop =50;   % 种群规模
Vmax =5;% 可调整设置为 0.5; 数字小易陷入局部最优
Vmin =0;% 可调整设置为 -0.5; 陷入局部最优会出现负值
popmax =5; % 变量可取最大值
popmin = 0;   % 变量可取最小值
parnum=8; % 最佳粒子数值，变量数
%% 产生初始粒子和速度
fori = 1:sizepop
% 随机产生一个种群
    pop(i,:)=1*rands(1,8);   % 初始种群，8 为变量数
    V(i,:) = rands(1,8); % 初始化速度
% 计算适应度
fitness(i) = fun(pop(i,:));
end

%% 个体极值和群体极值
 [bestfitness, bestindex] = max(fitness);
zbest = pop(bestindex,:);   % 全局最佳
gbest = pop;    % 个体最佳
```

```
fitnessgbest = fitness;   % 个体最佳适应度值
fitnesszbest = bestfitness;   % 全局最佳适应度值


%%% 迭代寻优
fori = 1:maxgen


for j = 1:sizepop
% 速度更新，惯性值设定为 0.8，可在 0.4-0.8 之间调节
        V(j,:) = 0.8*V(j,:) + c1*rand*(gbest(j,:) - pop(j,:)) + c2*rand*(zbest - pop(j,:));
    V(j,V(j,:)>Vmax) = Vmax;
    V(j,V(j,:)<Vmin) = Vmin;


% 种群更新
pop(j,:) = pop(j,:) + V(j,:);
pop(j,pop(j,:)>popmax) = popmax;
pop(j,pop(j,:)<popmin) = popmin;
%%% 自适应变异
if rand>0.8
            k=ceil(parnum*rand);
pop(j,k)=rand;
end
% 适应度值更新
%%%if 约束条件
if pop(j,1)+pop(j,2)+pop(j,3)+pop(j,4)<=9.1798
if pop(j,1)+pop(j,2)+pop(j,3)<=pop(j,4)
if pop(j,5)<pop(j,6)&& pop(j,6)<pop(j,7)&& pop(j,8)<pop(j,5)
fitness(j) = fun(pop(j,:));
end
end
end
end


for j = 1:sizepop
% 个体最优更新
if fitness(j) >fitnessgbest(j)
gbest(j,:) = pop(j,:);
fitnessgbest(j) = fitness(j);
```

```
end

% 群体最优更新
if fitness(j) >fitnesszbest
zbest = pop(j,:);
fitnesszbest = fitness(j);
end
end
yy(i) = fitnesszbest;
end

%%% 输出结果并绘图
[fitnesszbestzbest];
plot(zbest,fitnesszbest,'r*')
holdon
figure
plot(yy,'linewidth',1)
gridon
title(' 最优个体适应度 ');
xlabel(' 进化代数 ');ylabel(' 适应度 ');
```

4. 水价不定且小于特定值的污水回用最优分配代码

%%% 不改变 Vmax 仅改变约束条件，在京津冀城市污水循环利用中寻优。

%%% 水价可设置一个最高上限，并在第一产业水价小于第二产业水价，第二产业水价小于

%%% 第三产业水价，补充生态环境水价最低的条件下进行寻优分析

```
clc
clearall

%%% 参数初始化
c1 = 1.49445;
c2 = 1.49445;

maxgen = 200;   % 进化次数
sizepop =50;  % 种群规模

Vmax =0.5;
Vmin =0;
```

```
popmax =8; % 变量最大值，随变量约束条件上限进行修改
popmin = 0;   % 变量最小值
parnum=8; % 最佳粒子数值，变量数
%%% 产生初始粒子和速度
fori = 1:sizepop
% 随机产生一个种群
    pop(i,:)=1*rands(1,8);   % 初始种群，8 为变量数
    V(i,:) = rands(1,8); % 初始化速度
% 计算适应度
fitness(i) = fun(pop(i,:));
end


%%% 个体极值和群体极值
[bestfitness, bestindex] = max(fitness);
zbest = pop(bestindex,:);   % 全局最佳
gbest = pop;    % 个体最佳
fitnessgbest = fitness;   % 个体最佳适应度值
fitnesszbest = bestfitness;   % 全局最佳适应度值


%%% 迭代寻优
fori = 1:maxgen


for j = 1:sizepop
% 速度更新
        V(j,:) =V(j,:) + c1*rand*(gbest(j,:) - pop(j,:)) + c2*rand*(zbest - pop(j,:));
V(j,V(j,:)>Vmax) = Vmax;
V(j,V(j,:)<Vmin) = Vmin;


% 种群更新
pop(j,:) = pop(j,:) + V(j,:);
pop(j,pop(j,:)>popmax) = popmax;
pop(j,pop(j,:)<popmin) = popmin;
%%%% 自适应变异
if rand>0.8
        k=ceil(parnum*rand);
pop(j,k)=rand;
end
% 适应度值更新
```

```
%%%if 约束条件；设置水价上限及各种回用水的水价关系，均小于 3 元 / 砘
if pop(j,1)+pop(j,2)+pop(j,3)+pop(j,4)<=4.107
if pop(j,5)<pop(j,6)&& pop(j,6)<pop(j,7)&& pop(j,8)<pop(j,5)&& pop(j,7)<3
fitness(j) = fun(pop(j,:));
end
end

for j = 1:sizepop
% 个体最优更新
if fitness(j) >fitnessgbest(j)
gbest(j,:) = pop(j,:);
fitnessgbest(j) = fitness(j);
end

% 群体最优更新
if fitness(j) >fitnesszbest
zbest = pop(j,:);
fitnesszbest = fitness(j);
end
end
yy(i) = fitnesszbest;
end

%%% 输出结果并绘图
[fitnesszbestzbest];
plot(zbest,fitnesszbest,'r*')
holdon
figure
plot(yy,'linewidth',1)
gridon
title(' 最优个体适应度 ');
xlabel(' 进化代数 ');ylabel(' 适应度 ');
```

附录 2　京津冀城市群污水回用优化分析结果

1. 北京

指标	模拟 1	模拟 2	模拟 3	模拟 4	模拟 5	模拟 6	模拟 7	模拟 8
x1	1.712486	0.052977	2.036262	4.383216	2.288321	2.456677	5.469899	0.978807
x2	2.451247	5.489108	7.145257	4.023755	0.731786	1.080214	3.518489	8.783228
x3	4.330873	7.40896	4.039185	1.16266	9.690492	6.74782	4.226033	3.412991
x4	6.583778	2.013793	1.719131	5.161646	1.697981	4.971098	0.926411	1.673422
x5	2.756267	2.464834	1.373289	2.830379	2.279064	2.453934	2.527054	1.564147
x6	2.827409	2.701225	2.750568	2.853536	2.560268	2.485282	2.667634	2.895494
x7	2.971583	2.917356	2.876786	2.979822	2.690017	2.649018	2.828416	2.924262
x8	1.938217	0.875485	1.313342	0.656073	1.284637	1.448935	1.546414	1.137606
tot	15.07838	14.96484	14.93983	14.73128	14.40858	15.25581	14.14083	14.84845
Emax	37.28109	38.33552	36.32756	30.73903	35.33767	33.79105	36.59436	38.84696

2. 天津

指标	模拟 1	模拟 2	模拟 3	模拟 4	模拟 5	模拟 6	模拟 7	模拟 8
x1	2.687485	3.18449	2.553524	1.695775	2.55309	0.911993	1.104196	2.079138
x2	2.802978	2.233999	2.912715	2.667749	3.243678	2.429609	3.15222	1.497086
x3	1.644257	3.165518	2.827874	3.233327	2.020996	3.414454	3.510919	3.606093
x4	1.987071	0.592063	0.747145	1.492145	1.120722	2.265459	1.19574	1.983267
x5	2.731997	2.784822	2.867887	2.6081	2.875421	2.570422	2.576977	2.542751
x6	2.816205	2.9959	2.963951	2.815303	2.903226	2.844954	2.922802	2.845608
x7	2.962201	2.997377	2.968502	2.926541	2.97052	2.999687	2.997604	2.891241
x8	1.989133	2.047058	2.86472	1.124698	2.463064	2.551325	1.809889	1.57362
tot	9.12179	9.17607	9.041258	9.088996	8.938486	9.021514	8.963075	9.165584
Emax	24.05913	26.26131	26.49127	23.07395	25.52216	25.27855	24.74731	23.09384

3. 石家庄

指标	模拟 1	模拟 2	模拟 3	模拟 4	模拟 5	模拟 6	模拟 7	模拟 8
x_1	1.143912	0.844823	0.298585	1.159494	0.775235	1.326637	0.864157	1
x_2	1.689183	0.654923	1.215506	0.099021	1.136548	1.906629	1.346108	1.658719
x_3	0.607637	2.236178	1.539215	1.869829	1.21122	0.571863	1.563822	1.431688
x_4	0.634951	0.358015	0.718904	0.934391	0.965106	0.121038	0.257272	0.004664
x_5	2.470506	2.574521	2.381088	2.592414	2.559241	2.681898	2.444413	2.332198
x_6	2.75841	2.704858	2.535586	2.798249	2.908389	2.93123	2.809162	2.843834
x_7	2.969934	2.875225	2.937072	2.936753	2.973823	2.996855	2.931416	2.966814
x_8	2.219133	1.337796	2.246797	1.968232	2.375868	2.445094	1.0215	1.644048
tot	4.075683	4.093939	3.772209	4.062736	4.088108	3.926167	4.031359	4.095071
Emax	10.69918	10.85495	9.928993	10.6133	11.18445	11.15641	10.74081	11.30454

4. 唐山

指标	模拟 1	模拟 2	模拟 3	模拟 4	模拟 5	模拟 6	模拟 7	模拟 8
x_1	0.281646	0.129363	0.486423	0.5	0.664503	0.488918	0.134159	0.636912
x_2	0.892763	0.430811	0.677054	0.097654	0.622729	1.006254	0.559389	0.567392
x_3	0.75233	0.723247	0.871839	0.734977	0.781557	0.275391	0.96126	0.938828
x_4	0.247781	0.830366	0.124823	0.79808	0.004924	0.209119	0.497303	0.017707
x_5	1.502282	0.733135	1.838871	1.678693	1.637684	1.173255	0.884913	0.978707
x_6	1.843872	0.739349	1.865733	1.682805	1.9386	1.349345	0.903285	1.040638
x_7	1.990295	0.998962	1.962025	1.951375	1.988372	1.458282	1.962614	1.839683
x_8	0.981857	0.579287	0.411171	0.970484	1.437668	1.089269	0.689892	0.85986
tot	2.174519	2.113788	2.16014	2.130711	2.073713	1.979682	2.152111	2.160839
Emax	3.809895	1.616877	3.919566	3.212419	3.856573	2.560794	2.853675	2.95617

5. 秦皇岛

指标	模拟 1	模拟 2	模拟 3	模拟 4	模拟 5	模拟 6	模拟 7	模拟 8
x_1	2.418867	2.461662	1.393721	0.057162	0.823175	2.979041	7.445148	0.948454
x_2	6.158093	7.419755	1.591052	8.930704	4.013704	3.697937	1.905429	2.013669
x_3	4.186497	1.728617	6.611949	2.822607	5.937365	5.635541	0.885972	0.89478
x_4	0.396362	1.419909	2.476252	1.259255	2.300797	0.178406	2.39812	5.554979
x_5	1.625057	1.357473	1.577646	1.789885	1.955454	1.512282	1.642064	1.815241
x_6	1.893191	1.835798	1.989778	1.800201	1.959935	1.69671	1.718987	1.819134
x_7	1.984553	1.853759	1.99853	1.86781	1.986809	1.743822	1.753614	1.970326
x_8	1.513018	0.865596	1.153957	1.397376	1.282164	1.129414	0.840322	1.363709
tot	13.15982	13.02994	12.07297	13.06973	13.07504	12.49093	12.63467	9.411883
Emax	24.49727	21.39631	21.4363	23.21112	24.22269	20.80835	19.06966	14.72319

6. 邯郸

指标	模拟1	模拟2	模拟3	模拟4	模拟5	模拟6	模拟7	模拟8
x1	1.261607	5.059835	2.107341	6.980564	0.349384	0.865283	0.2315	7.161072
x2	4.452829	1.503753	2.060453	3.096312	6.394871	10	3.461591	5.75074
x3	5.014236	4.209542	4.635678	4.249132	6.381946	2.656735	10	0.930221
x4	1.231811	3.388843	5.287153	0.053779	0.621663	0.991247	0.964586	0.843916
x5	1.175155	1.410034	1.794519	1.659162	1.718897	1.438938	1.793595	1.703788
x6	1.904499	1.694156	1.797987	1.749106	1.914499	1.879245	1.945044	1.73485
x7	1.983589	1.939198	1.881844	1.985631	1.973457	1.881357	1.953748	1.932276
x8	1.129645	1.13576	1.217704	1.55329	1.437595	1.35673	1.652553	1.566563
tot	11.96048	14.16197	14.09063	14.37979	13.74786	14.51327	14.65768	14.68595
Emax	21.30068	21.69418	22.64814	25.51841	26.33172	26.38066	28.27968	25.29711

7. 邢台

指标	模拟1	模拟2	模拟3	模拟4	模拟5	模拟6	模拟7	模拟8
x1	1.053488	0.178782	0.10362	0.264099	1.202576	1.193201	1.322198	0.132154
x2	1.088907	1.885416	1.54717	1.554465	1.153134	1.529244	0.845411	1.454841
x3	1.224176	1.514955	1.591169	1.40504	1.065857	0.849616	1.124308	1.335004
x4	0.285928	0.0472	0.27108	0.501171	0.279254	0.13529	0.313284	0.780154
x5	1.133983	1.369167	1.694036	1.83992	1.422307	1.410592	1.419418	1.644427
x6	1.671761	1.744379	1.893468	1.907353	1.591048	1.587542	1.81743	1.856541
x7	1.983101	1.967201	1.973884	1.979452	1.866426	1.935931	1.873513	1.884222
x8	0.612199	1.031609	0.987799	1.433705	1.3193	1.132433	1.403197	1.407998
tot	3.652498	3.626353	3.513039	3.724776	3.700821	3.707351	3.605202	3.702154
Emax	5.617738	6.562576	6.513609	6.950577	5.902887	5.908863	5.959233	6.532191

8. 保定

指标	模拟1	模拟2	模拟3	模拟4	模拟5	模拟6	模拟7	模拟8
x1	1.467667	0.213034	0.711178	0.884861	3.690495	1.276846	2.888784	2.113492
x2	3.373648	3.311185	5.281579	2.201945	4.166893	5.640277	0.654959	5.396803
x3	5.375492	5.467689	3.472577	5.952861	3.898315	4.221141	6.933388	2.488581
x4	1.956161	3.290005	2.744431	3.362264	0.343001	0.838069	1.511573	1.964736
x5	1.755703	1.431508	1.663733	1.526209	1.412974	1.550864	1.7689	1.179469
x6	1.849203	1.843546	1.773732	1.886754	1.635461	1.755312	1.873057	1.888023
x7	1.994948	1.982781	1.889547	1.966435	1.770078	1.820404	1.997419	1.910401
x8	0.747316	1.11052	0.88445	0.846266	1.01056	1.171017	1.620405	0.932816
tot	12.17297	12.28191	12.20976	12.40193	12.0987	11.97633	11.9887	11.96361
Emax	21.00105	20.90413	19.54022	20.0563	19.27631	20.54624	22.63499	19.26901

9. 张家口

指标	模拟1	模拟2	模拟3	模拟4	模拟5	模拟6	模拟7	模拟8
x_1	3.179866	1.842863	1.471824	0.773266	0.690204	0.610037	1.972086	0.781866
x_2	1.436328	1.733664	1.794867	2.520666	1.527665	4.35799	1.242183	2.272847
x_3	1.396118	0.556153	1.342645	3.049897	4.309238	0.660589	1.259679	2.989826
x_4	0.644171	2.55368	1.599969	0.310834	0.225634	0.641422	2.307334	0.610043
x_5	1.665009	1.62576	1.39773	1.586823	0.877508	1.132193	1.53872	1.361525
x_6	1.7838	1.785043	1.690434	1.666396	1.546556	1.936014	1.795582	1.624562
x_7	1.940622	1.927037	1.910124	1.894222	1.903158	1.938856	1.908956	1.933603
x_8	1.360023	1.394435	1.039919	1.119238	0.717979	0.81283	1.060147	1.254987
tot	6.656483	6.68636	6.209305	6.654663	6.752741	6.270038	6.781283	6.654582
Emax	11.44205	10.72339	9.319774	11.55254	11.33144	10.92996	10.11572	11.30364

10. 承德

指标	模拟1	模拟2	模拟3	模拟4	模拟5	模拟6	模拟7	模拟8
x_1	0.259636	0.98881	0.388747	1.436309	0.592795	0.998405	1.409688	0.273444
x_2	2.287934	0.039625	0.668087	1.374285	2.12538	1.757744	1.630551	1.61984
x_3	1.549354	2.959564	3.120794	1.837595	1.54199	0.595185	1.520013	2.073729
x_4	0.793044	0.929783	0.792222	0.214268	0.680833	1.59778	0.289935	0.974341
x_5	1.234052	1.240051	1.101539	1.358954	0.997571	1.497388	1.354405	1.499817
x_6	1.238225	1.344374	1.600153	1.604459	1.683293	1.907871	1.850588	1.80526
x_7	1.939796	1.848	1.803647	1.825486	1.952659	1.97357	1.965827	1.925221
x_8	1.113927	0.899261	0.733903	0.960281	0.943861	1.183657	0.860661	1.32978
tot	4.889969	4.917782	4.969851	4.862457	4.940998	4.949113	4.850188	4.941354
Emax	7.042207	7.584838	7.707488	7.717124	7.822583	7.914411	8.164386	8.622393

11. 沧州

指标	模拟1	模拟2	模拟3	模拟4	模拟5	模拟6	模拟7	模拟8
x_1	0.503308	1.078659	1.250009	0.548385	0.853076	0.332643	0.995782	1.650488
x_2	0.552297	2.195819	1.509223	1.878216	0.832778	0.828259	1.881305	1.04703
x_3	2.994581	0.179667	1.208718	1.348387	2.109495	1.755686	0.850731	1.531646
x_4	0.162873	0.832889	0.280364	0.396724	0.389091	1.252431	0.431109	0.05336
x_5	0.967195	1.841574	1.554949	1.093064	1.451118	1.480842	1.416748	1.220232
x_6	1.798524	1.843169	1.786897	1.688374	1.860908	1.574841	1.592163	1.488373
x_7	1.929465	1.977954	1.976392	1.990187	1.879462	1.970705	1.903647	1.811252
x_8	0.605595	1.056744	0.986837	0.930164	1.091906	0.87864	1.270877	1.114463
tot	4.213059	4.287033	4.248315	4.171713	4.18444	4.169019	4.158927	4.282524
Emax	7.35669	7.269217	7.306102	6.823113	7.177204	6.357345	6.573496	6.406014

12. 廊坊

指标	模拟 1	模拟 2	模拟 3	模拟 4	模拟 5	模拟 6	模拟 7	模拟 8
x1	0.2501	0.189754	0.958623	0.542729	0.584543	0.845365	0.311547	1.029284
x2	0.965929	1.049245	0.775048	0.373103	1.482979	0.83609	1.325214	1.113355
x3	1.488997	1.331381	1.143412	1.474959	0.772705	1.185668	0.974225	0.976961
x4	0.400894	0.57097	0.268142	0.517726	0.227255	0.196895	0.536134	0.038471
x5	0.909322	1.059602	1.19437	1.12253	1.417822	1.479981	1.632786	1.402892
x6	1.704216	1.632627	1.704273	1.153305	1.69318	1.894489	1.679164	1.732849
x7	1.963967	1.932854	1.810494	1.935266	1.729088	1.962713	1.991142	1.943386
x8	0.824163	0.853107	1.093858	1.031026	0.956527	1.256086	1.587655	0.887022
tot	3.10592	3.14135	3.145224	2.908517	3.067483	3.064018	3.147119	3.158072
Emax	5.128317	4.974553	4.829293	4.427758	4.89318	5.40953	5.524956	5.305989

13. 衡水

指标	模拟 1	模拟 2	模拟 3	模拟 4	模拟 5	模拟 6	模拟 7	模拟 8
x1	0.632473	1.429166	1.145655	1.398513	0.952152	0.933382	1.096911	0.998394
x2	0.819933	0.29969	1.487815	0.638999	0.791002	0.527186	0.959357	0.702053
x3	1.662015	1.047715	0.44419	1.245794	1.156513	1.63885	0.61504	0.912767
x4	0.524935	0.851845	0.516812	0.2423	0.718225	0.518563	0.973979	0.79453
x5	1.109818	1.592018	1.089193	1.381129	1.42337	1.421348	1.76745	1.729992
x6	1.570049	1.69799	1.894165	1.646216	1.471174	1.628435	1.812069	1.909816
x7	1.794766	1.757377	1.911259	1.913053	1.53756	1.970242	1.922781	1.953217
x8	1.031023	1.2326	0.885892	1.06751	0.817837	1.264616	1.417505	1.546498
tot	3.639356	3.628416	3.594472	3.525605	3.617893	3.617981	3.645286	3.407743
Emax	5.513413	5.675342	5.372808	5.625383	4.884565	6.069863	6.240362	6.079576